駿台受験シリーズ

短期攻略
大学入学 共通テスト
数学Ⅱ・B
基礎編

吉川浩之・榎 明夫 共著

駿台文庫
SUNDAIBUNKO

は じ め に

　本書は，**3段階の学習で共通テスト数学Ⅱ・Bの基礎力養成から本格的な対策ができる自習書**です。

　共通テストは，前身のセンター試験と全く異なるわけではありません。センター試験では，正答率の高い「基本事項の確認問題」，正答率が6割程度の「応用力を見る問題」，正答率が4割をきる「難しい問題」が出題されていました。これらにおいては，多少の出題形式が変わったとしても共通テストでも出題されます。そこにセンター試験ではあまり見られなかった以下の項目を意識した内容が加わります。

・数学的な問題解決の過程を重視する。
・事象の数量等に着目して数学的な問題を見いだすこと。
・目的に応じて数・式，図，表，グラフなどを活用し，数学的に処理する。
・解決過程を振り返り，得られた結果を意味付けしたり，活用したりする。
・日常の事象，数学のよさを実感できる題材，定理等を導くような題材を扱う。

　そこで本書は，レベルを3段階に分け，共通テストの問題を解くために必要な**教科書に載っている基本事項，公式等をしっかり理解**し，**計算力をつける** STAGE 1．教科書から少し踏み出した**応用的な問題を解くための解法を理解**し，**その使い方をマスターする** STAGE 2，上記で触れた新たに**共通テストで出題が予想される問題に慣れるための総合演習問題**を設け，共通テスト対策初心者の皆さんにとって，「とりあえずはこれだけで十分」という内容にしています。そして，取り組みやすさを重視したため，本書は参考書形式としています。「私は基礎力は十分です。満点を目指して，もっと本試験レベルの問題に力を注ぎたい！」という皆さんには，姉妹編の『**実戦編**』をお薦めします。詳しくは次の利用法をお読みください。

　末尾となりますが，本書の発行にあたりましては駿台文庫の加藤達也氏，林拓実氏に大変お世話になりました。紙面をお借りして御礼申し上げます。

吉川浩之
榎　明夫

本書の特長と利用法

本書の特長

1　1か月間で共通テスト数学Ⅱ・Bを基礎から攻略

　　本文は 68 テーマからなりますので，1日3テーマ分の例題（6題程度）を進めれば，約1か月で共通テスト数学Ⅱ・Bの基礎力と応用力の養成ができます（確率分布と統計的な推測，証明問題は除きます）。

2　解法パターンが身につく／腕試しができる

　　前身のセンター試験は類型的なパターンの組合せで出題されていました。共通テストでは変わるところもありますが，対策としては，**基本事項をしっかり理解した上で解法パターンを「体に覚えこませてしまう」ことが重要**です。本書は，レベル別に以下の2つの STAGE と総合演習問題とに内容を分けました（目次も参照してください）ので，レベルにあわせて解法パターンを身につけられます。

　　　STAGE 1　　基本的な解法パターンのまとめと**例題・類題**です。
　　　STAGE 2　　応用的な解法パターンのまとめと**例題・類題**です。
　　　総合演習問題　　**本試験レベルの問題**です。本番で満点を目指すにはここまで取り組んでおきましょう。全部で7題あります。

3　**STAGE 1**・**STAGE 2** の完成で，共通テストで合格点が確実

　　STAGE 1・**STAGE 2** の類題まで完全にこなせば，通常の入試で合格点とされる**6割は確実で，8割も十分可能**でしょう。

　　例題・類題は各 103 題，計 206 題あります。例題と類題は互いにリンクしていますので，**例題の後は，すぐに同じ問題番号の類題で力試しできます！**

4　やる気が持続する！

　　本書に掲載した問題のすべてに，**目標解答時間と配点を明示**しました。「どのくらいの時間で解くべき問題か」「これを解いたら本番では何点ぐらいだろうか」がわかりますので，勉強の励みにしてください。

利用法の一例

　　共通テストでは，数学Ⅱからは全分野が出題範囲になっていますので，すべての分野を学習して下さい。数学Bからは3つの分野から2つを選択して解答することになっていますが，本書では多くの受験生が学習する「数列」と「ベクトル」を扱います。以下に本書を利用して学習する具体例を紹介します。

I 教科書はなんとかわかるけど，その後どうしたらいいのだろう？

① 目次を参照して，STAGE 1 の内容のうち，自分の苦手なところや出来そうなところから始めてみましょう。

② STAGE 1 は，左ページが基本事項のまとめ，右ページがその例題となっています。左ページをよく読み，「なんとなくわかったな」と思ったら，すぐに右の例題に取り組んでください。このとき，「例題はあとでもいいか」と後回しにしてはいけません。**知識が抜けないうちに問題にあたることが数学の基礎力をつけるには大変重要なことなのです。**

③ 問題には，「3分・6点」などと記されています。時間は，実際の共通テストでかけてよい時間の目安です。いきなり時間内ではできないと思いますが，**共通テストで許容される制限時間はこの程度なのです。**点数は，実際の共通テストで予想される 100 点満点中のウエイトです。

④ 1つのセクションで STAGE 1 の内容が理解できたかなと思えたら，STAGE 1 類題に挑戦してください。例題の番号と類題の番号が同じであれば内容はほぼ同じです。**類題が自力でできるようになれば，本番で6割の得点が十分可能となります。**

⑤ 次は STAGE 2 です。勉強の要領は STAGE 1 と同様ですが，レベル的に**最低2回は繰り返し学習してほしいところです。**この類題までを自力で出来るようになれば，**本番で8割の得点も十分可能です。**

II 基礎力はあると思うので，どんどん腕試しをしたい

⑥ ①～⑤によって基礎力をアップさせた人，また，「もう基礎力は十分だ」という自信がある人は，総合演習問題に取り組んでください。

⑦ 総合演習問題は，共通テスト本番で出題されるレベル・分量を予想した問題です。そのため，制限時間・配点とも例題・類題に比べて長く・多くなっています。1問1問，本番の共通テストに取り組むつもりで解いてください。

⑧ 総合演習問題までこなしたけれど物足りない人，「満点を目指すんだ！」という人には姉妹編の『実戦編』をお薦めします。『実戦編』の問題は本書の**総合演習問題レベル**で，すべてオリジナルですので歯応え十分かと思います。

以上，いろいろと書きましたが，とにかく必要なのは「ガンバルゾ！」と思っているいまのやる気を持続させることです。どうか頑張ってやり遂げてください！

解答上の注意

- 問題の文中の ア, イウ などには，特に指示がないかぎり，符号（−），数字（0〜9），又は文字(a〜d)が入ります。ア，イ，ウ，…の一つ一つには，これらのいずれか一つが対応します。

- 分数形で解答する場合は，それ以上約分できない形で答えます。また，**符号は分子**につけ，分母につけてはいけません。

- 小数の形で解答する場合，指定された桁数の一つ下の桁を四捨五入して答えます。また，必要に応じて，指定された桁まで0を入れて答えます。

  例えば，エ.オカ に2.5と答えたいときには，2.50として答えます。

- 根号を含む形で解答する場合は，根号の中に現れる自然数が最小となる形で答えます。

  例えば，キ$\sqrt{}$ク に $4\sqrt{2}$ と答えるところを，$2\sqrt{8}$ のように答えてはいけません。

- 問題の文中の二重四角で表記された ケ などには，選択肢から一つを選んで答えます。

■目　次■

§1　いろいろな式（数学Ⅱ）

STAGE 1
1　二項定理，整式の割り算…　8
2　恒等式，複素数……………　10
3　2次方程式…………………　12
4　因数定理，高次方程式……　14
STAGE 1　類　題…………　16

STAGE 2
5　相加平均と相乗平均の関係
　　　　　　　　…………　20
6　割り算の応用Ⅰ…………　22
7　割り算の応用Ⅱ…………　24
8　高次方程式の応用…………　26
STAGE 2　類　題…………　28

§2　図形と方程式（数学Ⅱ）

STAGE 1
9　点と直線…………………　30
10　円の方程式………………　32
11　対称点，定点通過…………　34
12　軌跡と領域………………　36
STAGE 1　類　題…………　38

STAGE 2
13　距離の応用　……………　42
14　円と直線…………………　44
15　円と接線…………………　46
16　領域と最大・最小………　48
STAGE 2　類　題…………　50

§3　三角関数（数学Ⅱ）

STAGE 1
17　三角関数の性質…………　52
18　三角関数のグラフと最大・最小
　　　　　　　…………　54
19　加法定理…………………　56
20　方程式，不等式…………　58
21　合　成……………………　60
STAGE 1　類　題…………　62

STAGE 2
22　三角関数のグラフ………　66
23　角の変換…………………　68
24　方程式と不等式の解法……　70
25　最大・最小の応用………　72
26　円と三角関数……………　74
STAGE 2　類　題…………　76

§4　指数・対数関数（数学Ⅱ）

STAGE 1
27　指数・対数の計算………　82
28　指数・対数関数のグラフ…　84
29　指数・対数の方程式………　86
30　指数・対数の不等式………　88
STAGE 1　類　題…………　90

STAGE 2
31　大小比較…………………　94
32　最大・最小………………　96
33　常用対数…………………　98
STAGE 2　類　題…………　100

§5 微分・積分の考え（数学Ⅱ）

STAGE 1

34　微分の計算……………………… 102
35　極　値………………………… 104
36　微分の応用…………………… 106
37　積分の計算…………………… 108
38　面　積………………………… 110
39　積分の応用…………………… 112
STAGE 1　類　題　…………… 114

STAGE 2

40　接線に関する問題…………… 120
41　極値に関する問題…………… 122
42　面積に関する問題Ⅰ………… 124
43　面積に関する問題Ⅱ………… 126
44　定積分で表された関数……… 128
STAGE 2　類　題　…………… 130

§6　数列（数学B）

STAGE 1

45　等差数列……………………… 134
46　等比数列……………………… 136
47　和の計算Ⅰ…………………… 138
48　和の計算Ⅱ…………………… 140
49　階差数列，和と一般項……… 142
50　漸化式………………………… 144
STAGE 1　類　題　…………… 146

STAGE 2

51　等差数列の応用……………… 150
52　等比数列の応用……………… 152
53　群数列………………………… 154
54　数列の和の応用……………… 156
55　漸化式の応用………………… 158
56　数学的帰納法………………… 160
STAGE 2　類　題　…………… 162

§7　ベクトル（数学B）

STAGE 1

57　ベクトルの基本的な計算… 168
58　位置ベクトル………………… 170
59　ベクトルの内積……………… 172
60　ベクトルと平面図形……… 174
61　平面ベクトルの成分表示… 176
62　空間座標と空間ベクトル… 178
STAGE 1　類　題　…………… 180

STAGE 2

63　ベクトルの平面図形への応用
………… 186
64　終点の存在範囲……………… 188
65　平面ベクトルの応用……… 190
66　ベクトルの空間図形への応用
………… 192
67　空間ベクトルの応用……… 194
68　空間座標とベクトル……… 196
STAGE 2　類　題　…………… 198

総合演習問題

……………………………… 202

類題・総合演習問題の解答・解説は別冊です。

STAGE 1　1　二項定理，整式の割り算

■ 1　乗法公式と二項定理 ■

(1) **乗法公式**
$$(a+b)^3 = a^3 + 3a^2b + 3ab^2 + b^3, \quad (a-b)^3 = a^3 - 3a^2b + 3ab^2 - b^3$$
$$(a+b)(a^2-ab+b^2) = a^3+b^3, \quad (a-b)(a^2+ab+b^2) = a^3-b^3$$

(2) **二項定理**
$$(a+b)^n = {}_nC_0 a^n + {}_nC_1 a^{n-1}b + {}_nC_2 a^{n-2}b^2 + \cdots\cdots$$
$$\cdots\cdots + {}_nC_r a^{n-r}b^r + \cdots\cdots + {}_nC_{n-1} ab^{n-1} + {}_nC_n b^n$$

(例) $(a+b)^5 = {}_5C_0 a^5 + {}_5C_1 a^4 b + {}_5C_2 a^3 b^2 + {}_5C_3 a^2 b^3 + {}_5C_4 ab^4 + {}_5C_5 b^5$
$\qquad\qquad = a^5 + 5a^4b + 10a^3b^2 + 10a^2b^3 + 5ab^4 + b^5$

■ 2　整式の割り算 ■

(例) $A = 4x^3 - 9x^2 + 7$, $B = 3 - 2x + x^2$ のとき，A を B で割ると

$$\begin{array}{r}
4x\ -1 \\
x^2-2x+3 \overline{\smash{\big)}\,4x^3-9x^2+7} \\
\underline{4x^3-8x^2+12x} \\
-x^2-12x+7 \\
\underline{-x^2+2x-3} \\
-14x+10
\end{array}$$

　　↑ B を降べきの順に並べる
　　← x の項を空ける
　　← $B \times 4x$
　　← $B \times (-1)$

よって
　　　商 $Q = 4x-1$,　余り $R = -14x+10$

(注) $A = B(4x-1) - 14x + 10$

2つの整式 A, B に対して A を B で割ったときの商を Q，余りを R とすると
$$A = BQ + R$$
　(R の次数) < (B の次数)

1．二項定理，整式の割り算　　**9**

例題 1　　**3分・6点**

(1) $(3x+2y)^5$ を展開したとき，x^2y^3 の係数は アイウ である。

(2) $\{(3x+2y)+z\}^8$ を展開したとき，z についての 3 次の項をまとめると

$$_8\mathrm{C}\,\boxed{\text{エ}}\,(3x+2y)^{\boxed{\text{エ}}}z^3$$

で表される。このとき，$(3x+2y+z)^8$ の展開式で $x^2y^3z^3$ の係数は

オカキクケ である。

解答

(1) x^2y^3 の項は $_5\mathrm{C}_3(3x)^2(2y)^3=720x^2y^3$ より **720**

$\Leftarrow$ 二項定理。

(2) z についての 3 次の項は

$$_8\mathrm{C}_3(3x+2y)^5z^3={}_8\mathrm{C}_3(3x+2y)^5z^3$$

であり，$(3x+2y)^5$ を展開したときの x^2y^3 の係数は(1)より 720 であるから，$x^2y^3z^3$ の係数は

$$_8\mathrm{C}_3\cdot720=56\cdot720=40320$$

$\Leftarrow$ $_8\mathrm{C}_3$ は $_8\mathrm{C}_5$ でもよい。

$\Leftarrow$ $\dfrac{8!}{2!3!3!}\cdot3^2\cdot2^3$

として求めることもできる。

例題 2　　**3分・6点**

x の整式 $x^3-4ax^2+(4-b)x+11$ を $x^2-2ax-2a$ で割ったときの余りが $-2x+7$ になるとき，$a=\boxed{\text{ア}}$，$b=\boxed{\text{イ}}$ である。ただし，a，b は正の数とする。

解答

割り算を実行すると

$$
\begin{array}{r}
x-2a \\
x^2-2ax-2a\,\overline{)\,x^3-4ax^2\quad+(4-b)x\quad+11}
\end{array}
$$

$$\underline{x^3-2ax^2\quad\quad-2ax}$$
$$-2ax^2+(2a-b+4)x\quad+11$$
$$\underline{-2ax^2\quad\quad+4a^2x+4a^2}$$
$$(-4a^2+2a-b+4)x-4a^2+11$$

余りが $-2x+7$ になるので

$$\begin{cases}-4a^2+2a-b+4=-2\\-4a^2+11=7\end{cases}$$

$a>0$，$b>0$ より

$$a=1,\quad b=4$$

$\Leftarrow$ 係数を比べる。

STAGE 1　2　恒等式，複素数

■ 3　恒等式 ■

多項式 $P(x)$, $Q(x)$ について
$\quad P(x) = Q(x)$ が恒等式
$\quad \iff P(x) \text{と} Q(x) \text{の次数が等しく，同じ次数の項の係数が等しい}$
$\qquad$ (**係数比較**)

2次式の場合
$\quad ax^2 + bx + c = a'x^2 + b'x + c'$ が x についての恒等式
$\quad \iff a = a'$ かつ $b = b'$ かつ $c = c'$

(**注**)　$P(x) = Q(x)$ が恒等式のとき，x にどのような値を代入しても，この等式が成り立つ。

■ 4　複素数の計算 ■

(1) **複素数**
$\quad a\ +\ bi\quad$ (i を**虚数単位**という。$i = \sqrt{-1}$, $i^2 = -1$)
$\quad\uparrow\quad\ \ \uparrow$
$\quad$実部　虚部
$\quad$**実数** $\iff b = 0$,　　**虚数** $\iff b \neq 0$　(**純虚数** $\iff a = 0, b \neq 0$)

(2) **複素数の計算**
　i は文字のように扱って計算し，i^2 は -1 に直す。分母の i は分母と共役な複素数を分子，分母にかけて分母を実数にする。
(**例**)　$\dfrac{i}{2+i} = \dfrac{i(2-i)}{(2+i)(2-i)} = \dfrac{2i - i^2}{4 - i^2} = \dfrac{1 + 2i}{5}$

(3) **相等**
　a, b, c, d が実数のとき
$\quad a + bi = c + di \iff a = c,\ b = d$
　特に　$a + bi = 0 \iff a = 0,\ b = 0$

$\quad a + bi \longleftrightarrow a - bi$
$\qquad\quad$共役な複素数

§1 1

2．恒等式，複素数　**11**

例題 3　**2分・8点**

a，b，c，d を定数とする。x についての恒等式
$$x^4+8x^3-4x^2+ax+b=(x^2+cx+d)^2$$
が成り立つとき
$$a=\boxed{アイウ}，\quad b=\boxed{エオカ}，\quad c=\boxed{キ}，\quad d=\boxed{クケコ}$$
である。

解答

$$(x^2+cx+d)^2$$
$$=x^4+2cx^3+(c^2+2d)\,x^2+2cdx+d^2$$

であるから，与式の両辺の係数を比べると

$$\begin{cases} 8=2c \\ -4=c^2+2d \\ a=2cd \\ b=d^2 \end{cases} \quad \therefore \quad \begin{cases} a=-80 \\ b=100 \\ c=4 \\ d=-10 \end{cases}$$

← 係数比較。

例題 4　**2分・4点**

(1) $\dfrac{(\sqrt{3}+i)^2}{\sqrt{3}-i}=\boxed{ア}\,i$

(2) $\dfrac{2+i}{3-2i}+\dfrac{2-i}{3+2i}=\dfrac{\boxed{イ}}{\boxed{ウエ}}$

解答

(1) （与式）$=\dfrac{(\sqrt{3}+i)^3}{(\sqrt{3}-i)(\sqrt{3}+i)}$

← 分母を実数化する。

$\qquad =\dfrac{3\sqrt{3}+3\cdot3i+3\cdot\sqrt{3}\,i^2+i^3}{3-i^2}$

$\qquad =\dfrac{8i}{4}$

← $i^2=-1$，$i^3=-i$

$\qquad =2i$

(2) （与式）$=\dfrac{(2+i)(3+2i)+(2-i)(3-2i)}{(3-2i)(3+2i)}$

← 通分。

$\qquad =\dfrac{6+7i+2i^2+6-7i+2i^2}{9-4i^2}$

$\qquad =\dfrac{8}{13}$

STAGE 1 ③ 2次方程式

■ 5 2次方程式の解 ■

(1) 解の公式

$ax^2+bx+c=0$ の解 $x=\dfrac{-b\pm\sqrt{b^2-4ac}}{2a}$

$ax^2+2b'x+c=0$ の解 $x=\dfrac{-b'\pm\sqrt{b'^2-ac}}{a}$

(2) 解と係数の関係

2次方程式 $ax^2+bx+c=0$ の2解を α, β とすると

$$\alpha+\beta=-\dfrac{b}{a},\ \ \alpha\beta=\dfrac{c}{a}$$

(注) 解と係数の関係は，重解や虚数解の場合も成り立つ。

式の値を求めるときは，次のような式変形を利用する。

$\alpha^2+\beta^2=(\alpha+\beta)^2-2\alpha\beta$

$\alpha^3+\beta^3=(\alpha+\beta)(\alpha^2-\alpha\beta+\beta^2)$
$\qquad\quad\ =(\alpha+\beta)^3-3\alpha\beta(\alpha+\beta)$

$\dfrac{1}{\alpha}+\dfrac{1}{\beta}=\dfrac{\alpha+\beta}{\alpha\beta}$

■ 6 解の判別 ■

2次方程式 $ax^2+bx+c=0$ について
$\qquad D=b^2-4ac$ （**判別式**）

とする。

$\qquad D>0 \iff$ 異なる2つの実数解をもつ
$\qquad D=0 \iff$ 重解（実数解）をもつ
$\qquad D<0 \iff$ 異なる2つの虚数解をもつ

(注) 2次方程式 $ax^2+2b'x+c=0$ のとき
$\qquad D/4=b'^2-ac$

を用いる。

(例)

(1) $x^2+3x-1=0$ は
$\quad D=3^2-4\cdot 1\cdot(-1)=13>0$ より，異なる2つの実数解をもつ。

(2) $2x^2-6x+5=0$ は
$\quad D/4=(-3)^2-2\cdot 5=-1<0$ より，異なる2つの虚数解をもつ。

例題 5　2分・4点

(1) 方程式
$$(x^2-2x)^2+2(x^2-2x)-3=0$$
の解は $x=\boxed{ア}\pm\sqrt{\boxed{イ}},\ \boxed{ウ}\pm\sqrt{\boxed{エ}}\,i$ である。

(2) 2次方程式 $2x^2-2x+3=0$ の二つの解を $\alpha,\ \beta$ とするとき
$$\alpha+\beta=\boxed{オ},\ \alpha\beta=\dfrac{\boxed{カ}}{\boxed{キ}},\ \alpha^2+\beta^2=\boxed{クケ}$$
である。

解答

(1) $x^2-2x=t$ とおくと，与式より
$$t^2+2t-3=0$$
$$(t-1)(t+3)=0 \quad \therefore \quad t=1,\ -3$$
$t=1$ のとき
$$x^2-2x-1=0 \quad \therefore \quad x=1\pm\sqrt{2}$$
$t=-3$ のとき
$$x^2-2x+3=0 \quad \therefore \quad x=1\pm\sqrt{2}\,i$$

⬅ $\dfrac{-b'\pm\sqrt{b'^2-ac}}{a}$

(2) 解と係数の関係より
$$\alpha+\beta=-\dfrac{-2}{2}=1,\ \alpha\beta=\dfrac{3}{2}$$
$$\alpha^2+\beta^2=(\alpha+\beta)^2-2\alpha\beta=1^2-2\cdot\dfrac{3}{2}=-2$$

例題 6　1分・2点

x の 2 次方程式
$$x^2+2(a+1)x+a+3=0$$
が虚数解をもつような実数 a の値の範囲は
$$\boxed{アイ}<a<\boxed{ウ}$$
である。

解答

2次方程式が虚数解をもつための条件は，$D<0$ であるから，与式より
$$D/4=(a+1)^2-(a+3)<0$$
$$a^2+a-2<0$$
$$(a+2)(a-1)<0 \quad \therefore \quad -2<a<1$$

⬅ D は判別式。

STAGE 1 4 因数定理，高次方程式

■ 7　定理の利用 ■

(1) 剰余の定理

多項式 $P(x)$ を 1 次式 $x-\alpha$ で割ったときの余りは $P(\alpha)$ に等しい。

(注)　多項式 $P(x)$ を 1 次式 $ax+b$ で割ったときの余りは $P\left(-\dfrac{b}{a}\right)$ に等しい。

(2) 因数定理

多項式 $P(x)$ が 1 次式 $x-\alpha$ で割り切れるための条件は $P(\alpha)=0$ であるから　　$x-\alpha$ が $P(x)$ の因数である $\iff P(\alpha)=0$

■ 8　高次方程式の解法 ■

高次方程式 $f(x)=0$ は，因数定理などを利用して $f(x)$ を因数分解する。

(例1)　$x^3+8=0$
　　因数分解すると
　　　　$(x+2)(x^2-2x+4)=0$　　∴　$x=-2,\ 1\pm\sqrt{3}\,i$

(例2)　$x^4+x^2-12=0$
　　因数分解すると
　　　　$(x^2-3)(x^2+4)=0$　　∴　$x=\pm\sqrt{3},\ \pm 2i$

(例3)　$x^3-5x^2+3x+1=0$
　　$f(x)=x^3-5x^2+3x+1$ とおくと，$f(1)=0$ より
　　　　$f(x)=(x-1)(x^2-4x-1)$

と因数分解できる（組立除法の利用）ので，
求める解は
　　　　$x=1,\ 2\pm\sqrt{5}$

組立除法

1	-5	3	1	1
	1	-4	-1	
1	-4	-1	0	

(注)　$P(x)=ax^3+bx^2+cx+d$ の場合，α として $\alpha=\pm\dfrac{(d の約数)}{(a の約数)}$ を用いると，$P(\alpha)=0$ を満たす α を見つけることができる。

(組立除法)　$P(x)=ax^3+bx^2+cx+d$
　を $x-\alpha$ で割ったときの
　　　商 lx^2+mx+n，余り R
を求めるには，右のような方法が
ある。

a	b	c	d	α
↓	$l\alpha$	$m\alpha$	$n\alpha$	
a	$b+l\alpha$	$c+m\alpha$	$d+n\alpha$	
‖	‖	‖	‖	
l	m	n	R	

4．因数定理，高次方程式　　*15*

例題 7　2分・4点

整式 $f(x)=x^3-ax^2+(a+1)x+b$ は $x-2$ で割り切れ，$f(x)$ を $x-3$ で割ったときの余りは8である。このとき
$$a=\boxed{\text{ア}}, \quad b=\boxed{\text{イウ}}$$
である。

解答

$f(x)$ は $x-2$ で割り切れるので
$$f(2)=8-4a+2(a+1)+b=0$$
$$\therefore \quad 2a-b=10 \qquad \cdots\cdots①$$
$f(x)$ を $x-3$ で割ったときの余りは8であるから
$$f(3)=27-9a+3(a+1)+b=8$$
$$\therefore \quad 6a-b=22 \qquad \cdots\cdots②$$
①，②より
$$a=3, \quad b=-4$$

◆ 因数定理。

◆ 剰余の定理。

例題 8　3分・6点

(1)　方程式 $x^4+2x^2-8=0$ の解は
$$x=\pm\sqrt{\boxed{\text{ア}}}, \quad \pm\boxed{\text{イ}}\,i$$
である。

(2)　方程式 $x^3-2x^2-x+14=0$ の解は
$$x=\boxed{\text{ウエ}}, \quad \boxed{\text{オ}}\pm\sqrt{\boxed{\text{カ}}}\,i$$
である。

解答

(1)　　　$(x^2-2)(x^2+4)=0$
$$x^2=2, \quad -4$$
$$\therefore \quad x=\pm\sqrt{2}, \quad \pm2i$$

(2)　$f(x)=x^3-2x^2-x+14$ とおく。

$f(-2)=0$ より $f(x)$ を $x+2$ で割って因数分解すると
$$f(x)=(x+2)(x^2-4x+7)$$
よって，$f(x)=0$ の解は
$$x=-2, \quad 2\pm\sqrt{3}\,i$$

◆ $\sqrt{-4}=\sqrt{4}\,i=2i$

◆ 14の約数：±1，±2，…を代入する。

◆ 組立除法。

1	-2	-1	14	-2
	-2	8	-14	
1	-4	7	0	

STAGE 1 類題

類題 1 （10分・16点）

(1) 次の式を展開せよ。また，因数分解せよ。
   (i) $(2x-1)^3 = \boxed{ア}x^3 - \boxed{イウ}x^2 + \boxed{エ}x - \boxed{オ}$
   (ii) $(3x+2)(9x^2-6x+4) = \boxed{カキ}x^3 + \boxed{ク}$
   (iii) $x^3+27 = (x+\boxed{ケ})(x^2-\boxed{コ}x+\boxed{サ})$
   (iv) $x^6-64 = (x+\boxed{シ})(x-\boxed{ス})(x^2+\boxed{セ}x+\boxed{ソ})(x^2-\boxed{タ}x+\boxed{チ})$

(2) $(2x-3y)^4$ を展開したとき，x^3y の係数は $\boxed{ツテト}$ である。
また，$\{(2x-3y)+2z\}^7$ を展開したとき，z についての3次の項をまとめると
$\boxed{ナニヌ}(2x-3y)^{\boxed{ネ}}z^3$
で表される。このとき，$(2x-3y+2z)^7$ の展開式で x^3yz^3 の係数は
$\boxed{ノハヒフヘホ}$ である。

類題 2 （6分・10点）

(1) x の整式 $x^4-(a+8)x^2-2ax+4a+1$ を x^2-2x-a で割ったときの
   商は $x^2+\boxed{ア}x-\boxed{イ}$
   余りは $\boxed{ウエ}x+\boxed{オ}$
である。

(2) x の整式
$A = x^4-(a-2)x^3-(3a-1)x^2+(2a^2+5a+8)x+a^2+2a+2$
を x の整式 $B = x^2-ax+1$ で割ったときの余りを $px+q$ とすれば
$p = a^2 + \boxed{カ}a + \boxed{キ}$, $q = a^2 + \boxed{ク}a + \boxed{ケ}$
である。とくに $a = \boxed{コサ}$ のとき，A は B で割り切れる。

$$\boxed{\text{類題 } 3}$$　　　　　　　　　　　　　　　　　　　　　　（6分・12点）

(1)　x についての二つの整式
$$A=x^2+ax+b,\quad B=x^2+x+1$$
　について
$$A^2+B^2=2x^4+6x^3+3x^2+cx+d$$
　が成り立つとき，実数 a, b, c, d の値は
$$a=\boxed{\text{ア}}\,,\quad b=\boxed{\text{イウ}}\,,\quad c=\boxed{\text{エオ}}\,,\quad d=\boxed{\text{カ}}$$
　である。

(2)　等式
$$\frac{4x+9}{(2x+1)(x-3)}=\frac{a}{2x+1}+\frac{b}{x-3}$$
　が x についての恒等式であるとき
$$a=\boxed{\text{キク}}\,,\quad b=\boxed{\text{ケ}}$$
　である。

$$\boxed{\text{類題 } 4}$$　　　　　　　　　　　　　　　　　　　　　　（6分・12点）

(1)　$(1+\sqrt{3}\,i)^2=\boxed{\text{アイ}}+\boxed{\text{ウ}}\,\sqrt{3}\,i$

　　　$(1+\sqrt{3}\,i)^3=\boxed{\text{エオ}}$

　　　$(1+\sqrt{3}\,i)^4=\boxed{\text{カキ}}-\boxed{\text{ク}}\,\sqrt{3}\,i$

(2)　$\dfrac{5+2i}{3-3i}+\dfrac{5-2i}{3+3i}=\boxed{\text{ケ}}$

(3)　等式
$$x^2+(y+2+i)x+y(1+i)-(2+i)=0$$
　を満たす実数 x, y の値は
$$x=\frac{\boxed{\text{コ}}}{\boxed{\text{サ}}}\,,\quad y=\frac{\boxed{\text{シ}}}{\boxed{\text{ス}}}$$
　である。

18   §1   いろいろな式

類題　5   (6分・8点)

(1) 方程式 $2x^2-x+2=0$ の解は $x=\dfrac{\boxed{ア}\pm\sqrt{\boxed{イウ}}\,i}{\boxed{エ}}$ である。

(2) 2次方程式 $3x^2-2x+4=0$ の二つの解を α, β とするとき

$$\frac{1}{\alpha}+\frac{1}{\beta}=\frac{\boxed{オ}}{\boxed{カ}}, \quad \alpha^3+\beta^3=\frac{\boxed{キクケ}}{\boxed{コサ}}$$

である。

(3) 2次方程式 $x^2-ax+b=0$ の二つの解を α, β とするとき, 2次方程式 $x^2+bx+a=0$ の二つの解は $\alpha-1$, $\beta-1$ であるという。このとき

$$a=\boxed{シ}, \quad b=\boxed{ス}$$

である。

類題　6   (4分・8点)

(1) x の2次方程式

$$x^2+2ax+2a+6=0$$

が虚数解をもつような実数 a の値の範囲は

$$p=\boxed{ア}-\sqrt{\boxed{イ}}, \quad q=\boxed{ア}+\sqrt{\boxed{イ}}$$

として, 次の⓪〜③のうちの $\boxed{ウ}$ である。

⓪　$p<a<q$　　①　$p\leqq a\leqq q$　　②　$a<p,\ q<a$　　③　$a\leqq p,\ q\leqq a$

(2) x の2次方程式

$$x^2+(a+2)x+2a+b+2=0$$

が重解をもつ条件は

$$b=\frac{\boxed{エ}}{\boxed{オ}}a^2-a-\boxed{カ}$$

であり, このとき重解は $x=\dfrac{\boxed{キク}}{\boxed{ケ}}a-\boxed{コ}$ と表せる。

類題 　19

§1 1

類題　7　　　　　　　　　　　　　　　　　　　　　（8分・10点）

(1)　整式 $f(x)=3x^3+ax^2+bx+c$ は $x+2$ で割り切れ，$f(x)$ を $x+1$，$x-2$
で割ったときの余りは，それぞれ -3，12 である。このとき
$$a=\boxed{\text{ア}}，\quad b=\boxed{\text{イウ}}，\quad c=\boxed{\text{エオカ}}$$
である。

(2)　x の整式 $P(x)=ax^4+bx^3+abx^2-(a+3b-4)x-(3a-2)$ を $x-1$ で割った
余りは
$$ab-\boxed{\text{キ}}\,a-\boxed{\text{ク}}\,b+\boxed{\text{ケ}}$$
であるから，$P(x)$ が $x-1$ で割り切れるならば
$$a=\boxed{\text{コ}}\ \text{または}\ b=\boxed{\text{サ}}$$
である。また，$P(x)$ が $x+1$ で割り切れるならば
$$a=\boxed{\text{シス}}\ \text{または}\ b=\boxed{\text{セ}}$$
である。

類題　8　　　　　　　　　　　　　　　　　　　　　（12分・16点）

(1)　3次方程式 $x(x+1)(x+2)=1\cdot2\cdot3$ の実数解は $x=\boxed{\text{ア}}$ であり，虚数解は
$x=\boxed{\text{イウ}}\pm\sqrt{\boxed{\text{エ}}}\,i$ である。

(2)　4次方程式 $x^4-x^3+2x^2-14x+12=0$ の解は
$$x=\boxed{\text{オ}}，\quad\boxed{\text{カ}}，\quad\boxed{\text{キク}}\pm\sqrt{\boxed{\text{ケ}}}\,i$$
である。

(3)　$x^4-31x^2+20x+5=(x^2+a)^2-(bx-2)^2$ が x についての恒等式であるよう
に a，b を定めると，$a=\boxed{\text{コサ}}$，$b=\boxed{\text{シ}}$ である。したがって，4次方程
式 $x^4-31x^2+20x+5=0$ の解は
$$x=\frac{\boxed{\text{スセ}}\pm\boxed{\text{ソ}}\sqrt{\boxed{\text{タ}}}}{2}，\quad\frac{\boxed{\text{チ}}\pm\sqrt{\boxed{\text{ツテ}}}}{2}$$
である。

20　§1　いろいろな式

STAGE 2　5　相加平均と相乗平均の関係

■ 9　相加平均と相乗平均 ■

$a>0$，$b>0$ のとき

$$\frac{a+b}{2} \geqq \sqrt{ab} \iff a+b \geqq 2\sqrt{ab}$$

（相加平均）（相乗平均）

等号が成り立つのは，$a=b$ のときである。

（注）　相加平均と相乗平均の関係は，最大値，最小値を求めるときに利用される。つまり

　　積 ab が一定のとき，$a+b$ の最小値は $2\sqrt{ab}$ である

　　和 $a+b$ が一定のとき，ab の最大値は $\left(\dfrac{a+b}{2}\right)^2$ である

（例）　$x>0$ のとき，$x+\dfrac{1}{x}$ の最小値

$$x+\frac{1}{x} \geqq 2\sqrt{x \cdot \frac{1}{x}} = 2$$

等号は，$x=\dfrac{1}{x}$ つまり $x=1$ のとき成り立つ。

よって，$x=1$ のとき，$x+\dfrac{1}{x}$ は最小値 2 をとる。

（例）　$x>0$ のとき，$x+\dfrac{2}{x}$ の最小値

$$x+\frac{2}{x} \geqq 2\sqrt{x \cdot \frac{2}{x}} = 2\sqrt{2}$$

等号は，$x=\dfrac{2}{x}$ つまり $x=\sqrt{2}$ のとき成り立つ。

よって，$x=\sqrt{2}$ のとき，$x+\dfrac{2}{x}$ は最小値 $2\sqrt{2}$ をとる。

5．相加平均と相乗平均の関係　　*21*

例題 9　2分・4点

【問題】　x，y を正の実数とするとき，$\left(x+\dfrac{1}{y}\right)\left(y+\dfrac{4}{x}\right)$ の最小値を求めよ。

　　上の**問題**に対する次の**解答**が誤りである理由を下の⓪〜③のうちから一つ選ぶと　ア　であり，正しい最小値は　イ　である。

【解答】

$x>0$，$\dfrac{1}{y}>0$ であるから，相加平均と相乗平均の関係により

$$x+\frac{1}{y}\geqq 2\sqrt{x\cdot\frac{1}{y}}=2\sqrt{\frac{x}{y}} \qquad\qquad\cdots\cdots①$$

$y>0$，$\dfrac{4}{x}>0$ であるから，相加平均と相乗平均の関係により

$$y+\frac{4}{x}\geqq 2\sqrt{y\cdot\frac{4}{x}}=4\sqrt{\frac{y}{x}} \qquad\qquad\cdots\cdots②$$

である。①，②の両辺は正であるから

$$\left(x+\frac{1}{y}\right)\left(y+\frac{4}{x}\right)\geqq 2\sqrt{\frac{x}{y}}\cdot 4\sqrt{\frac{y}{x}}=8 \qquad\cdots\cdots③$$

よって，求める最小値は 8 である。

⓪　$x+\dfrac{1}{y}\geqq 2\sqrt{\dfrac{x}{y}}$ を満たす x，y の値がない

①　$y+\dfrac{4}{x}\geqq 4\sqrt{\dfrac{y}{x}}$ を満たす x，y の値がない

②　$x+\dfrac{1}{y}=2\sqrt{\dfrac{x}{y}}$ かつ $y+\dfrac{4}{x}=4\sqrt{\dfrac{y}{x}}$ を満たす x，y の値がない

③　$x+\dfrac{1}{y}=2\sqrt{\dfrac{x}{y}}$ かつ $y+\dfrac{4}{x}=4\sqrt{\dfrac{y}{x}}$ を満たす x，y の値がある

解答

①で等号が成り立つのは，$x=\dfrac{1}{y}$ つまり $xy=1$ のとき

②で等号が成り立つのは，$y=\dfrac{4}{x}$ つまり $xy=4$ のとき

したがって，③の等号が成り立つような x,y の値はない。(②)

$$\left(x+\frac{1}{y}\right)\left(y+\frac{4}{x}\right)=xy+\frac{4}{xy}+5$$

であり，$xy>0$ より

$$xy+\frac{4}{xy}\geqq 2\sqrt{xy\cdot\frac{4}{xy}}=4$$

よって，最小値は　$4+5=9$

← $xy=1$ かつ $xy=4$ は成り立たない。

← 等号は，$xy=\dfrac{4}{xy}$ つまり $xy=2$ のとき成り立つ。

STAGE 2 6 割り算の応用Ⅰ

■10 割り算の応用Ⅰ■

x の整式 $A(x)$ を $B(x)$ で割ったときの商を $Q(x)$, 余りを $R(x)$ とおくと
$$A(x)=B(x)Q(x)+R(x)$$
が成り立つ。この式は x についての恒等式である。

$x=\alpha$ のときの $A(x)$ の値を求めるとき, 上式を利用して
$$A(\alpha)=B(\alpha)Q(\alpha)+R(\alpha)$$
とすると,計算が簡単になる。

(例) $A(x)=x^3-x^2-5x+4$ として, $x=-1+\sqrt{2}$ のときの $A(x)$ の値を求める。

$x=-1+\sqrt{2}$ のとき, $x+1=\sqrt{2}$ より
$$(x+1)^2=(\sqrt{2})^2 \quad \therefore \quad x^2+2x-1=0 \quad \cdots\cdots ①$$

$A(x)$ を x^2+2x-1 で割ったときの商と余りを求めると

$$\begin{array}{r} x-3 \\ x^2+2x-1 \overline{) x^3 - x^2 - 5x + 4} \\ \underline{x^3 + 2x^2 - x} \\ -3x^2 - 4x + 4 \\ \underline{-3x^2 - 6x + 3} \\ 2x+1 \end{array}$$

これより
$$A(x)=(x^2+2x-1)(x-3)+2x+1$$
$x=-1+\sqrt{2}$ とおくと
$$A(-1+\sqrt{2})=0+2(-1+\sqrt{2})+1=-1+2\sqrt{2} \quad (①より)$$

(別解) ①より
$$x^2=-2x+1$$
$$x^3=-2x^2+x=-2(-2x+1)+x=5x-2$$
よって, $x=-1+\sqrt{2}$ のとき
$$\begin{aligned} A(x)&=(5x-2)-(-2x+1)-5x+4 \\ &=2x+1 \\ &=2(-1+\sqrt{2})+1 \\ &=-1+2\sqrt{2} \end{aligned}$$

6．割り算の応用 I　　*23*

例題 10　4分・8点

x の整式
$$A = x^4 - 8x^3 + 14x^2 + 8x - 1$$
がある。

(1) A を $x^2 - 5x - 2$ で割ったとき

商は　　$x^2 - \boxed{\text{ア}}x + \boxed{\text{イ}}$

余りは　$\boxed{\text{ウ}}x + \boxed{\text{エ}}$

である。

(2) $x = 2 + \sqrt{3}$ のとき
$$x^2 - 4x = \boxed{\text{オカ}}$$
であり，そのときの A の値は $\boxed{\text{キ}}$ である。

解答

(1) 割り算を実行すると

$$
\begin{array}{r}
x^2 - 3x + 1 \\
x^2 - 5x - 2 \overline{\smash{\big)}\ x^4 - 8x^3 + 14x^2 + 8x - 1} \\
\underline{x^4 - 5x^3 - 2x^2} \\
-3x^3 + 16x^2 + 8x \\
\underline{-3x^3 + 15x^2 + 6x} \\
x^2 + 2x - 1 \\
\underline{x^2 - 5x - 2} \\
7x + 1
\end{array}
$$

商は　　$x^2 - 3x + 1$

余りは　$7x + 1$

(2) $x = 2 + \sqrt{3}$ のとき

$(x - 2)^2 = (\sqrt{3})^2$　　∴　$x^2 - 4x = -1$　……①

(1)より

$$A = (x^2 - 5x - 2)(x^2 - 3x + 1) + 7x + 1$$

と変形できるので，この式に①を代入して

$A = (-x - 3) \cdot x + 7x + 1$

$= -x^2 + 4x + 1$

$= 2$　（①より）

← $x = 2 + \sqrt{3}$ は①の解の1つ。

← ① $\iff$ $x^2 = 4x - 1$

STAGE 2　7　割り算の応用 II

■ 11　割り算の応用 II ■

x の整式 $f(x)$ を 2 次以上の整式 $g(x)$ で割ったときの余りを，剰余の定理，因数定理を利用して求めることができる。

(例 1)　整式 $f(x)$ を $x+1$ で割ったときの余りは 3 であり，$x-1$ で割ったときの余りは -7 である。このとき，$f(x)$ を x^2-1 で割ったときの余りを求める。

　　$f(x)$ を x^2-1 で割ったときの商を $g(x)$ とし，余りは 1 次式か定数であるから $ax+b$ とおくと
$$f(x)=(x^2-1)g(x)+ax+b$$
条件より，剰余の定理を用いて
$$f(-1)=3,\ f(1)=-7$$
であるから
$$\begin{cases} f(-1)=-a+b=3 \\ f(1)=a+b=-7 \end{cases} \therefore \begin{cases} a=-5 \\ b=-2 \end{cases}$$
よって，余りは $-5x-2$ である。

(例 2)　整式 $f(x)$ は $x-1$ で割り切れる。また，$f(x)$ を x^2-x-2 で割ったときの余りは $x+3$ である。このとき，$f(x)$ を x^2-3x+2 で割ったときの余りを求める。

　　$f(x)$ を $x^2-3x+2=(x-1)(x-2)$ で割ったときの商を $g(x)$ とし，余りは 1 次式か定数であるから $ax+b$ とおくと
$$f(x)=(x-1)(x-2)g(x)+ax+b$$
条件より，因数定理を用いて $f(1)=0$ であるから
$$f(1)=a+b=0 \qquad \cdots\cdots ①$$
また，条件より，$f(x)$ を $x^2-x-2=(x+1)(x-2)$ で割ったときの商を $h(x)$ とおくと，余りは $x+3$ であるから
$$f(x)=(x+1)(x-2)h(x)+x+3$$
このとき，$f(2)=5$ であるから
$$f(2)=2a+b=5 \qquad \cdots\cdots ②$$
①，②より，$a=5,\ b=-5$ となり，余りは $5x-5$ である。

7．割り算の応用Ⅱ　　*25*

§1
2

例題 11　3分・6点

整式 $f(x)$ は次の条件(A), (B), (C)を満たすものとする。

(A)　$f(x)$ を $x-1$ で割ったときの余りは7である

(B)　$f(x)$ を $x+1$ で割ったときの余りは3である

(C)　$f(x)$ を $x+3$ で割ったときの余りは15である

このとき, $f(x)$ を x^3+3x^2-x-3 で割ったときの余り ax^2+bx+c を求めよう。

条件(A), (B)より

$$a+c=\boxed{\text{ア}}, \quad b=\boxed{\text{イ}}$$

条件(C)と $b=\boxed{\text{イ}}$ より

$$\boxed{\text{ウ}}a+c=\boxed{\text{エオ}}$$

である。したがって

$$a=\boxed{\text{カ}}, \quad c=\boxed{\text{キ}}$$

である。

解答

$f(x)$ を

$$x^3+3x^2-x-3=(x-1)(x+1)(x+3)$$

で割ったときの商を $g(x)$ とすると

$$f(x)=(x-1)(x+1)(x+3)\,g(x)+ax^2+bx+c$$

とおける。条件(A), (B)より

$$\begin{cases} f(1)=7 \\ f(-1)=3 \end{cases} \quad \therefore \quad \begin{cases} a+b+c=7 \\ a-b+c=3 \end{cases}$$

← 剰余の定理。

$$\therefore \quad \begin{cases} a+c=5 \\ b=2 \end{cases} \qquad\qquad \cdots\cdots①$$

条件(C)より

$$f(-3)=15$$

← 剰余の定理。

$$\therefore \quad 9a-3b+c=15$$

これと $b=2$ より

$$9a+c=21 \qquad\qquad \cdots\cdots②$$

①, ②より

$$a=2, \quad c=3$$

よって, 余りは $2x^2+2x+3$ となる。

STAGE 2 8 高次方程式の応用

■12 高次方程式の応用 ■

(1) 因数分解

3次方程式 $ax^3+bx^2+cx+d=0$ の3つの解を α, β, γ とすると
$$ax^3+bx^2+cx+d=a(x-\alpha)(x-\beta)(x-\gamma)$$

3次方程式の解と係数の関係

$$\alpha+\beta+\gamma=-\frac{b}{a}, \quad \alpha\beta+\beta\gamma+\gamma\alpha=\frac{c}{a}, \quad \alpha\beta\gamma=-\frac{d}{a}$$

(例1) 3次方程式 $2x^3+7x^2+9x+3=0$ の3つの解を α, β, γ とすると

$$\alpha+\beta+\gamma=-\frac{7}{2}$$

$$\alpha\beta+\beta\gamma+\gamma\alpha=\frac{9}{2}$$

$$\alpha\beta\gamma=-\frac{3}{2}$$

(例2) 3次方程式 $x^3+ax^2+bx-9=0$ が $1\pm\sqrt{2}\,i$ を解にもつとき
$\alpha=1+\sqrt{2}\,i$, $\beta=1-\sqrt{2}\,i$, $\gamma=c$
として，解と係数の関係を用いると

$$\begin{cases} (1+\sqrt{2}\,i)+(1-\sqrt{2}\,i)+c=-a \\ (1+\sqrt{2}\,i)(1-\sqrt{2}\,i)+(1-\sqrt{2}\,i)c+c(1+\sqrt{2}\,i)=b \\ (1+\sqrt{2}\,i)(1-\sqrt{2}\,i)c=9 \end{cases}$$

これを解いて $a=-5$, $b=9$, $c=3$

(2) 1の3乗根

$$x^3=1$$
$\iff (x-1)(x^2+x+1)=0$
$\iff x=1, \dfrac{-1\pm\sqrt{3}\,i}{2}$

ここで，$\omega=\dfrac{-1+\sqrt{3}\,i}{2}$ とおくと，$\omega^2=\dfrac{-1-\sqrt{3}\,i}{2}$ になるので，1の3乗根は

$$1, \omega, \omega^2$$

と表される。ω は

$$\omega^3=1, \quad \omega^2+\omega+1=0$$

を満たす。

8．高次方程式の応用　　**27**

§
1

2

例題 12 | 5分・10点

二つの方程式

$$x^3+3x^2+5x+3=0 \qquad \cdots\cdots①$$
$$x^3+px^2+qx+r=0 \qquad \cdots\cdots②$$

を考える。①の三つの解は $\boxed{\text{アイ}}$，$\boxed{\text{ウエ}}\pm\sqrt{\boxed{\text{オ}}}\,i$ である。①の三つの解を α，β，γ とするとき，②の三つの解は α^2，β^2，γ^2 であるという。このとき　$p=\boxed{\text{カ}}$，$q=\boxed{\text{キ}}$，$r=\boxed{\text{クケ}}$　である。

解答

$f(x)=x^3+3x^2+5x+3$ とおく。

$f(-1)=0$ より $f(x)$ を $x+1$ で割って因数分解すると

$$f(x)=(x+1)(x^2+2x+3)$$

よって，①の三つの解は

$$x=-1,\ -1\pm\sqrt{2}\,i$$

$\alpha=-1$，$\beta=-1+\sqrt{2}\,i$，$\gamma=-1-\sqrt{2}\,i$ として

$$g(x)=x^3+px^2+qx+r$$

とおく。②の三つの解が α^2，β^2，γ^2 であることより

$$g(x)=(x-\alpha^2)(x-\beta^2)(x-\gamma^2)$$
$$=(x-1)\{x^2-(\beta^2+\gamma^2)\,x+\beta^2\gamma^2\}$$

と表される。ここで $\beta+\gamma=-2$，$\beta\gamma=3$ より

$$\beta^2+\gamma^2=(\beta+\gamma)^2-2\beta\gamma=(-2)^2-2\cdot3=-2$$
$$\beta^2\gamma^2=(\beta\gamma)^2=3^2=9$$

であるから

$$g(x)=(x-1)(x^2+2x+9)=x^3+x^2+7x-9$$

ゆえに　$p=1$，$q=7$，$r=-9$

（注）　3次方程式の解と係数の関係より，

$\alpha+\beta+\gamma=-3$，$\alpha\beta+\beta\gamma+\gamma\alpha=5$，$\alpha\beta\gamma=-3$ であり

$$\alpha^2+\beta^2+\gamma^2=(\alpha+\beta+\gamma)^2-2(\alpha\beta+\beta\gamma+\gamma\alpha)$$
$$=-1$$
$$\alpha^2\beta^2+\beta^2\gamma^2+\gamma^2\alpha^2$$
$$=(\alpha\beta+\beta\gamma+\gamma\alpha)^2-2\alpha\beta\gamma(\alpha+\beta+\gamma)=7$$
$$\alpha^2\beta^2\gamma^2=(\alpha\beta\gamma)^2=9$$

よって，α^2，β^2，γ^2 を解とする3次方程式は

$$x^3+x^2+7x-9=0$$

⬅ 因数定理。

⬅ 組立除法。

1	3	5	3	−1
	−1	−2	−3	
1	2	3	0	

⬅ $\alpha=-1$ より $\alpha^2=1$

⬅ 解と係数の関係を用いてもよい。

STAGE 2 類題

類題 9　　　　　　　　　　　　　　　　　　　　　　　（6分・12点）

(1) $x>0$, $y>0$ のとき

$$\left(x+\frac{2}{y}\right)\left(y+\frac{3}{x}\right)$$ の最小値は $\boxed{ア}+\boxed{イ}\sqrt{\boxed{ウ}}$

である。このとき，x, y は $xy=\sqrt{\boxed{エ}}$ を満たす。

(2) $x\neq 0$ とする。$\dfrac{x^4-2x^2+4}{x^2}$ は $x=\pm\sqrt{\boxed{オ}}$ のとき最小値 $\boxed{カ}$ をとる。

(3) $x>0$ とする。

$\dfrac{2x}{x^2+x+9}$ は $x=\boxed{キ}$ のとき最大値 $\dfrac{\boxed{ク}}{\boxed{ケ}}$ をとる。

類題 10　　　　　　　　　　　　　　　　　　　　　　（4分・8点）

x についての二つの整式

$$A=x^2+x-3$$
$$B=x^4-x^3-2x^2+16x-10$$

がある。

(1) B を A で割ったとき

　　商は　　$x^2-\boxed{ア}x+\boxed{イ}$

　　余りは　$\boxed{ウ}x-\boxed{エ}$

である。

(2) $x=\dfrac{-1+\sqrt{17}}{2}$ のとき

$A=\boxed{オ}$, $B=\boxed{カ}+\boxed{キ}\sqrt{17}$

である。

類 題 　29

§1
2

類題 11　　　　　　　　　　　　　　　　　　　（4分・8点）

　整式 $f(x)$ は次の条件(A), (B)を満たすものとする。

　　　　(A)　$f(x)$ を x^2-4x+3 で割ると, 余りは $65x-68$ である

　　　　(B)　$f(x)$ を x^2+6x-7 で割ると, 余りは $-5x+a$ である

このとき, $a=$ 　ア　 であることがわかる。

　$f(x)$ を $x^2+4x-21$ で割ったときの余り $bx+c$ を求めよう。

条件(A)より

　　　　　 イ 　$b+c=$ ウエオ

条件(B)と $a=$ 　ア　 より

　　　　　 カキ 　$b+c=$ クケ

である。したがって

　　　　　$b=$ 　コ　, $c=$ サシス

である。

類題 12　　　　　　　　　　　　　　　　　　　（5分・9点）

　n を整数とする。3次式 x^3-2x^2+nx+6 の因数分解を

　　　　$x^3-2x^2+nx+6=(x-\alpha)(x-\beta)(x-\gamma)$

とする。α, β, γ がすべて整数であるならば, α, β, γ の値は小さい方から順に

アイ , 　ウ　, 　エ　である。

　このとき, 3次方程式 $x^3+px^2+qx+r=0$ の三つの解が $\alpha, \beta+\gamma i, \beta-\gamma i$ で

あるならば

　　　　$p=$ 　オ　, $q=$ 　カ　, $r=$ キク

である。

STAGE 1　9　点と直線

■ 13　点の座標 ■

(1) **2点間の距離**

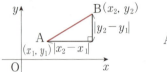

$$AB = \sqrt{(x_2-x_1)^2 + (y_2-y_1)^2}$$

(2) **分点の座標**

$A(x_1, y_1)$, $B(x_2, y_2)$ を結ぶ線分 AB を
$m:n$ に **内分** する点 P

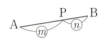

$$P\left(\frac{nx_1+mx_2}{m+n}, \frac{ny_1+my_2}{m+n}\right) \quad \left(\begin{matrix}A & B \\ m & : & n\end{matrix}\right)$$

特に P が中点のとき　$\left(\dfrac{x_1+x_2}{2}, \dfrac{y_1+y_2}{2}\right)$

$m:n$ に **外分** する点 Q

$$Q\left(\frac{-nx_1+mx_2}{m-n}, \frac{-ny_1+my_2}{m-n}\right) \quad \left(\begin{matrix}A & B \\ m & : & -n\end{matrix}\right)$$

($m>n$ の場合)

■ 14　直線の方程式 ■

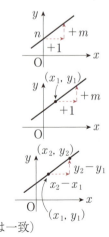

(1) **傾き m，y 切片 n の直線**

　　$y = mx + n$

(2) **点 (x_1, y_1) を通り傾き m の直線**

　　$y - y_1 = m(x - x_1)$

(3) **2点 (x_1, y_1), (x_2, y_2) を通る直線**

　　$x_1 \neq x_2$ のとき　　　$x_1 = x_2$ のとき
　　$y - y_1 = \dfrac{y_2-y_1}{x_2-x_1}(x-x_1)$　　　$x = x_1$

平行と垂直

$l_1 : y = m_1 x + n_1$,　$l_2 : y = m_2 x + n_2$ とすると

　　$l_1 // l_2 \iff m_1 = m_2$　($n_1 = n_2$ のとき l_1, l_2 は一致)

　　$l_1 \perp l_2 \iff m_1 m_2 = -1$

例題 13 3分・8点

座標平面上に2点 A(3, -1), B(-2, 4) がある。
(1) AB=[ア]√[イ] である。また, A, B から等距離にある x 軸上の点を C とすると, C の x 座標は [ウエ] である。
(2) 線分 AB を 2:1 に内分する点の座標は $\left(\dfrac{[オカ]}{[キ]},\ \dfrac{[ク]}{[ケ]}\right)$ であり, 点 D の座標を $(p,\ q)$ として, 線分 AD を 1:3 に外分する点が B のとき, $p=$[コサ], $q=$[シスセ] である。

解答

(1) $AB=\sqrt{(-2-3)^2+(4+1)^2}=\mathbf{5\sqrt{2}}$

C の座標を $(c,\ 0)$ とすると, AC=BC より
$\sqrt{(c-3)^2+1^2}=\sqrt{(c+2)^2+4^2}$
$c^2-6c+10=c^2+4c+20$ ∴ $c=\mathbf{-1}$

(2) 線分 AB を 2:1 に内分する点の座標は
$\left(\dfrac{1\cdot 3+2\cdot(-2)}{2+1},\ \dfrac{1\cdot(-1)+2\cdot 4}{2+1}\right)=\left(-\dfrac{1}{3},\ \dfrac{7}{3}\right)$

また, 線分 AD を 1:3 に外分する点が B であるから
$\left(\dfrac{3\cdot 3-1\cdot p}{-1+3},\ \dfrac{3\cdot(-1)-1\cdot q}{-1+3}\right)=(-2,\ 4)$
∴ $p=\mathbf{13},\ q=\mathbf{-11}$

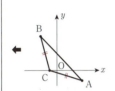

例題 14 2分・4点

2点 P(12, 0), Q(15, 9) がある。
2点 P, Q を通る直線の方程式は $y=$[ア]$x-$[イウ] であり, 線分 PQ の垂直二等分線の方程式は $y=\dfrac{[エオ]}{[カ]}x+$[キ] である。

解答

直線 PQ の方程式は
$y-0=\dfrac{9-0}{15-12}(x-12)$ ∴ $y=\mathbf{3}x-\mathbf{36}$

線分 PQ の中点は $\left(\dfrac{12+15}{2},\ \dfrac{0+9}{2}\right)=\left(\dfrac{27}{2},\ \dfrac{9}{2}\right)$

であるから, 線分 PQ の垂直二等分線の方程式は
$y-\dfrac{9}{2}=-\dfrac{1}{3}\left(x-\dfrac{27}{2}\right)$ ∴ $y=-\dfrac{\mathbf{1}}{\mathbf{3}}x+\mathbf{9}$

← 傾き3の直線に垂直な直線の傾きは $-\dfrac{1}{3}$

STAGE 1 10 円の方程式

■ 15 円の方程式 ■

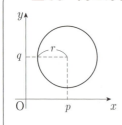

点(p, q)を中心とする半径rの円の方程式は
$$(x-p)^2+(y-q)^2=r^2$$
中心が原点のとき
$$x^2+y^2=r^2$$
一般形
$$x^2+y^2+ax+by+c=0$$
↓ 平方完成
$$\left(x+\frac{a}{2}\right)^2+\left(y+\frac{b}{2}\right)^2=\frac{a^2}{4}+\frac{b^2}{4}-c$$

$\dfrac{a^2}{4}+\dfrac{b^2}{4}-c>0$ のとき,

点$\left(-\dfrac{a}{2}, -\dfrac{b}{2}\right)$を中心とする半径$\sqrt{\dfrac{a^2}{4}+\dfrac{b^2}{4}-c}$ の円

■ 16 円の決定 ■

条件から円の方程式を求める計算
(1) **中心(p, q)と半径rを求めることを考える。**
(例)
(ア) 直径の両端の点 A, B の座標が与えられた場合

　　ABの中点　から　中心,　$\dfrac{1}{2}$AB　から　半径

を求める。
(イ) 円がx軸と接する場合
　　　(中心とx軸との距離)=|中心のy座標|=(半径)
(2) **通る点が与えられた場合**
　　　$(x-p)^2+(y-q)^2=r^2$　または　$x^2+y^2+ax+by+c=0$
に点の座標を代入する。

例題 15 2分・4点

x, y の方程式 $x^2+y^2-6ax+4ay+10a^2-6a=0$ が半径 3 の円を表すとき $a=\boxed{アイ}$, $\boxed{ウ}$ である。
$a=\boxed{アイ}$ のとき，中心の座標は $(\boxed{エオ}, \boxed{カ})$ である。

解答

$$x^2+y^2-6ax+4ay+10a^2-6a=0$$
$$\therefore (x-3a)^2+(y+2a)^2=3a^2+6a$$

これが半径 3 の円を表すとき
$$3a^2+6a=9$$
$$\therefore (a+3)(a-1)=0 \quad \therefore a=-3, \ 1$$

$a=-3$ のとき，中心の座標は
$$(3a, -2a)=(-9, \ 6)$$

← 平方完成して中心と半径を求める。

← (半径)^2

例題 16 2分・4点

円 $x^2+y^2=4$ を平行移動して，中心が直線 $y=2x$ 上にあり，直線 $y=-1$ に接する円の方程式は
$$x^2+y^2-x-\boxed{ア}y-\frac{\boxed{イウ}}{\boxed{エ}}=0$$
または $x^2+y^2+\boxed{オ}x+\boxed{カ}y+\frac{\boxed{キク}}{\boxed{ケ}}=0$ である。

解答

中心が直線 $y=2x$ 上にあるから，中心の座標を $(p, 2p)$ とおける。直線 $y=-1$ と中心との距離は
$$|2p-(-1)|=|2p+1|$$

これが円の半径 2 に等しいことから
$$|2p+1|=2 \quad \therefore 2p+1=\pm 2$$
$$\therefore p=\frac{1}{2}, \ -\frac{3}{2}$$

よって，中心は $\left(\frac{1}{2}, \ 1\right)$ または $\left(-\frac{3}{2}, \ -3\right)$ であるから
$$\left(x-\frac{1}{2}\right)^2+(y-1)^2=4 \quad \text{または} \quad \left(x+\frac{3}{2}\right)^2+(y+3)^2=4$$
$$\therefore x^2+y^2-x-2y-\frac{11}{4}=0$$
または $x^2+y^2+3x+6y+\frac{29}{4}=0$

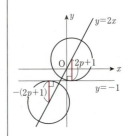

STAGE 1 11 対称点，定点通過

■17 対称点■

直線に関する対称点

2点 A，A′ が直線 l に関して対称

$\Longrightarrow \begin{cases} AA' \perp l \\ AA' \text{の中点が } l \text{上にある} \end{cases}$

$A(a,\ b)$，$A'(X,\ Y)$，$l : y = mx + n$ とすると
$AA' \perp l$ から

$$\frac{Y-b}{X-a} \cdot m = -1$$

AA' の中点 $\left(\dfrac{X+a}{2},\ \dfrac{Y+b}{2}\right)$ を l に代入して

$$\frac{Y+b}{2} = m \cdot \frac{X+a}{2} + n$$

■18 定点通過■

文字定数 a を含むある図形（直線や円など）が a の値にかかわらず通る点があるとすると

$\boxed{x,\ y,\ a \text{の方程式}} \xrightarrow[\text{整理}]{a \text{について}} \boxed{\underbrace{(x,\ y \text{の式})}_{①} + a \underbrace{(x,\ y \text{の式})}_{②} = 0}$

a の値にかかわらず ①=0 かつ
②=0 を満たす点 $(x,\ y)$ を通る。

(例) 直線 $l : (2a-1)x + (2-a)y - 3a + 3 = 0$
これを a について整理すると
　　　$(-x + 2y + 3) + a(2x - y - 3) = 0$
ここで
$\begin{cases} -x + 2y + 3 = 0 \\ 2x - y - 3 = 0 \end{cases}$
とすると，$(x,\ y) = (1,\ -1)$ であるから
直線 l は a の値にかかわらず点 $(1,\ -1)$ を通る。

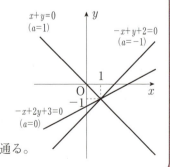

11. 対称点，定点通過

例題 17　3分・6点

点 $A(3, 0)$ と直線 $l: y=2x+1$ がある。A の l に関する対称点を $B(a, b)$ とすると，AB と l が垂直であることと AB の中点が l 上にあることから
$$a+\boxed{ア}\,b=\boxed{イ}, \quad \boxed{ウ}\,a-b=\boxed{エオ}$$
が成り立つ。よって，$a=\dfrac{\boxed{カキク}}{\boxed{ケ}}$，$b=\dfrac{\boxed{コサ}}{\boxed{シ}}$ である。

解答

AB の傾きは $\dfrac{b}{a-3}$ であるから，$AB \perp l$ より
$$2 \cdot \dfrac{b}{a-3} = -1$$
$$\therefore \quad a+2b=3 \quad \cdots\cdots ①$$

AB の中点 $\left(\dfrac{a+3}{2}, \dfrac{b}{2}\right)$ が l 上にあるから
$$\dfrac{b}{2} = 2 \cdot \dfrac{a+3}{2} + 1$$
$$\therefore \quad 2a-b=-8 \quad \cdots\cdots ②$$

①，②より
$$a=-\dfrac{13}{5}, \quad b=\dfrac{14}{5}$$

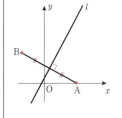

例題 18　2分・4点

円 $x^2+y^2-6ax-4ay+26a-65=0$ は，a の値にかかわらず 2 定点 $(\boxed{アイ}, \boxed{ウ})$，$(\boxed{エ}, \boxed{オカ})$ を通る。

解答

a について整理すると
$$x^2+y^2-65-2a(3x+2y-13)=0$$
ここで
$$\begin{cases} x^2+y^2-65=0 & \cdots\cdots ① \\ 3x+2y-13=0 & \cdots\cdots ② \end{cases}$$
とすると ①，②より y を消去して
$$x^2+\left(\dfrac{-3x+13}{2}\right)^2-65=0$$
$$x^2-6x-7=0 \quad \therefore \quad x=7, \ -1$$
よって，2 定点 $(-1, 8)$，$(7, -4)$ を通る。

← a についての恒等式とみる。

STAGE 1　12　軌跡と領域

■19　軌跡■

(1) 動点の座標を(x, y)とおく（または(X, Y)とおく）。
(2) 条件をx, yの方程式で表す。
　　x, yが他の変数で表されているときはその変数を消去する。
$$\begin{cases} x=(t\text{の式}) \\ y=(t\text{の式}) \end{cases} \xrightarrow{t\text{を消去}} x, y\text{の方程式}$$
(3) 動点が描く図形がわかるように式を変形する。
(4) 必要があれば，動点が動くことができる範囲を考える。

■20　領域■

(1) $y > ax+b$
　　直線 $y=ax+b$ の上側

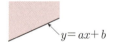

(2) $y < ax+b$
　　直線 $y=ax+b$ の下側

(3) $y > x^2+ax+b$
　　放物線 $y=x^2+ax+b$ の上側

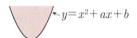

(4) $y < x^2+ax+b$
　　放物線 $y=x^2+ax+b$ の下側

(5) $(x-a)^2+(y-b)^2 > r^2$
　　円 $(x-a)^2+(y-b)^2=r^2$ の外側

(6) $(x-a)^2+(y-b)^2 < r^2$
　　円 $(x-a)^2+(y-b)^2=r^2$ の内側

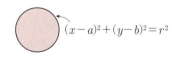

（不等式に等号が入る場合は境界線上も含まれる）

例題 19 2分・4点

座標平面上の2点 $O(0, 0)$, $A(6, 4)$ に対して,$OP:AP=\sqrt{3}:1$ を満たす点 P の軌跡は点($\boxed{\text{ア}}$, $\boxed{\text{イ}}$)を中心とする半径 $\sqrt{\boxed{\text{ウエ}}}$ の円である。

解答

$P(x, y)$ とすると,$OP=\sqrt{3}\,AP$ より $OP^2=3AP^2$

∴ $x^2+y^2=3\{(x-6)^2+(y-4)^2\}$

整理すると

$x^2+y^2-18x-12y+78=0$

∴ $(x-9)^2+(y-6)^2=39$

よって,P の軌跡は中心$(9, 6)$,半径 $\sqrt{39}$ の円。

← P の座標を(x, y) とおく。

例題 20 2分・6点

右図において,△PQR は正三角形である。網目部分(境界を含まない)は連立不等式

$\begin{cases} x^2+y^2>\boxed{\text{ア}} \\ x^2+y^2<\boxed{\text{イ}} \\ y\,\boxed{\text{ウ}}\,\boxed{\text{エオ}} \\ y\,\boxed{\text{カ}}\,-\sqrt{\boxed{\text{キ}}}\,x+\boxed{\text{ク}} \end{cases}$

によって表される。$\boxed{\text{ウ}}$,$\boxed{\text{カ}}$ に当てはまるものを,次の⓪,①のうちから一つずつ選べ。

⓪ $>$ ① $<$

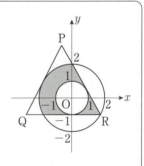

解答

原点を中心とする半径1の円の外部にあるので

$x^2+y^2>1$

原点を中心とする半径2の円の内部にあるので

$x^2+y^2<4$

直線 QR ($y=-1$) の上側にあるので $y>-1$ (⓪)

直線 PR ($y=-\sqrt{3}\,x+2$) の下側にあるので

$y<-\sqrt{3}\,x+2$ (①)

← 直線 PR は傾きが
$-\tan 60°=-\sqrt{3}$,
点$(0, 2)$を通る。

STAGE 1 類題

類題 13 (3分・8点)

座標平面上に2点 A(2, 4)，B(5, −2) がある。

(1) AB= ア √ イ である。また，A，B から等距離にある y 軸上の点の座標は $\left(0, \dfrac{ウエ}{オ}\right)$ である。

(2) 線分 AB を 1 : 2 に内分する点の座標は(カ , キ)であり，点 C の座標を (p, q) として線分 AC を 3 : 1 に外分する点が B のとき，$p=$ ク ，$q=$ ケ である。

類題 14 (2分・4点)

座標平面上に2点 A(a, a^2)，B(−2, 4) ($a \neq -2$) がある。
2点 A，B を通る直線の方程式は
$$y=(a- ア)x+ イウ $$
であり，線分 AB の垂直二等分線の方程式は
$$ エ x+ オ (a- カ)y-(a- キ)(a^2+ ク)=0$$
である。

類題 39

類題 15 (2分・4点)

x, y の方程式 $x^2+y^2+2ax-4ay+2a+3=0$ が円を表す a の値の範囲は，

$a<\dfrac{\boxed{アイ}}{\boxed{ウ}}$，$\boxed{エ}<a$ である。また，x軸と接する円を表す a の値は，

$a=\boxed{オカ}$，$\boxed{キ}$ である。

§2
1

類題 16 (3分・6点)

(1) x軸上に中心をもち，2点$(2, 2)$，$(0, 4)$を通る円の方程式は
$$x^2+y^2+\boxed{ア}\,x-\boxed{イウ}=0$$
である。

(2) 3点$(4, 5)$，$(-4, 1)$，$(6, 1)$を通る円の方程式は
$$(x-\boxed{エ})^2+(y-\boxed{オ})^2=\boxed{カキ}$$
である。

40   §2 図形と方程式

類題 17   (3分・4点)

直線 $l: 2x + y - 2 = 0$ に関して，点$(1, 2)$と対称な点の座標は

$$\left(\frac{\boxed{ア イ}}{\boxed{ウ}}, \ \frac{\boxed{エ}}{\boxed{オ}} \right)$$

である。

類題 18   (4分・6点)

O を原点とする座標平面上において，2点$(0, 3)$と$(3, 0)$を結ぶ線分上に点 P$(a, 3-a)$ $(0 < a < 3)$ をとり，P の x 軸に関する対称点を P′ とする。P から直線 OP′ に引いた垂線が直線 OP′ と交わる点を H とすると，直線 PH の方程式は

$$ax + (a - \boxed{\ ア\ })y - \boxed{\ イ\ }a + \boxed{\ ウ\ } = 0$$

であるから，直線 PH は点 P のとり方によらず点$(\boxed{\ エ\ }, \boxed{\ オ\ })$を通る。

類題　41

類題　19　　　　　　　　　　　　　　　　（5分・10点）

(1) 座標平面上に 2 点 A$(2, 4)$，B$(10, 0)$がある。AP：BP＝1：3 であるような点 P の軌跡は，中心$\left(\boxed{ア}, \dfrac{\boxed{イ}}{\boxed{ウ}}\right)$，半径 $\dfrac{\boxed{エ}\sqrt{\boxed{オ}}}{\boxed{カ}}$ の円である。

(2) 放物線 $C：y＝2x^2$ と点 A$(1, -2)$がある。点 Q(u, v)に関して，点 A と対称な点を P(x, y)とすると，$u＝\dfrac{x+\boxed{キ}}{\boxed{ク}}$，$v＝\dfrac{y-\boxed{ケ}}{\boxed{コ}}$ が成り立つ。
Q が C 上を動くときの点 P の軌跡は放物線 $y＝x^2+\boxed{サ}x+\boxed{シ}$ である。

類題　20　　　　　　　　　　　　　　　　（3分・6点）

(1) 不等式 $x^2+y^2\leqq 4$，$y\geqq\sqrt{3}\,x-2$，$y\geqq 0$ で表される領域の面積は
$$\dfrac{\boxed{ア}\pi+\sqrt{\boxed{イ}}}{\boxed{ウ}}$$
である。

(2) 直線 $x-2y+6＝0$ と円 $x^2+y^2-2x-6y＝0$ は座標平面を四つの領域に分ける。点$(0, 4)$を含む領域は，$\boxed{エ}$ と $\boxed{オ}$ の連立不等式で表される。
$\boxed{エ}$，$\boxed{オ}$ に当てはまるものを，次の⓪～③のうちから一つずつ選べ。
ただし，解答の順序は問わない。

⓪　$x-2y+6>0$　　　　　　　　① 　$x-2y+6<0$
②　$x^2+y^2-2x-6y>0$　　　　③ 　$x^2+y^2-2x-6y<0$

STAGE 2   13   距離の応用

■ 21   距離の応用 ■

(1) 三角形の面積

(i) 座標平面上における三角形の面積は，x 軸または y 軸に平行な線分を考える。

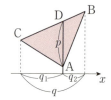

$$\triangle ABC = \triangle ACD + \triangle ABD$$
$$= \frac{1}{2}pq_1 + \frac{1}{2}pq_2$$
$$= \frac{1}{2}pq$$

$$\triangle ABC = \triangle ABD - \triangle ACD$$
$$= \frac{1}{2}p_1 q - \frac{1}{2}p_2 q$$
$$= \frac{1}{2}q(p_1 - p_2)$$

(ii) 三角形の面積公式

原点 O と 2 点 $A(x_1, y_1)$，$B(x_2, y_2)$ を頂点とする $\triangle OAB$ の面積は

$$\frac{1}{2}|x_1 y_2 - x_2 y_1|$$

(2) 円周上の点との距離の最大・最小

円外の定点 A と円周上の点 P との距離 d の最大・最小は，円の中心を C として直線 AC を考える。

$$d \text{ の最大値} \cdots\cdots AC + (半径)$$
$$d \text{ の最小値} \cdots\cdots AC - (半径)$$

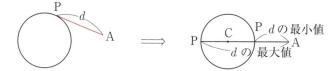

13. 距離の応用　43

例題 21　**4分・8点**

円 $C:(x-6)^2+(y-8)^2=2$ と点 $A(2, 4)$ がある。円 C 上に点 P を線分 AP の長さが最小になるようにとる。このとき，AP の長さは ア $\sqrt{\text{イ}}$ であり，P の座標は（ウ，エ）である。また，このとき，原点 O と A，P を頂点とする三角形の面積は オ である。

解答

円 C の中心を D とすると，D の座標は $(6, 8)$ であり，線分 AD と円 C との交点が P のとき，AP の長さは最小になる。
$$AD=\sqrt{(6-2)^2+(8-4)^2}$$
$$=4\sqrt{2}$$
$$PD=\sqrt{2}$$
より
$$AP=4\sqrt{2}-\sqrt{2}$$
$$=\mathbf{3\sqrt{2}}$$

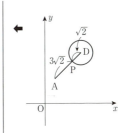

P は線分 AD を 3:1 に内分する点であるから，P の座標は
$$\left(\frac{1\cdot 2+3\cdot 6}{3+1},\ \frac{1\cdot 4+3\cdot 8}{3+1}\right)=(\mathbf{5},\ \mathbf{7})$$

また，直線 AD の方程式は
$$y=x+2$$
直線 AD と y 軸との交点を E とすると
$$E(0, 2)$$
△OAP の面積は
$$\triangle OAP=\triangle OEP-\triangle OEA$$
$$=\frac{1}{2}\cdot 2\cdot 5-\frac{1}{2}\cdot 2\cdot 2$$
$$=\mathbf{3}$$

（別解）
$$\triangle OAP=\frac{1}{2}|2\cdot 7-5\cdot 4|$$
$$=\mathbf{3}$$

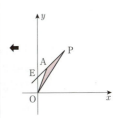

STAGE 2 14 円と直線

■ 22 円と直線 ■

(1) 点と直線の距離

点 $A(x_1, y_1)$ と直線 $l: ax+by+c=0$ との距離を d とすると

$$d = \frac{|ax_1+by_1+c|}{\sqrt{a^2+b^2}}$$

← 点の座標を代入
← √係数の平方和

(2) 円と直線との位置関係

(i) 円の中心と直線との距離を d, 円の半径を r とする。
位置関係と d, r の大小関係は，次のようになる。

交わる   接する   共有点をもたない

$d<r$ $d=r$ $d>r$

(ii) 連立方程式の解を考える
円 $C: x^2+y^2+ax+by+c=0$
直線 $l: y=mx+n$ $\underset{y消去}{\Longrightarrow}$ x の 2 次方程式 ……(∗)

(∗)の判別式を D として
　　$D>0$ …… C と l は 2 点で交わる(2 実数解が交点の x 座標)
　　$D=0$ …… C と l は接する(重解が接点の x 座標)
　　$D<0$ …… C と l は共有点をもたない

(3) 弦の長さ

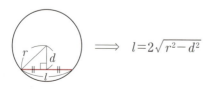

$\Longrightarrow \ l=2\sqrt{r^2-d^2}$

14. 円と直線

例題 22 4分・8点

円 $C:(x-6)^2+(y-5)^2=25$ と直線 $l: y=ax$ が2点で交わるときの a の値の範囲は $\boxed{ア}<a<\dfrac{\boxed{イウ}}{\boxed{エオ}}$ であり，このとき，l が C から切り取られる線分の長さが 6 であるときの a の値は $a=\dfrac{\boxed{カキ}\pm\boxed{ク}\sqrt{\boxed{ケ}}}{\boxed{コサ}}$ である。

解答

円の中心 $(6, 5)$ と $l: ax-y=0$ との距離を d とすると

$$d=\dfrac{|6a-5|}{\sqrt{a^2+1}}$$

2点で交わるのは $d<5$ のときであるから

$$\dfrac{|6a-5|}{\sqrt{a^2+1}}<5$$

∴ $(6a-5)^2<25(a^2+1)$

∴ $a(11a-60)<0$ ∴ $0<a<\dfrac{60}{11}$

また，l が C から切り取られる線分の長さが 6 のとき，$d=\sqrt{5^2-3^2}=4$ より

$$\dfrac{|6a-5|}{\sqrt{a^2+1}}=4$$

∴ $(6a-5)^2=16(a^2+1)$

∴ $20a^2-60a+9=0$

∴ $a=\dfrac{30\pm12\sqrt{5}}{20}=\dfrac{15\pm6\sqrt{5}}{10}$

(別解)

$(x-6)^2+(y-5)^2=25$ に $y=ax$ を代入して
$(x-6)^2+(ax-5)^2=25$

展開して整理すると
$(a^2+1)x^2-2(5a+6)x+36=0$

判別式を D とすると
$D/4=(5a+6)^2-36(a^2+1)>0$

∴ $a(11a-60)<0$ ∴ $0<a<\dfrac{60}{11}$

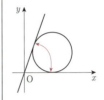

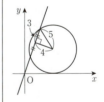

STAGE 2 15 円と接線

■ 23 円と接線 ■

(1) **原点を中心とする円の接線**

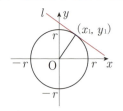

円 $x^2+y^2=r^2$ 上の点 (x_1, y_1) における接線 l の方程式は

$$l : x_1x + y_1y = r^2$$

(2) **中心と接点から求める接線**

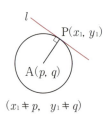

$(x_1 \neq p,\ y_1 \neq q)$

円 $(x-p)^2+(y-q)^2=r^2$ 上の点 $P(x_1, y_1)$ における接線を l、円の中心を $A(p, q)$ とすると

APの傾き   接線の傾き

$$\dfrac{y_1-q}{x_1-p} \implies -\dfrac{x_1-p}{y_1-q}$$

$$l : y - y_1 = -\dfrac{x_1-p}{y_1-q}(x-x_1)$$

(3) **円と直線が接する条件**

円 $(x-p)^2+(y-q)^2=r^2$ と直線 $l : ax+by+c=0$ が接する条件は、円の中心 $A(p, q)$ と l との距離 d が半径 r に等しいことであるから

$$d = \dfrac{|ap+bq+c|}{\sqrt{a^2+b^2}} = r$$

(4) **接線の長さ**

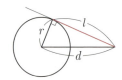

$$l = \sqrt{d^2 - r^2}$$

15. 円と接線　47

例題 23　6分・10点

(1) 原点を中心とする半径 1 の円を C とし，P を C 上の点とする。P における C の接線が点 $(5, -5)$ を通るのは，P の座標が

$$\left(\dfrac{\boxed{ア}}{\boxed{イ}},\ \dfrac{\boxed{ウ}}{\boxed{エ}}\right) \text{ または } \left(-\dfrac{\boxed{オ}}{\boxed{カ}},\ -\dfrac{\boxed{キ}}{\boxed{ク}}\right)$$

のときである。

(2) 点 $\left(-\dfrac{1}{2},\ -1\right)$ を通り，円 $\left(x-\dfrac{1}{2}\right)^2+(y-1)^2=4$ に接する直線のうち，傾きが負であるものの方程式は

$$\boxed{ケ}\,x+\boxed{コ}\,y+5=0$$

である。

解答

(1) P の座標を $(a,\ b)$ とおくと，P は円 C 上にあるから
$$a^2+b^2=1 \qquad \cdots\cdots ①$$
P における接線の方程式は $ax+by=1$ であり，これが $(5,\ -5)$ を通るとき

$$5a-5b=1 \quad \therefore\ b=a-\dfrac{1}{5} \qquad \cdots\cdots ②$$

← $x_1x+y_1y=r^2$

② を ① に代入して

$$a^2+\left(a-\dfrac{1}{5}\right)^2=1 \quad \therefore\ 25a^2-5a-12=0$$

$$\therefore\ (5a+3)(5a-4)=0 \quad \therefore\ a=-\dfrac{3}{5},\ \dfrac{4}{5}$$

よって，P の座標は

$$\left(\dfrac{4}{5},\ \dfrac{3}{5}\right) \text{ または } \left(-\dfrac{3}{5},\ -\dfrac{4}{5}\right)$$

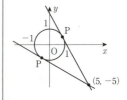

(2) 点 $\left(-\dfrac{1}{2},\ -1\right)$ を通る直線を

$$y+1=m\left(x+\dfrac{1}{2}\right) \quad \therefore\ 2mx-2y+m-2=0$$

とおくと，円の中心 $\left(\dfrac{1}{2},\ 1\right)$ と直線との距離が半径 2 に等しいから

$$\dfrac{|2m-4|}{\sqrt{(2m)^2+4}}=2 \quad \therefore\ (m-2)^2=4(m^2+1)$$

$$\therefore\ m(3m+4)=0$$

$m<0$ より　$m=-\dfrac{4}{3}$　よって　$4x+3y+5=0$

← 接線は y 軸に平行ではない。

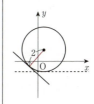

STAGE 2　16　領域と最大・最小

■24　領域と最大・最小　■
不等式を満たす2変数の式の最大・最小

(1) x, y がある不等式を満たすとき，領域として図示する。

$$（x, y の不等式）\xRightarrow{図示} xy 平面での領域$$

(2) 最大，最小を求める式を k とおき，図形としてとらえる。

（求める式）$=k$	表す図形
$ax+by=k$	傾き一定の直線
$x^2+y^2=k$	原点を中心とする円
$x^2+y=k$	y 軸を軸とする上に凸の放物線
$\dfrac{y-q}{x-p}=k$	点 (p, q) を通る直線
$(x-p)^2+(y-q)^2=k$	点 (p, q) を中心とする円

(3) (2)の図形を動かすことで(1)の領域と共有点をもつような k のとり得る値の範囲を考える。

　下の各図では，x, y の不等式の表す領域を D として，$ax+by=k$, $x^2+y^2=k$ の最大，最小を求めるときの様子を表している。

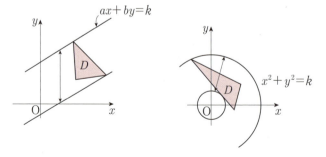

　図形が領域の頂点を通る場合，または，領域の境界線と接する場合の k を求める。

16. 領域と最大・最小

例題 24 8分・12点

座標平面上に2点 A(3, 0)，B(0, 6) と動点 P(x, y) がある。
$s = 2AP^2 + BP^2$ とするとき

$$s = \boxed{ア}(x^2 + y^2 - \boxed{イ}x - \boxed{ウ}y + \boxed{エオ})$$
$$= \boxed{ア}\{(x - \boxed{カ})^2 + (y - \boxed{キ})^2\} + \boxed{クケ}$$

となる。連立不等式 $\begin{cases}(x-3)^2+(y-3)^2 \leq 9 \\ y \geq -2x+9\end{cases}$ で表される領域を D とする。

P が領域 D 内を動くとき，s は $x = \dfrac{\boxed{コ}+\boxed{サ}\sqrt{\boxed{シ}}}{\boxed{ス}}$，

$y = \dfrac{\boxed{セ}+\boxed{ソ}\sqrt{\boxed{タ}}}{\boxed{チ}}$ のとき最大値をとり，$x = \dfrac{\boxed{ツテ}}{\boxed{ト}}$，$y = \dfrac{\boxed{ナニ}}{\boxed{ヌ}}$

のとき最小値をとる。

解答

$AP^2 = (x-3)^2 + y^2$，$BP^2 = x^2 + (y-6)^2$ より
$s = 2\{(x-3)^2 + y^2\} + \{x^2 + (y-6)^2\}$
$= 3(x^2 + y^2 - 4x - 4y + 18)$
$= 3\{(x-2)^2 + (y-2)^2\} + 30$

点 C(2, 2) とすると
$(x-2)^2 + (y-2)^2 = CP^2$
であるから，CP の最大，最小
を考えればよい。

円 $(x-3)^2 + (y-3)^2 = 9$ と直線 $y = x$ の交点のうち，C から遠い方の点を P とするとき CP は最大。

交点の座標を求めて
$$x = \dfrac{6+3\sqrt{2}}{2}, \quad y = \dfrac{6+3\sqrt{2}}{2}$$

直線 $l: y = -2x+9$ と，C を通り l に垂直な直線との交点を P とするとき，CP は最小。

$\begin{cases} y = -2x + 9 \\ y = \dfrac{1}{2}(x-2) + 2 \end{cases}$ より $x = \dfrac{16}{5}$，$y = \dfrac{13}{5}$

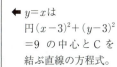

← $y = x$ は
円 $(x-3)^2+(y-3)^2$
$=9$ の中心と C を
結ぶ直線の方程式。

← $\begin{cases}(x-3)^2+(y-3)^2=9 \\ y=x\end{cases}$

← $y = \dfrac{1}{2}(x-2) + 2$ は
C を通り，直線
$y = -2x + 9$ に垂直
な直線の方程式。

STAGE 2 類題

類題 21 (4分・8点)

Oを原点とする座標平面上に点A(3, 1)をとり，2点O，Aからの距離の比が$\sqrt{2}:1$である点の軌跡をCとする。

点PがC上を動くとき，△OAPの面積の最大値を求めよう。

PがC上にあるとき，$OP^2 = \boxed{ア} AP^2$であるから，Cは円
$$(x - \boxed{イ})^2 + (y - \boxed{ウ})^2 = \boxed{エオ}$$
である。

Pが円C上を動くとき，OAを底辺とする△OAPの高さの最大値は$\boxed{カ}\sqrt{\boxed{キ}}$であるから，△OAPの面積の最大値は$\boxed{ク}\sqrt{\boxed{ケ}}$である。また，そのときの点Pの座標は
$$(\boxed{コ} + \sqrt{\boxed{サ}}, \boxed{シ} - \boxed{ス}\sqrt{\boxed{セ}})$$
または
$$(\boxed{コ} - \sqrt{\boxed{サ}}, \boxed{シ} + \boxed{ス}\sqrt{\boxed{セ}})$$
である。

類題 22 (4分・8点)

円 $C: x^2 + y^2 - 4x - 6y + 8 = 0$ と直線 $l: ax - y + a + 2 = 0$ がある。
lはaの値にかかわらず点($\boxed{アイ}$, $\boxed{ウ}$)を通る。
Cとlが2点で交わるようなaの値の範囲は，$\dfrac{\boxed{エオ}}{\boxed{カ}} < a < \boxed{キ}$ である。

また，Cとlが2点で交わるとき，その交点をA，Bとする。AB=4となるときのaの値は $a = \boxed{ク}$, $\dfrac{\boxed{ケ}}{\boxed{コ}}$ である。

類　題　**51**

類題　23　　　　　　　　　　　　　　　　　　　　　　　（12分・20点）

　円 $x^2+y^2=5$ を C とし，点 A$(-3，4)$ を通り，C に接する直線を l とする。l の方程式を次の2通りの方法で求める。

(1)　接点を P$(a，b)$ とすると，l の方程式は $\boxed{\text{ア}}\,x+\boxed{\text{イ}}\,y=5$ と表される。

　　点 A は l 上にあり，点 P は C 上にあるので $\begin{cases} \boxed{\text{ウエ}}\,a+\boxed{\text{オ}}\,b=\boxed{\text{カ}} \\ a^2+b^2=5 \end{cases}$ が

　　成り立つ。これより，$(a,b)=(\boxed{\text{キ}}，\boxed{\text{ク}})，\left(-\dfrac{\boxed{\text{ケコ}}}{\boxed{\text{サ}}}，-\dfrac{\boxed{\text{シ}}}{\boxed{\text{ス}}}\right)$ である。

(2)　l は A を通ることから，l は y 軸に平行ではない。l の傾きを m とすると，l の方程式は $y=m(x+\boxed{\text{セ}})+\boxed{\text{ソ}}$ と表される。l が円 C と接することから

$$\frac{|\boxed{\text{タ}}\,m+\boxed{\text{チ}}|}{\sqrt{m^2+\boxed{\text{ツ}}}}=\sqrt{\boxed{\text{テ}}}$$

　　が成り立つ。これより，$m=-\dfrac{\boxed{\text{ト}}}{\boxed{\text{ナ}}}，\ -\dfrac{\boxed{\text{ニヌ}}}{\boxed{\text{ネ}}}$

　　(1)，(2)より，l の方程式は

$$y=-\frac{\boxed{\text{ト}}}{\boxed{\text{ナ}}}x+\frac{\boxed{\text{ノ}}}{\boxed{\text{ハ}}}，\quad y=-\frac{\boxed{\text{ニヌ}}}{\boxed{\text{ネ}}}x-\frac{\boxed{\text{ヒフ}}}{\boxed{\text{ヘ}}}\quad である。$$

類題　24　　　　　　　　　　　　　　　　　　　　　　　（8分・12点）

　座標平面上で，連立不等式 $\begin{cases} x^2+y^2\leqq 1 \\ 3y-x\leqq 1 \end{cases}$ の表す領域を D とし，原点を中心とする半径1の円を C とする。a を実数とし，点 A$\left(\dfrac{5}{3}，0\right)$ を通り，傾きが a の直線を l とする。l と D が共有点をもつような a の最大値と最小値を求めよう。

(1)　C と直線 $3y-x=1$ との共有点の座標は，$(\boxed{\text{アイ}}，\boxed{\text{ウ}})，\left(\dfrac{\boxed{\text{エ}}}{\boxed{\text{オ}}}，\dfrac{\boxed{\text{カ}}}{\boxed{\text{キ}}}\right)$ である。

(2)　C と l が接するのは，$a=\dfrac{\boxed{\text{ク}}}{\boxed{\text{ケ}}}$ または $a=-\dfrac{\boxed{\text{ク}}}{\boxed{\text{ケ}}}$ のときであり，このときの接点の x 座標は $\dfrac{\boxed{\text{コ}}}{\boxed{\text{サ}}}$ である。

　　したがって，l と D が共有点をもつような a の最大値は $\dfrac{\boxed{\text{シ}}}{\boxed{\text{ス}}}$ であり，

　　最小値は $-\dfrac{\boxed{\text{セ}}}{\boxed{\text{ソタ}}}$ である。

STAGE 1　17　三角関数の性質

■ 25　値の計算 ■

(1) 弧度法

π ラジアン $=180°$, $\dfrac{\pi}{180}$ ラジアン $=1°$

(2) 三角関数

$\sin\theta = \dfrac{y}{r}$, $\cos\theta = \dfrac{x}{r}$, $\tan\theta = \dfrac{y}{x}$

特に $r=1$ のとき　$P(\cos\theta,\ \sin\theta)$

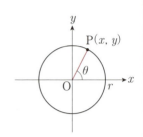

三角関数の表

θ	0	$\dfrac{\pi}{6}$	$\dfrac{\pi}{4}$	$\dfrac{\pi}{3}$	$\dfrac{\pi}{2}$	$\dfrac{2}{3}\pi$	$\dfrac{3}{4}\pi$	$\dfrac{5}{6}\pi$	π
$\sin\theta$	0	$\dfrac{1}{2}$	$\dfrac{\sqrt{2}}{2}$	$\dfrac{\sqrt{3}}{2}$	1	$\dfrac{\sqrt{3}}{2}$	$\dfrac{\sqrt{2}}{2}$	$\dfrac{1}{2}$	0
$\cos\theta$	1	$\dfrac{\sqrt{3}}{2}$	$\dfrac{\sqrt{2}}{2}$	$\dfrac{1}{2}$	0	$-\dfrac{1}{2}$	$-\dfrac{\sqrt{2}}{2}$	$-\dfrac{\sqrt{3}}{2}$	-1
$\tan\theta$	0	$\dfrac{1}{\sqrt{3}}$	1	$\sqrt{3}$	/	$-\sqrt{3}$	-1	$-\dfrac{1}{\sqrt{3}}$	0

θ	π	$\dfrac{7}{6}\pi$	$\dfrac{5}{4}\pi$	$\dfrac{4}{3}\pi$	$\dfrac{3}{2}\pi$	$\dfrac{5}{3}\pi$	$\dfrac{7}{4}\pi$	$\dfrac{11}{6}\pi$	2π
$\sin\theta$	0	$-\dfrac{1}{2}$	$-\dfrac{\sqrt{2}}{2}$	$-\dfrac{\sqrt{3}}{2}$	-1	$-\dfrac{\sqrt{3}}{2}$	$-\dfrac{\sqrt{2}}{2}$	$-\dfrac{1}{2}$	0
$\cos\theta$	-1	$-\dfrac{\sqrt{3}}{2}$	$-\dfrac{\sqrt{2}}{2}$	$-\dfrac{1}{2}$	0	$\dfrac{1}{2}$	$\dfrac{\sqrt{2}}{2}$	$\dfrac{\sqrt{3}}{2}$	1
$\tan\theta$	0	$\dfrac{1}{\sqrt{3}}$	1	$\sqrt{3}$	/	$-\sqrt{3}$	-1	$-\dfrac{1}{\sqrt{3}}$	0

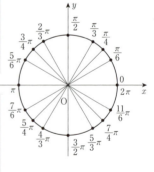

■ 26　相互関係 ■

$\tan\theta = \dfrac{\sin\theta}{\cos\theta}$,　$\sin^2\theta + \cos^2\theta = 1$,　$1 + \tan^2\theta = \dfrac{1}{\cos^2\theta}$

$(\sin\theta \pm \cos\theta)^2 = 1 \pm 2\sin\theta\cos\theta$　（複号同順）

17. 三角関数の性質　53

例題 25　3分・6点

(1) $3\sin\dfrac{5}{6}\pi + \sqrt{3}\sin\dfrac{4}{3}\pi = \boxed{ア}$　　(2) $2\cos\dfrac{2}{3}\pi - \sqrt{2}\cos\dfrac{7}{4}\pi = \boxed{イウ}$

(3) $\dfrac{1}{2}\tan\dfrac{5}{4}\pi - \sqrt{3}\tan\dfrac{11}{6}\pi = \dfrac{\boxed{エ}}{\boxed{オ}}$

解答

(1) （与式）$= 3\cdot\dfrac{1}{2} + \sqrt{3}\cdot\left(-\dfrac{\sqrt{3}}{2}\right) = 0$

(2) （与式）$= 2\cdot\left(-\dfrac{1}{2}\right) - \sqrt{2}\cdot\dfrac{1}{\sqrt{2}} = -2$

(3) （与式）$= \dfrac{1}{2}\cdot 1 - \sqrt{3}\cdot\left(-\dfrac{1}{\sqrt{3}}\right) = \dfrac{3}{2}$

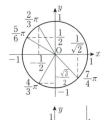

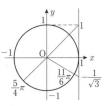

例題 26　3分・6点

(1) $0 < \alpha < \pi$, $\tan\alpha = -\dfrac{1}{2}$ のとき, $\cos\alpha = \dfrac{\boxed{アイ}\sqrt{\boxed{ウ}}}{\boxed{エ}}$, $\sin\alpha = \dfrac{\sqrt{\boxed{オ}}}{\boxed{カ}}$

(2) $\sin\theta + \cos\theta = \dfrac{4}{5}$ のとき, $\sin\theta\cos\theta = \dfrac{\boxed{キク}}{\boxed{ケコ}}$, $\dfrac{1}{\sin\theta} + \dfrac{1}{\cos\theta} = \dfrac{\boxed{サシス}}{\boxed{セ}}$

解答

(1) $\dfrac{1}{\cos^2\alpha} = 1 + \tan^2\alpha = 1 + \left(-\dfrac{1}{2}\right)^2 = \dfrac{5}{4}$　　← $1 + \tan^2\alpha = \dfrac{1}{\cos^2\alpha}$

$\tan\alpha < 0$ より $\dfrac{\pi}{2} < \alpha < \pi$ であり $\cos\alpha < 0$

∴ $\cos\alpha = -\sqrt{\dfrac{4}{5}} = -\dfrac{2\sqrt{5}}{5}$, $\sin\alpha = \dfrac{\sqrt{5}}{5}$　　← $\sin\alpha = \tan\alpha\cos\alpha$

(2) 与式の両辺を2乗して

$(\sin\theta + \cos\theta)^2 = 1 + 2\sin\theta\cos\theta = \dfrac{16}{25}$ より　　← $\sin^2\theta + \cos^2\theta = 1$

$\sin\theta\cos\theta = -\dfrac{9}{50}$

$\dfrac{1}{\sin\theta} + \dfrac{1}{\cos\theta} = \dfrac{\sin\theta + \cos\theta}{\sin\theta\cos\theta} = -\dfrac{40}{9}$

STAGE 1 18 三角関数のグラフと最大・最小

■ 27 グラフの応用 ■

(1) グラフ

・$y=\sin\theta$ のグラフ

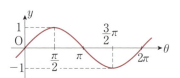

・$y=\tan\theta$ のグラフ

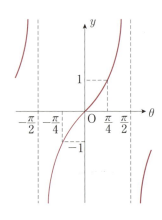

・$y=\cos\theta$ のグラフ

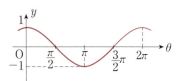

(2) 性質

関 数	$y=\sin\theta$	$y=\cos\theta$	$y=\tan\theta$
定義域	実数全体	実数全体	$\dfrac{\pi}{2}+n\pi$ 以外の実数全体 (n：整数)
値 域	$-1\leqq y\leqq 1$	$-1\leqq y\leqq 1$	実数全体
周 期	2π	2π	π

(注) $y=\sin m\theta$, $y=\cos m\theta$ の周期は $\dfrac{2\pi}{|m|}$, $y=\tan m\theta$ の周期は $\dfrac{\pi}{|m|}$

■ 28 最大・最小 ■

θ の関数 $y=f(\theta)$ において
$$\sin\theta=t, \quad \cos\theta=t, \quad \tan\theta=t$$
などと置くことによって，y を t の 2 次 (3 次) 関数に変形できる場合，θ の範囲から t の変域を調べて，y の最大値，最小値を求める。

18. 三角関数のグラフと最大・最小

例題 27 3分・8点

関数 $y=4\sin 4\theta$ の周期のうち正で最小のものは $\dfrac{\boxed{ア}}{\boxed{イ}}\pi$ である。
$0\leqq\theta\leqq\pi$ の範囲で，$y=3$ となる θ は $\boxed{ウ}$ 個ある。また，$0\leqq\theta\leqq\dfrac{\pi}{3}$ のとき，y の値域は $\boxed{エオ}\sqrt{\boxed{カ}}\leqq y\leqq\boxed{キ}$ である。

解答

最小の周期は $\dfrac{2\pi}{4}=\dfrac{1}{2}\pi$ である。

$0\leqq\theta\leqq\pi$ の範囲で，$y=4\sin 4\theta$ のグラフと $y=3$ の共有点は 4 個ある。また，$0\leqq\theta\leqq\dfrac{\pi}{3}$ のときの y の値域は $-2\sqrt{3}\leqq y\leqq 4$ である。

$y=\sin m\theta$ の周期は $\dfrac{2\pi}{|m|}$ である。

グラフを利用する。

単位円で考えると
$0\leqq 4\theta\leqq\dfrac{4}{3}\pi$ より
$-\dfrac{\sqrt{3}}{2}\leqq\sin 4\theta\leqq 1$

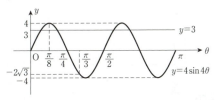

例題 28 2分・4点

$0\leqq\theta\leqq 2\pi$ のとき，関数
$$y=\cos^2\theta-\sqrt{5}\sin\theta-3$$
は，$\theta=\dfrac{\boxed{ア}}{\boxed{イ}}\pi$ のとき最大値 $\boxed{ウエ}+\sqrt{\boxed{オ}}$ をとる。

解答

$y=1-\sin^2\theta-\sqrt{5}\sin\theta-3$
　$=-\sin^2\theta-\sqrt{5}\sin\theta-2$

$\sin\theta=t$ とおくと，$0\leqq\theta\leqq 2\pi$ のとき $-1\leqq t\leqq 1$
$y=-t^2-\sqrt{5}t-2$
　$=-\left(t+\dfrac{\sqrt{5}}{2}\right)^2-\dfrac{3}{4}$

よって，$t=-1$ つまり $\theta=\dfrac{3}{2}\pi$ のとき
最大値 $-3+\sqrt{5}$ をとる。

← 変数を $\sin\theta$ に統一する。

$0\leqq\theta\leqq 2\pi$ のとき
$-1\leqq\sin\theta\leqq 1$

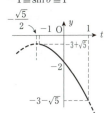

STAGE 1　19　加法定理

■ 29　加法定理 ■

正弦(sin)の加法定理

$$\sin(\alpha+\beta) = \sin\alpha\cos\beta + \cos\alpha\sin\beta$$
$$\sin(\alpha-\beta) = \sin\alpha\cos\beta - \cos\alpha\sin\beta$$

余弦(cos)の加法定理

$$\cos(\alpha+\beta) = \cos\alpha\cos\beta - \sin\alpha\sin\beta$$
$$\cos(\alpha-\beta) = \cos\alpha\cos\beta + \sin\alpha\sin\beta$$

正接(tan)の加法定理

$$\tan(\alpha+\beta) = \frac{\tan\alpha + \tan\beta}{1 - \tan\alpha\tan\beta}$$
$$\tan(\alpha-\beta) = \frac{\tan\alpha - \tan\beta}{1 + \tan\alpha\tan\beta}$$

■ 30　2倍角, 半角の公式 ■

2倍角の公式

$$\sin 2\alpha = 2\sin\alpha\cos\alpha$$
$$\cos 2\alpha = \cos^2\alpha - \sin^2\alpha = 2\cos^2\alpha - 1 = 1 - 2\sin^2\alpha$$
$$\tan 2\alpha = \frac{2\tan\alpha}{1 - \tan^2\alpha}$$

半角の公式

$$\sin^2\alpha = \frac{1 - \cos 2\alpha}{2}$$
$$\cos^2\alpha = \frac{1 + \cos 2\alpha}{2}$$
$$\tan^2\alpha = \frac{1 - \cos 2\alpha}{1 + \cos 2\alpha}$$

2倍角の公式は，加法定理(**29**)において $\beta = \alpha$ とおく．
半角の公式は，cos の 2 倍角の公式を変形する．

19. 加法定理　　**57**

例題 29　2分・4点

(1) $\cos\dfrac{7}{12}\pi=\dfrac{\sqrt{\boxed{\text{ア}}}-\sqrt{\boxed{\text{イ}}}}{\boxed{\text{ウ}}}$

(2) α が第4象限の角で，$\cos\alpha=\dfrac{3}{5}$ のとき

$$\sin\left(\alpha-\dfrac{2}{3}\pi\right)=\dfrac{\boxed{\text{エ}}-\boxed{\text{オ}}\sqrt{\boxed{\text{カ}}}}{\boxed{\text{キク}}}$$

解答

(1) $\cos\dfrac{7}{12}\pi=\cos\left(\dfrac{\pi}{3}+\dfrac{\pi}{4}\right)$

$\qquad=\cos\dfrac{\pi}{3}\cos\dfrac{\pi}{4}-\sin\dfrac{\pi}{3}\sin\dfrac{\pi}{4}$

$\qquad=\dfrac{1}{2}\cdot\dfrac{\sqrt{2}}{2}-\dfrac{\sqrt{3}}{2}\cdot\dfrac{\sqrt{2}}{2}$

$\qquad=\dfrac{\sqrt{2}-\sqrt{6}}{4}$

$\Leftarrow \dfrac{7}{12}\pi=105°$

$\qquad =60°+45°$

$\qquad =\dfrac{\pi}{3}+\dfrac{\pi}{4}$

(2) $\cos\alpha=\dfrac{3}{5}$ のとき $\sin\alpha=-\dfrac{4}{5}$ であるから

$\quad$（与式）$=\sin\alpha\cos\dfrac{2}{3}\pi-\cos\alpha\sin\dfrac{2}{3}\pi$

$\qquad=-\dfrac{4}{5}\cdot\left(-\dfrac{1}{2}\right)-\dfrac{3}{5}\cdot\dfrac{\sqrt{3}}{2}=\dfrac{4-3\sqrt{3}}{10}$

$\Leftarrow \sin^2\alpha=1-\cos^2\alpha$

$\qquad =\dfrac{16}{25}$

α が第4象限の角の

とき，$\sin\alpha<0$

例題 30　2分・4点

$-\dfrac{\pi}{2}<\theta<\dfrac{\pi}{2}$ とする。

$$\sin^2\theta+5\cos^2\theta=\boxed{\text{ア}}+\boxed{\text{イ}}\cos2\theta, \quad \dfrac{3\tan\theta}{1+\tan^2\theta}=\dfrac{\boxed{\text{ウ}}}{\boxed{\text{エ}}}\sin2\theta$$

解答

$$\sin^2\theta+5\cos^2\theta=\dfrac{1-\cos2\theta}{2}+5\cdot\dfrac{1+\cos2\theta}{2}$$

$$=3+2\cos2\theta$$

$$\dfrac{3\tan\theta}{1+\tan^2\theta}=3\tan\theta\cdot\cos^2\theta$$

$$=3\sin\theta\cos\theta$$

$$=\dfrac{3}{2}\sin2\theta$$

$\Leftarrow 1+\tan^2\theta=\dfrac{1}{\cos^2\theta}$

STAGE 1　20　方程式，不等式

■31　方程式 ■

n を整数として

(1) $\sin\theta = k$ $(-1 \leqq k \leqq 1)$ のとき

$\theta = \alpha + 2n\pi,$
$\quad \pi - \alpha + 2n\pi$

(2) $\cos\theta = k$ $(-1 \leqq k \leqq 1)$ のとき

$\theta = \pm\alpha + 2n\pi$

(3) $\tan\theta = k$ のとき

$\theta = \alpha + n\pi$

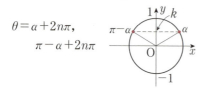
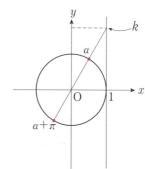

(注)　sin の場合は，直線 $y = k$ と単位円の交点を求める。
　　　cos の場合は，直線 $x = k$ と単位円の交点を求める。
　　　tan の場合は，原点と点 $(1, k)$ を結ぶ直線と単位円の交点を求める。

■32　不等式 ■

(1) $\sin\theta \gtreqless k$ $(-1 \leqq k \leqq 1)$ のとき

(2) $\cos\theta \gtreqless k$ $(-1 \leqq k \leqq 1)$ のとき

(3) $\tan\theta \gtreqless k$ のとき

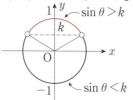
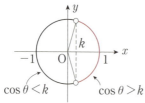
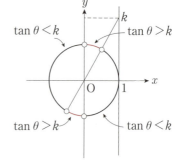

例題 31 3分・6点

$0 \leqq \theta < 2\pi$ の範囲で
$$y = \cos 2\theta + \sin\left(\theta + \frac{\pi}{3}\right) + \cos\left(\theta + \frac{\pi}{6}\right) + 1$$
を考える。
$$y = (\sqrt{\boxed{ア}} + \boxed{イ}\cos\theta)\cos\theta$$
と表されるので，$y=0$ を満たす角 θ は，小さいものから順に
$$\frac{\pi}{\boxed{ウ}},\ \frac{\boxed{エ}}{\boxed{オ}}\pi,\ \frac{\boxed{カ}}{\boxed{キ}}\pi,\ \frac{\boxed{ク}}{\boxed{ケ}}\pi\ \text{である。}$$

解答

$$y = (2\cos^2\theta - 1) + \left(\frac{1}{2}\sin\theta + \frac{\sqrt{3}}{2}\cos\theta\right)$$
$$+ \left(\frac{\sqrt{3}}{2}\cos\theta - \frac{1}{2}\sin\theta\right) + 1$$

$$= \left(\sqrt{3} + 2\cos\theta\right)\cos\theta$$

と表されるので，$y=0$ のとき
$$\cos\theta = 0,\ -\frac{\sqrt{3}}{2} \quad \therefore\ \theta = \frac{\pi}{2},\ \frac{5}{6}\pi,\ \frac{7}{6}\pi,\ \frac{3}{2}\pi$$

← $\cos 2\theta = 2\cos^2\theta - 1$

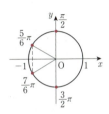

例題 32 3分・6点

$0 \leqq \theta < 2\pi$ の範囲で
$$\sin\theta > \frac{1}{2}\quad \text{または} \quad \cos\theta < -\frac{\sqrt{2}}{2}$$
が成り立つのは
$$\frac{\pi}{\boxed{ア}} < \theta < \frac{\boxed{イ}}{\boxed{ウ}}\pi\ \text{のときである。}$$

解答

$0 \leqq \theta < 2\pi$ において

$\sin\theta > \frac{1}{2}$ となるのは $\quad \frac{\pi}{6} < \theta < \frac{5}{6}\pi$

$\cos\theta < -\frac{\sqrt{2}}{2}$ となるのは $\quad \frac{3}{4}\pi < \theta < \frac{5}{4}\pi$

であるから $\quad \frac{\pi}{6} < \theta < \frac{5}{4}\pi$

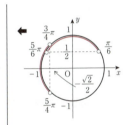

STAGE 1 21 合 成

33 三角関数の合成

三角関数の合成は，次のようにする。
$$a\sin\theta + b\cos\theta = r\sin(\theta+\alpha) \quad \cdots\cdots(*)$$
ここで
$$r=\sqrt{a^2+b^2}$$
であり，α は
$$\cos\alpha=\frac{a}{r}, \quad \sin\alpha=\frac{b}{r}$$
を満たす角である。

(注) sin を cos に変形する場合は，次の公式を用いる。
$$\sin\theta = \cos\left(\theta-\frac{\pi}{2}\right) = \cos\left(\frac{\pi}{2}-\theta\right)$$

方程式 $a\sin\theta + b\cos\theta = k$ は，合成を用いて解くことができる。つまり
$$a\sin\theta + b\cos\theta = k \underset{合成}{\Longrightarrow} r\sin(\theta+\alpha) = k$$
すなわち $\sin(\theta+\alpha) = \dfrac{k}{r}$

不等式 $a\sin\theta + b\cos\theta > k$ についても同様にして解くことができる。

($*$)の証明
$$\begin{aligned}a\sin\theta + b\cos\theta &= r\left(\frac{a}{r}\sin\theta + \frac{b}{r}\cos\theta\right) \\ &= r(\cos\alpha\sin\theta + \sin\alpha\cos\theta) \\ &= r\sin(\theta+\alpha)\end{aligned}$$

34 最大・最小

関数 $y = a\sin\theta + b\cos\theta$ の最大値，最小値を求めるときも，合成を利用する。

つまり
$$\begin{aligned}y &= a\sin\theta + b\cos\theta \\ &= r\sin(\theta+\alpha)\end{aligned}$$
と変形して，角 $\theta+\alpha$ の範囲を調べて，y の最大値と最小値を求める。

例題 33　3分・6点

$0 \leq \theta < 2\pi$ とする。
$$y = 2(\sin\theta + \cos\theta) = \boxed{ア}\sqrt{\boxed{イ}}\sin\left(\theta + \frac{\pi}{\boxed{ウ}}\right)$$
であるから，$y = -\sqrt{6}$ となる θ の値は
$$\theta = \frac{\boxed{エオ}}{\boxed{カキ}}\pi,\ \frac{\boxed{クケ}}{\boxed{コサ}}\pi \quad \text{である。}$$

解答

$$y = 2\sqrt{2}\sin\left(\theta + \frac{\pi}{4}\right)$$

であり，$\dfrac{\pi}{4} \leq \theta + \dfrac{\pi}{4} < \dfrac{9}{4}\pi$ であるから，$y = -\sqrt{6}$ のとき

$$\sin\left(\theta + \frac{\pi}{4}\right) = -\frac{\sqrt{3}}{2}$$

$$\theta + \frac{\pi}{4} = \frac{4}{3}\pi,\ \frac{5}{3}\pi \quad \therefore\quad \theta = \frac{13}{12}\pi,\ \frac{17}{12}\pi$$

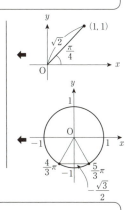

例題 34　4分・8点

$0 \leq \theta \leq \pi$ とする。
$$y = \sin\left(\theta - \frac{2}{3}\pi\right) - \sin\theta = \boxed{ア}\sqrt{\boxed{イ}}\sin\left(\theta + \frac{\pi}{\boxed{ウ}}\right)$$
であるから，y の最大値は $\dfrac{\sqrt{\boxed{エ}}}{\boxed{オ}}$，最小値は $\boxed{カ}\sqrt{\boxed{キ}}$ である。最小値をとるときの θ の値は $\theta = \dfrac{\pi}{\boxed{ク}}$ である。

解答

$$y = -\frac{1}{2}(3\sin\theta + \sqrt{3}\cos\theta) = -\sqrt{3}\sin\left(\theta + \frac{\pi}{6}\right)$$

$\dfrac{\pi}{6} \leq \theta + \dfrac{\pi}{6} \leq \dfrac{7}{6}\pi$ であるから

$\theta + \dfrac{\pi}{6} = \dfrac{7}{6}\pi$ つまり $\theta = \pi$ のとき最大値
$$-\sqrt{3}\cdot\left(-\frac{1}{2}\right) = \frac{\sqrt{3}}{2}$$

$\theta + \dfrac{\pi}{6} = \dfrac{\pi}{2}$ つまり $\theta = \dfrac{\pi}{3}$ のとき最小値
$$-\sqrt{3}\cdot 1 = -\sqrt{3}$$

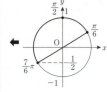

← sin が最小のとき，y が最大。

← sin が最大のとき，y が最小。

STAGE 1 類題

類題 25 （3分・6点）

(1) $\sin\dfrac{5}{3}\pi - 2\cos\dfrac{7}{6}\pi = \dfrac{\sqrt{\boxed{ア}}}{\boxed{イ}}$

(2) $\sqrt{2}\cos\dfrac{3}{4}\pi - \sqrt{3}\tan\dfrac{4}{3}\pi = \boxed{ウエ}$

(3) $\dfrac{2}{\sqrt{3}}\tan\dfrac{\pi}{6} - \dfrac{1}{\sqrt{2}}\sin\dfrac{7}{4}\pi = \dfrac{\boxed{オ}}{\boxed{カ}}$

類題 26 （4分・8点）

(1) $0 < \theta < \pi$, $\sin\theta - \cos\theta = \dfrac{1}{2}$ のとき

$$\sin\theta = \dfrac{\boxed{ア} + \sqrt{\boxed{イ}}}{\boxed{ウ}}$$

$$\cos\theta = \dfrac{\boxed{エオ} + \sqrt{\boxed{カ}}}{\boxed{キ}}$$

$$\tan\theta = \dfrac{\boxed{ク} + \sqrt{\boxed{ケ}}}{\boxed{コ}}$$

(2) $\sin\theta + \cos\theta = \sin\theta\cos\theta$ のとき

$$\sin\theta + \cos\theta = \boxed{サ} - \sqrt{\boxed{シ}}$$

類題 27 （3分・6点）

関数 $y = 2\cos 3\theta$ の周期のうち正で最小のものは $\dfrac{\boxed{ア}}{\boxed{イ}}\pi$ である。

$0 \leqq \theta \leqq 2\pi$ のとき，関数 $y = 2\cos 3\theta$ において，$y = 2$ となる θ は $\boxed{ウ}$ 個ある。また，$y = \sin\theta$ と $y = 2\cos 3\theta$ のグラフより，方程式

$$\sin\theta = 2\cos 3\theta$$

は $0 \leqq \theta \leqq 2\pi$ のとき $\boxed{エ}$ 個の解をもつことがわかる。

類題　28　　　　　　　　　　　　　　　　　　（3分・6点）

a を定数，$0<a<2$ とする。$0≦θ≦π$ のとき，関数
$$y=5-2a\cos θ-2\sin^2 θ$$
は，$\cos θ=\dfrac{\boxed{ア}}{\boxed{イ}}a$ のとき最小値 $\dfrac{\boxed{ウ}-a^2}{\boxed{エ}}$ をとる。また，y の最大値は $\boxed{オ}\,a+\boxed{カ}$ である。

類題　29　　　　　　　　　　　　　　　　　　（3分・6点）

(1)　$\sin\dfrac{11}{12}π=\dfrac{\sqrt{\boxed{ア}}-\sqrt{\boxed{イ}}}{\boxed{ウ}}$

(2)　$α$ が第2象限の角で $\sin α=\sqrt{\dfrac{2}{3}}$ のとき
$$\cos\left(α-\dfrac{5}{6}π\right)-\sin\left(\dfrac{7}{4}π+α\right)=\dfrac{\boxed{エ}-\boxed{オ}\sqrt{\boxed{カ}}}{\boxed{キ}}$$

類題　30　　　　　　　　　　　　　　　　　　（4分・8点）

(1)　$f(θ)=\sin^2 θ+2\sin θ\cos θ-3\cos^2 θ$
　とおく。$f(θ)$ について
$$f(θ)=\sin 2θ-\boxed{ア}\cos 2θ-\boxed{イ}$$
　と変形できるので
$$f\left(\dfrac{π}{8}\right)=\dfrac{\boxed{ウエ}-\sqrt{\boxed{オ}}}{\boxed{カ}}$$
　である。

(2)　$g(θ)=2\sin θ+\cos 2θ+\cos^2 θ$
　とおく。$g(θ)$ について
$$g(θ)=\boxed{キク}\sin^2 θ+\boxed{ケ}\sin θ+\boxed{コ}$$
　と変形できるので，$0≦θ≦π$ のとき，$g(θ)$ の
　　最大値は $\dfrac{\boxed{サ}}{\boxed{シ}}$，最小値は $\boxed{ス}$
　である。

64   §3 三角関数

類題 31   （4分・8点）

$0 \leqq \theta < 2\pi$ の範囲で

$$y = \cos(2\theta + \pi) + \cos\left(\theta + \frac{\pi}{2}\right)$$

を考える。

$$y = \boxed{\ \text{ア}\ } \sin^2\theta - \sin\theta - \boxed{\ \text{イ}\ }$$

と表されるので，$y = 0$ を満たす θ の値は，小さいものから順に

$$\frac{\pi}{\boxed{\ \text{ウ}\ }}, \quad \frac{\boxed{\ \text{エ}\ }}{\boxed{\ \text{オ}\ }}\pi, \quad \frac{\boxed{\ \text{カキ}\ }}{\boxed{\ \text{ク}\ }}\pi$$

$y = \dfrac{\sqrt{2}}{2}$ を満たす θ の値は，小さいものから順に

$$\frac{\boxed{\ \text{ケ}\ }}{\boxed{\ \text{コ}\ }}\pi, \quad \frac{\boxed{\ \text{サ}\ }}{\boxed{\ \text{シ}\ }}\pi$$

である。

類題 32   （4分・8点）

$0 \leqq \theta < 2\pi$ の範囲で，不等式

$$\sin 2\theta > \sqrt{2}\cos\left(\theta + \frac{\pi}{4}\right) + \frac{1}{2}$$

を考える。$a = \sin\theta$，$b = \cos\theta$ とおくと，この不等式は

$$\boxed{\ \text{ア}\ } ab + \boxed{\ \text{イ}\ } a - \boxed{\ \text{ウ}\ } b - 1 > 0$$

となるから，左辺の因数分解を利用して θ の値の範囲を求めると

$$\frac{\pi}{\boxed{\ \text{エ}\ }} < \theta < \frac{\boxed{\ \text{オ}\ }}{\boxed{\ \text{カ}\ }}\pi, \quad \frac{\boxed{\ \text{キ}\ }}{\boxed{\ \text{ク}\ }}\pi < \theta < \frac{\boxed{\ \text{ケ}\ }}{\boxed{\ \text{コ}\ }}\pi$$

である。

類　題　65

類題 33　　　　　　　　　　　　　　　　　　　　（4分・8点）

$0 \leqq \theta < 2\pi$ とする。

$$y = \sqrt{2}\sin\left(\theta - \frac{5}{3}\pi\right) - \sqrt{6}\cos\theta = \sqrt{\boxed{\ ア\ }}\sin\left(\theta - \frac{\pi}{\boxed{イ}}\right)$$

であるから，$y=1$ となる θ の値は

$$\theta = \frac{\boxed{ウ}}{\boxed{エオ}}\pi,\ \frac{\boxed{カキ}}{\boxed{クケ}}\pi$$

$y > \dfrac{1}{\sqrt{2}}$ となる θ の値の範囲は

$$\frac{\pi}{\boxed{コ}} < \theta < \frac{\boxed{サ}}{\boxed{シ}}\pi$$

である。

§3
1

類題 34　　　　　　　　　　　　　　　　　　　　（4分・8点）

$0 \leqq \theta \leqq \pi$ とする。

$$y = 2\sqrt{3}\cos\left(\theta + \frac{5}{6}\pi\right) + 6\cos\theta$$

$$= \boxed{\ ア\ }\sqrt{\boxed{\ イ\ }}\sin\left(\theta + \frac{\boxed{ウ}}{\boxed{エ}}\pi\right)$$

であるから，y の最大値は $\boxed{\ オ\ }$，最小値は $\boxed{カキ}\sqrt{\boxed{\ ク\ }}$ である。最小値

をとるときの θ の値は $\theta = \dfrac{\boxed{ケ}}{\boxed{コ}}\pi$ である。

STAGE 2 22 三角関数のグラフ

― ■ 35 三角関数のグラフ ■ ―

(1) $y=\sin 2x$ …… $y=\sin x$ のグラフを x 軸方向に $\frac{1}{2}$ 倍に縮小

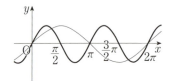

(2) $y=2\sin x$ …… $y=\sin x$ のグラフを y 軸方向に 2 倍に拡大

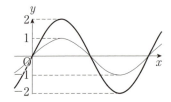

(3) $y=\cos\left(x-\frac{\pi}{3}\right)$ …… $y=\cos x$ のグラフを x 軸方向に $\frac{\pi}{3}$ 平行移動

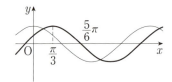

(4) $y=\cos x-1$ …… $y=\cos x$ のグラフを y 軸方向に -1 平行移動

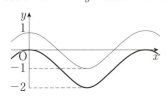

(注) $x=0$ のときの y の値や $y=0$ となるときの x の値に注目するとよい。

22. 三角関数のグラフ

例題 35　3分・4点

次の図はある三角関数のグラフである。その関数の式として正しいものを，下の⓪〜⑦のうちから三つ選べ。ア ， イ ， ウ

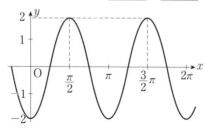

⓪　$y=2\sin\left(2x+\dfrac{\pi}{2}\right)$　　①　$y=2\sin\left(2x-\dfrac{\pi}{2}\right)$　　②　$y=2\sin 2\left(x+\dfrac{\pi}{2}\right)$

③　$y=\sin 2\left(2x-\dfrac{\pi}{2}\right)$　　④　$y=2\cos\left(2x+\dfrac{\pi}{2}\right)$　　⑤　$y=2\cos 2\left(x-\dfrac{\pi}{2}\right)$

⑥　$y=2\cos 2\left(x+\dfrac{\pi}{2}\right)$　　⑦　$y=\cos 2\left(2x-\dfrac{\pi}{2}\right)$

解答

$x=0$ のとき $y=-2$ となるのは
　　　①，⑤，⑥
グラフは $y=-\cos x$ のグラフを x 軸方向に $\dfrac{1}{2}$ 倍，y 軸方向に 2 倍しているから
　　　$y=-2\cos 2x$　　　　　……（＊）
と表せる。

①　……　$2\sin\left(2x-\dfrac{\pi}{2}\right)=2(-\cos 2x)=-2\cos 2x$

⑤　……　$2\cos 2\left(x-\dfrac{\pi}{2}\right)=2\cos(2x-\pi)=-2\cos 2x$

⑥　……　$2\cos 2\left(x+\dfrac{\pi}{2}\right)=2\cos(2x+\pi)=-2\cos 2x$

①，⑤，⑥はいずれも（＊）に一致するので，正しいものは
　　　①，⑤，⑥

← $x=0$ のときの y の値は
⓪が 2
②，③，④が 0
⑦が -1

← $\sin\left(\theta-\dfrac{\pi}{2}\right)$
$=-\cos\theta$
$\cos(\theta\pm\pi)=-\cos\theta$

STAGE 2　23　角の変換

■ 36　角の変換 ■

(1) 基本的な変換

$$\begin{cases} \sin(-\theta) = -\sin\theta \\ \cos(-\theta) = \cos\theta \\ \tan(-\theta) = -\tan\theta \end{cases}$$

$$\begin{cases} \sin\left(\dfrac{\pi}{2} \pm \theta\right) = \cos\theta \\ \cos\left(\dfrac{\pi}{2} \pm \theta\right) = \mp\sin\theta \\ \tan\left(\dfrac{\pi}{2} \pm \theta\right) = \mp\dfrac{1}{\tan\theta} \end{cases}$$
　　　　　　（複号同順）

$$\begin{cases} \sin(\pi \pm \theta) = \mp\sin\theta \\ \cos(\pi \pm \theta) = -\cos\theta \\ \tan(\pi \pm \theta) = \pm\tan\theta \end{cases}$$
　　　　　（複号同順）

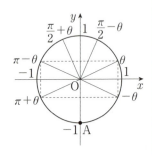

(2) 変換の応用

$$\sin\left(\dfrac{3}{2}\pi - \theta\right)$$

・単位円で考える

　右図で $\sin\left(\dfrac{3}{2}\pi - \theta\right)$ は Q の y 座標であり
$-($P の x 座標$)$ に等しいから $-\cos\theta$ である。

・加法定理で変形

$$\sin\left(\dfrac{3}{2}\pi - \theta\right) = \sin\dfrac{3}{2}\pi\cos\theta - \cos\dfrac{3}{2}\pi\sin\theta$$
$$= -\cos\theta$$

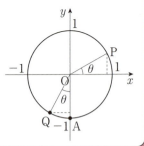

θ を $0 < \theta < \dfrac{\pi}{4}$ として単位円周上に点をとれば考えやすい。

例題 36 4分・8点

次の各値に等しいものを，下の⓪〜⑦のうちから一つずつ選べ。ただし，同じものを繰り返し選んでもよい。

(i) $\sin\left(\theta+\dfrac{\pi}{2}\right)=\boxed{\text{ア}}$

(ii) $\cos(\theta+\pi)=\boxed{\text{イ}}$

(iii) $\tan\left(\dfrac{3}{2}\pi-\theta\right)=\boxed{\text{ウ}}$

(iv) $\cos\left(\dfrac{3}{2}\pi+\theta\right)=\boxed{\text{エ}}$

⓪ $\sin\theta$　　① $\cos\theta$　　② $\tan\theta$　　③ $-\sin\theta$

④ $-\cos\theta$　　⑤ $-\tan\theta$　　⑥ $\dfrac{1}{\tan\theta}$　　⑦ $-\dfrac{1}{\tan\theta}$

解答

(i) $\sin\left(\theta+\dfrac{\pi}{2}\right)=\cos\theta$　（①）

(ii) $\cos(\theta+\pi)=-\cos\theta$　（④）

(iii) $\tan\left(\dfrac{3}{2}\pi-\theta\right)=\tan\left(\pi+\dfrac{\pi}{2}-\theta\right)=\tan\left(\dfrac{\pi}{2}-\theta\right)=\dfrac{1}{\tan\theta}$　（⑥）

(iv) $\cos\left(\dfrac{3}{2}\pi+\theta\right)=\cos\left(\pi+\dfrac{\pi}{2}+\theta\right)=-\cos\left(\dfrac{\pi}{2}+\theta\right)=\sin\theta$　（⓪）

← $\cos\left(\dfrac{\pi}{2}+\theta\right)=-\sin\theta$

（注）θ を右図の位置にとると

$\theta+\dfrac{\pi}{2}$ …… Q

$\theta+\pi$ …… R

$\dfrac{3}{2}\pi-\theta$ …… S

$\dfrac{3}{2}\pi+\theta$ …… T

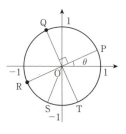

← $P(\cos\theta,\ \sin\theta)$

となる。

(i) （Qの y 座標）=（Pの x 座標）より，$\sin\left(\theta+\dfrac{\pi}{2}\right)=\cos\theta$

(ii) （Rの x 座標）=$-$（Pの x 座標）より，$\cos(\theta+\pi)=-\cos\theta$

(iii) （OSの傾き）=$\dfrac{1}{(\text{OPの傾き})}$ より，$\tan\left(\dfrac{3}{2}\pi-\theta\right)=\dfrac{1}{\tan\theta}$

(iv) （Tの x 座標）=（Pの y 座標）より，$\cos\left(\dfrac{3}{2}\pi+\theta\right)=\sin\theta$

$\begin{aligned}&\cos\left(\dfrac{3}{2}\pi+\theta\right)\\&=\cos\dfrac{3}{2}\pi\cos\theta\\&\quad-\sin\dfrac{3}{2}\pi\sin\theta\\&=\sin\theta\end{aligned}$

STAGE 2　24　方程式と不等式の解法

■ 37　方程式と不等式の解法 ■

（Ⅰ）**三角方程式の解法**

方程式を sin，cos，tan のどれか1つに統一する。

(1) $\sin^2\theta + \cos^2\theta = 1$，$\dfrac{\sin\theta}{\cos\theta} = \tan\theta$ を利用する。

(2) 合成する。

(3) 有名角でない場合

$\quad 0 \leqq \theta < 2\pi$，$\alpha$ を定角 $\left(0 < \alpha < \dfrac{\pi}{2}\right)$ とする。

(ア)　$\sin\theta = \sin\alpha$ のとき　$\theta = \alpha,\ \pi - \alpha$

(イ)　$\cos\theta = \cos\alpha$ のとき　$\theta = \alpha,\ 2\pi - \alpha$

(ウ)　$\tan\theta = \tan\alpha$ のとき　$\theta = \alpha,\ \pi + \alpha$

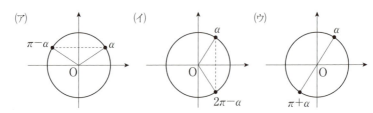

(エ)　$\sin\theta = \cos\alpha$ のとき

$\quad \cos\alpha = \sin\left(\dfrac{\pi}{2} - \alpha\right)$ より　$\theta = \dfrac{\pi}{2} - \alpha,\ \pi - \left(\dfrac{\pi}{2} - \alpha\right)$

(オ)　$\cos\theta = \sin\alpha$ のとき

$\quad \sin\alpha = \cos\left(\dfrac{\pi}{2} - \alpha\right)$ より　$\theta = \dfrac{\pi}{2} - \alpha,\ 2\pi - \left(\dfrac{\pi}{2} - \alpha\right)$

（注）その他，いくつかの解法がある。

（Ⅱ）**三角不等式の解法**

　三角方程式の場合と同様に考えるが，不等式の性質

$\quad AB > 0 \iff \begin{cases} A > 0 \\ B > 0 \end{cases}$ または $\begin{cases} A < 0 \\ B < 0 \end{cases}$

$\quad AB < 0 \iff \begin{cases} A > 0 \\ B < 0 \end{cases}$ または $\begin{cases} A < 0 \\ B > 0 \end{cases}$

などに注意する。

24. 方程式と不等式の解法　　**71**

例題 37　4分・8点

$0<\theta<\dfrac{\pi}{2}$ の範囲で，方程式

$$\sin 4\theta = \cos\theta \qquad\qquad\qquad \cdots\cdots①$$

を考える。

　一般に，$\cos\theta = \sin(\boxed{\ \text{ア}\ }-\theta)$ であり，$0<\theta<\dfrac{\pi}{2}$ のとき

$$\boxed{\ \text{イ}\ }<4\theta<\boxed{\ \text{ウ}\ },\quad \boxed{\ \text{エ}\ }<\boxed{\ \text{ア}\ }-\theta<\boxed{\ \text{オ}\ }$$

である。$\boxed{\ \text{ア}\ }\sim\boxed{\ \text{オ}\ }$ に当てはまるものを，次の⓪～④のうちから一つずつ選べ。ただし，同じものを繰り返し選んでもよい。

⓪ 0　　　① $\dfrac{\pi}{2}$　　　② π　　　③ $\dfrac{3}{2}\pi$　　　④ 2π

　よって，①を満たす θ の値は $\theta=\dfrac{\pi}{\boxed{\ \text{カキ}\ }}$ または $\theta=\dfrac{\pi}{\boxed{\ \text{ク}\ }}$ である。

解答

　すべての θ について $\cos\theta = \sin\left(\dfrac{\pi}{2}-\theta\right)$ （①）が成り立つから，①より

$$\sin 4\theta = \sin\left(\dfrac{\pi}{2}-\theta\right) \qquad\qquad \cdots\cdots②$$

$0<\theta<\dfrac{\pi}{2}$ のとき

$$0<4\theta<2\pi\ (⓪,\ ④),\ 0<\dfrac{\pi}{2}-\theta<\dfrac{\pi}{2}\ (⓪,\ ①)$$

であるから，②より

$$4\theta=\dfrac{\pi}{2}-\theta\ \text{ または }\ 4\theta=\pi-\left(\dfrac{\pi}{2}-\theta\right)$$

$$\therefore\quad \theta=\dfrac{\pi}{10},\ \dfrac{\pi}{6}$$

← $\sin x = \sin\alpha$ のとき
$x=\alpha,\ \pi-\alpha$

(注)

$\sin 4\theta = 2\sin 2\theta\cos 2\theta = 4\sin\theta\cos\theta(1-2\sin^2\theta)$ より①から

$$\cos\theta(8\sin^3\theta-4\sin\theta+1)=0$$
$$\cos\theta(2\sin\theta-1)(4\sin^2\theta+2\sin\theta-1)=0$$

$0<\theta<\dfrac{\pi}{2}$ より　$\sin\theta>0$，$\cos\theta>0$ から

$$\sin\theta=\dfrac{1}{2},\ \dfrac{-1+\sqrt5}{4}$$

← 組立除法。

$$\begin{array}{rrrr|l}
8 & 0 & -4 & 1 & \frac{1}{2}\\
 & 4 & 2 & -1 & \\
\hline
8 & 4 & -2 & \Vert\ 0 &
\end{array}$$

STAGE 2 25 最大・最小の応用

■ 38 最大・最小の応用 ■

三角関数 $y=f(\theta)$ の最大・最小問題には，次のようなタイプがある。
(1) 三角関数をおきかえて2次(3次)関数に変形する。
(2) 合成を利用する。

(例1)
$$y=\sin^2\theta+\cos\theta \text{ の場合}$$
$\cos\theta=t$ とおくと
$$y=(1-t^2)+t=-t^2+t+1$$
となる。

(例2) 1次式の和
$$y=\sqrt{3}\sin\theta-\cos\theta \text{ の場合}$$
合成すると
$$y=2\sin\left(\theta-\frac{\pi}{6}\right)$$

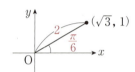

(例3) 対称式
$$y=\sin\theta+\cos\theta+\sin\theta\cos\theta \text{ の場合}$$
$\sin\theta+\cos\theta=t$ とおくと，$\sin\theta\cos\theta=\dfrac{t^2-1}{2}$ となり
$$y=t+\frac{t^2-1}{2}=\frac{t^2}{2}+t-\frac{1}{2}$$
となる。このとき，$t=\sqrt{2}\sin\left(\theta+\dfrac{\pi}{4}\right)$ より，t の変域を求める必要がある。

(注) $\sin\theta-\cos\theta=t$ とおくこともある。

(例4) 2次の同次式
$$y=\sin^2\theta+2\sin\theta\cos\theta+3\cos^2\theta \text{ の場合}$$
$$y=\frac{1-\cos2\theta}{2}+2\cdot\frac{1}{2}\sin2\theta+3\cdot\frac{1+\cos2\theta}{2}=\sin2\theta+\cos2\theta+2$$
となる。

例題 38　4分・8点

$0 \leqq \theta < 2\pi$ のとき
$$y = 2\sin\theta\cos\theta - 2\sin\theta - 2\cos\theta - 3$$
とする。$x = \sin\theta + \cos\theta$ とおくと，y は x の関数
$$y = x^{\boxed{ア}} - \boxed{イ}x - \boxed{ウ}$$
となる。$x = \sqrt{\boxed{エ}}\sin\left(\theta + \dfrac{\pi}{\boxed{オ}}\right)$ であるから，

x の範囲は $-\sqrt{\boxed{カ}} \leqq x \leqq \sqrt{\boxed{キ}}$ である。したがって，y は $\theta = \dfrac{\boxed{ク}}{\boxed{ケ}}\pi$

のとき最大値 $\boxed{コ}(\sqrt{\boxed{サ}} - \boxed{シ})$ をとる。
また，y の最小値は $\boxed{スセ}$ である。

解答

$x = \sin\theta + \cos\theta$ とおくと
$$\begin{aligned} x^2 &= \sin^2\theta + 2\sin\theta\cos\theta + \cos^2\theta \\ &= 1 + 2\sin\theta\cos\theta \end{aligned}$$
$$\therefore \quad 2\sin\theta\cos\theta = x^2 - 1$$

よって
$$\begin{aligned} y &= (x^2 - 1) - 2x - 3 \\ &= x^2 - 2x - 4 \\ &= (x-1)^2 - 5 \end{aligned}$$

$x = \sqrt{2}\sin\left(\theta + \dfrac{\pi}{4}\right)$ であり，$\dfrac{\pi}{4} \leqq \theta + \dfrac{\pi}{4} < \dfrac{9}{4}\pi$

であるから，x の範囲は $-\sqrt{2} \leqq x \leqq \sqrt{2}$ である。
したがって，y は
$$x = -\sqrt{2} \text{ のとき　最大値 } 2(\sqrt{2} - 1)$$
をとる。このとき
$$\sin\left(\theta + \dfrac{\pi}{4}\right) = -1 \quad \text{より} \quad \theta + \dfrac{\pi}{4} = \dfrac{3}{2}\pi$$
$$\therefore \quad \theta = \dfrac{5}{4}\pi$$

また，y は
$$x = 1 \text{ のとき　最小値 } -5$$
をとる。このとき
$$\sin\left(\theta + \dfrac{\pi}{4}\right) = \dfrac{1}{\sqrt{2}} \quad \text{より} \quad \theta + \dfrac{\pi}{4} = \dfrac{\pi}{4}, \dfrac{3}{4}\pi$$
$$\therefore \quad \theta = 0, \dfrac{\pi}{2}$$

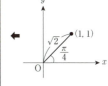

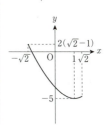

STAGE 2　26　円と三角関数

■**39　円と三角関数**■

中心O，半径 r の円
$$x^2+y^2=r^2$$
上の点 $P(x, y)$ は
$$\begin{cases} x=r\cos\theta \\ y=r\sin\theta \end{cases}$$
とおける。

中心 $C(a, b)$，半径 r の円
$$(x-a)^2+(y-b)^2=r^2$$
上の点 $P(x, y)$ は
$$\begin{cases} x=a+r\cos\theta \\ y=b+r\sin\theta \end{cases}$$
とおける。

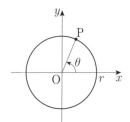

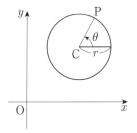

(注)　角 θ は x 軸の正の向きから
　　　反時計回りに回るときは正
　　　時計回りに回るときは負
とする。

(例)　点A，B，Cの座標は

$$A\left(\cos\frac{\pi}{6}, \sin\frac{\pi}{6}\right)=\left(\frac{\sqrt{3}}{2}, \frac{1}{2}\right)$$

$$B\left(2\cos\frac{3}{4}\pi, 2\sin\frac{3}{4}\pi\right)=(-\sqrt{2}, \sqrt{2})$$

$$C\left(2\cos\left(-\frac{2}{3}\pi\right), 2\sin\left(-\frac{2}{3}\pi\right)\right)$$
$$=(-1, -\sqrt{3})$$

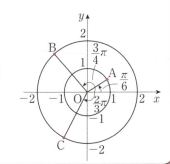

26. 円と三角関数

例題 39 4分・8点

座標平面上の原点 O を中心とし，半径 2 の円を S とする．円 S 上の 2 点 A, B を
$$A(2\cos\theta,\ 2\sin\theta),\ B\left(2\cos\left(\theta+\frac{2}{3}\pi\right),\ 2\sin\left(\theta+\frac{2}{3}\pi\right)\right)\ \left(0<\theta<\frac{\pi}{2}\right)$$
とする．円 S 上の点 A, B における接線の交点を C とするとき，OC = ア であり，点 C の座標は
$$\left(\boxed{\text{イ}}\cos\left(\theta+\frac{\pi}{\boxed{\text{ウ}}}\right),\ \boxed{\text{イ}}\sin\left(\theta+\frac{\pi}{\boxed{\text{ウ}}}\right)\right)$$
である．また，線分 AC の中点の座標は
$$\left(\boxed{\text{エ}}\cos\theta-\sqrt{\boxed{\text{オ}}}\sin\theta,\ \boxed{\text{カ}}\sin\theta+\sqrt{\boxed{\text{キ}}}\cos\theta\right)$$
である．

解答

$OA = OB = 2,\ \angle OAC = \angle OBC = \dfrac{\pi}{2}$ から

$\triangle OAC \equiv \triangle OBC$ であり，$\angle AOB = \dfrac{2}{3}\pi$ より

$\angle AOC = \angle BOC = \dfrac{\pi}{3}$

よって $OC\cos\dfrac{\pi}{3} = 2$ ∴ $OC = 4$

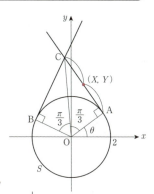

直線 OC と x 軸正方向のなす角は $\theta + \dfrac{\pi}{3}$ であるから，C の座標は
$$\left(4\cos\left(\theta+\frac{\pi}{3}\right),\ 4\sin\left(\theta+\frac{\pi}{3}\right)\right)$$

線分 AC の中点を $(X,\ Y)$ とすると

$X = \dfrac{1}{2}\left\{2\cos\theta + 4\cos\left(\theta+\dfrac{\pi}{3}\right)\right\}$

$\ \ = \dfrac{1}{2}\left\{2\cos\theta + 4\left(\cos\theta\cos\dfrac{\pi}{3} - \sin\theta\sin\dfrac{\pi}{3}\right)\right\}$

$\ \ = 2\cos\theta - \sqrt{3}\sin\theta$

$Y = \dfrac{1}{2}\left\{2\sin\theta + 4\sin\left(\theta+\dfrac{\pi}{3}\right)\right\}$

$\ \ = \dfrac{1}{2}\left\{2\sin\theta + 4\left(\sin\theta\cos\dfrac{\pi}{3} + \cos\theta\sin\dfrac{\pi}{3}\right)\right\}$

$\ \ = 2\sin\theta + \sqrt{3}\cos\theta$

STAGE 2 類題

類題 35　　　　　　　　　　　　　　　　（3分・6点）

下の図の点線は $y=\sin x$ のグラフである。(i)～(iii)の三角関数のグラフが実線で正しくかかれているものを，下の⓪～⑨のうちから一つずつ選べ。ただし，同じものを繰り返し選んでもよい。

(i)　$y=\dfrac{1}{2}\sin x$　　ア

(ii)　$y=\sin\left(x+\dfrac{3}{2}\pi\right)$　　イ

(iii)　$y=\cos\dfrac{x-\pi}{2}$　　ウ

⓪ 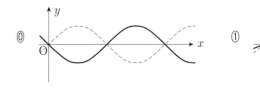　①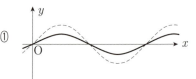

② 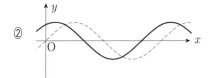　③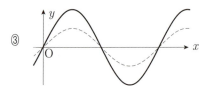

④ 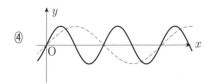　⑤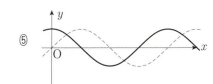

⑥ 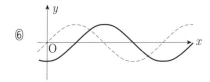　⑦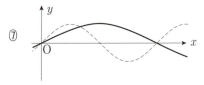

⑧ 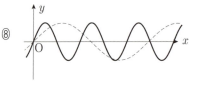　⑨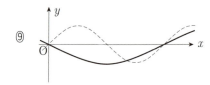

類題 **77**

類題 36　　　　　　　　　　　　　　　　　　（4分・8点）

次の各値に等しいものを，下の⓪～⑦のうちから一つずつ選べ。ただし，同じものを繰り返し選んでもよい。

(i)　$\sin\left(\dfrac{3}{2}\pi+\theta\right)=\boxed{\ \ \mathcal{ア}\ \ }$

(ii)　$\cos\left(\dfrac{3}{2}\pi-\theta\right)=\boxed{\ \ \mathcal{イ}\ \ }$

(iii)　$\tan\left(\dfrac{\pi}{2}+\theta\right)=\boxed{\ \ \mathcal{ウ}\ \ }$

(iv)　$\sin\left(\dfrac{5}{2}\pi+\theta\right)=\boxed{\ \ \mathcal{エ}\ \ }$

⓪　$\sin\theta$　　　①　$\cos\theta$　　　②　$\tan\theta$　　　③　$-\sin\theta$

④　$-\cos\theta$　　⑤　$-\tan\theta$　　⑥　$\dfrac{1}{\tan\theta}$　　⑦　$-\dfrac{1}{\tan\theta}$

78 §3 三角関数

類題 37 （4分・8点）

$0 \leqq \alpha \leqq \pi$ として
$$\cos 2\theta = \sin \alpha \qquad \cdots\cdots①$$
を満たす θ について考える。ただし，$0 \leqq \theta \leqq \pi$ とする。

一般に，すべての x について
$$\sin x = \cos(\boxed{\text{ア}} - x) = \cos(x - \boxed{\text{イ}}) \qquad \cdots\cdots②$$
が成り立つ。$\boxed{\text{ア}}$，$\boxed{\text{イ}}$ に当てはまるものを，次の⓪～②のうちから一つずつ選べ。ただし，同じものを選んでもよい。

⓪ $\dfrac{\pi}{2}$ ① π ② $\dfrac{3}{2}\pi$

①を満たす θ を θ_1，$\theta_2(\theta_1 < \theta_2)$ として，θ_1，θ_2 を α を用いて表すと

$0 \leqq \alpha < \dfrac{\pi}{2}$ のとき

$$\theta_1 = \dfrac{\pi}{\boxed{\text{ウ}}} - \dfrac{\alpha}{\boxed{\text{エ}}}, \quad \theta_2 = \dfrac{\boxed{\text{オ}}}{\boxed{\text{カ}}}\pi + \dfrac{\alpha}{\boxed{\text{キ}}}$$

$\dfrac{\pi}{2} \leqq \alpha \leqq \pi$ のとき

$$\theta_1 = -\dfrac{\pi}{\boxed{\text{ク}}} + \dfrac{\alpha}{\boxed{\text{ケ}}}, \quad \theta_2 = \dfrac{\boxed{\text{コ}}}{\boxed{\text{サ}}}\pi - \dfrac{\alpha}{\boxed{\text{シ}}}$$

となる。

| 類題 **38** | （8分・10点） |

(1) $-\dfrac{\pi}{2} \leqq \theta \leqq 0$ のとき

$$y = \cos 2\theta + \sqrt{3}\sin 2\theta - 2\sqrt{3}\cos\theta - 2\sin\theta$$

とする。$t = \sin\theta + \sqrt{3}\cos\theta$ とおくと

$$t^2 = \boxed{\text{ア}}\cos^2\theta + \boxed{\text{イ}}\sqrt{\boxed{\text{ウ}}}\sin\theta\cos\theta + \boxed{\text{エ}}$$

であるから

$$y = t^2 - \boxed{\text{オ}}\,t - \boxed{\text{カ}}$$

となる。また，$t = \boxed{\text{キ}}\sin\left(\theta + \dfrac{\pi}{\boxed{\text{ク}}}\right)$ であるから，t のとり得る値の範囲は

$$\boxed{\text{ケコ}} \leqq t \leqq \sqrt{\boxed{\text{サ}}}$$

である。したがって，y は $\theta = -\dfrac{\pi}{\boxed{\text{シ}}}$ のとき最小値 $\boxed{\text{スセ}}$ をとる。

(2) $0 \leqq \theta \leqq \dfrac{\pi}{2}$ とする。

$$y = \cos^2\theta - \sin\theta\cos\theta$$

$$= \dfrac{\sqrt{\boxed{\text{ソ}}}}{\boxed{\text{タ}}}\sin\left(2\theta + \dfrac{\boxed{\text{チ}}}{\boxed{\text{ツ}}}\pi\right) + \dfrac{\boxed{\text{テ}}}{\boxed{\text{ト}}}$$

であるから，y の最大値は $\boxed{\text{ナ}}$，最小値は $\dfrac{\boxed{\text{ニ}} - \sqrt{\boxed{\text{ヌ}}}}{\boxed{\text{ネ}}}$ である。最小値をとるときの θ の値は $\dfrac{\boxed{\text{ノ}}}{\boxed{\text{ハ}}}\pi$ である。

類題 39　　　　　　　　　　　　　　　　　　　　　（5分・6点）

Oを原点とする座標平面上に，点A(0, −1)と，中心がOで半径が1の円Cがある。円C上にy座標が正である点Pをとり，線分OPとx軸の正の部分とのなす角をθ($0<\theta<\pi$)とする。また，円C上にx座標が負である点Qを，つねに∠AOQ＝θとなるようにとる。次の問いに答えよ。

(1) P, Qの座標をそれぞれθを用いて表すと

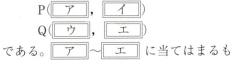

である。ア〜エ に当てはまるものを，次の⓪〜⑤のうちから一つずつ選べ。ただし，同じものを繰り返し選んでもよい。

⓪　$\sin\theta$　　①　$\cos\theta$　　②　$\tan\theta$
③　$-\sin\theta$　④　$-\cos\theta$　⑤　$-\tan\theta$

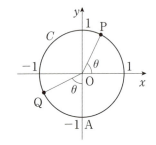

（次ページに続く。）

(2) θ は $0 < \theta < \pi$ の範囲を動くものとする。このとき線分 AQ の長さ l は θ の関数である。関数 l のグラフとして最も適当なものを，次の ⓪〜⑤ のうちから一つ選べ。オ

⓪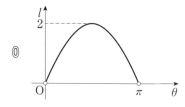

①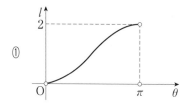

②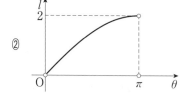

③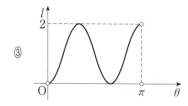

④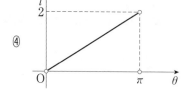

⑤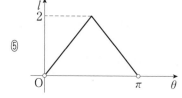

STAGE 1 27 指数・対数の計算

■40 指数の計算

(1) 指数の拡張

$a>0$, m, n が正の整数のとき

$$a^0=1, \quad a^{-n}=\frac{1}{a^n}, \quad a^{\frac{1}{n}}=\sqrt[n]{a}, \quad a^{\frac{m}{n}}=\sqrt[n]{a^m}$$

(2) 累乗根の性質

$a>0$, $b>0$ で, m, n, p が正の整数のとき

- $(\sqrt[n]{a})^n=a$
- $\sqrt[n]{a}\sqrt[n]{b}=\sqrt[n]{ab}$
- $\dfrac{\sqrt[n]{a}}{\sqrt[n]{b}}=\sqrt[n]{\dfrac{a}{b}}$
- $(\sqrt[n]{a})^m=\sqrt[n]{a^m}$
- $\sqrt[m]{\sqrt[n]{a}}=\sqrt[mn]{a}$
- $\sqrt[n]{a^m}=\sqrt[np]{a^{mp}}$

(3) 指数法則

$a>0$, $b>0$ で, r, s が実数のとき

- $a^r \cdot a^s = a^{r+s}$
- $(a^r)^s = a^{rs}$
- $(ab)^r = a^r b^r$
- $\dfrac{a^r}{a^s}=a^{r-s}$
- $\left(\dfrac{a}{b}\right)^r=\dfrac{a^r}{b^r}$

■41 対数の計算

(1) 対数と指数の関係

$a>0$, $a\neq 1$, $M>0$ のとき

$$a^p = M \iff p = \log_a M \quad (a\text{を}\underline{\text{底}},\ M\text{を}\underline{\text{真数}}\text{という})$$

(2) 対数の性質

$a>0$, $a\neq 1$, $M>0$, $N>0$ のとき

- $\log_a 1 = 0, \quad \log_a a = 1, \quad \log_a a^r = r$
- $\log_a MN = \log_a M + \log_a N$
- $\log_a \dfrac{M}{N} = \log_a M - \log_a N$
- $\log_a M^r = r \log_a M$

a, b, c が正の数で, $a\neq 1$, $c\neq 1$ のとき

- $\log_a b = \dfrac{\log_c b}{\log_c a}$ (底の変換公式)

27. 指数・対数の計算　**83**

例題 40　3分・6点

(1) $(\sqrt{3})^3 \div \sqrt[3]{9} \times \dfrac{1}{\sqrt[4]{27}} = 3^p$ とおくと $p = \dfrac{\boxed{\text{ア}}}{\boxed{\text{イウ}}}$ である。

(2) $2^x + 2^{-x} = \sqrt{7}$ のとき

$$4^x + 4^{-x} = \boxed{\text{エ}}, \quad 4^{x+1} + 4^{x-1} + 4^{-x+1} + 4^{-x-1} = \dfrac{\boxed{\text{オカ}}}{\boxed{\text{キ}}}$$

である。

解答

(1) $(左辺) = \left(3^{\frac{1}{2}}\right)^3 \div (3^2)^{\frac{1}{3}} \times (3^3)^{-\frac{1}{4}} = 3^{\frac{3}{2}} \div 3^{\frac{2}{3}} \times 3^{-\frac{3}{4}}$

$\qquad = 3^{\frac{3}{2} - \frac{2}{3} - \frac{3}{4}} = 3^{\frac{1}{12}} \qquad \therefore \quad p = \dfrac{1}{12}$

← $\sqrt{3} = 3^{\frac{1}{2}}$

$\qquad \dfrac{1}{\sqrt[4]{27}} = (3^3)^{-\frac{1}{4}}$

(2) $4^x + 4^{-x} = (2^x + 2^{-x})^2 - 2 \cdot 2^x \cdot 2^{-x} = 7 - 2 = 5$

$4^{x+1} + 4^{x-1} + 4^{-x+1} + 4^{-x-1}$

$\qquad = 4(4^x + 4^{-x}) + 4^{-1}(4^x + 4^{-x})$

$\qquad = 4 \cdot 5 + \dfrac{1}{4} \cdot 5 = \dfrac{85}{4}$

← $4^x = 2^{2x} = (2^x)^2$

$\qquad 4^{-x} = 2^{-2x} = (2^{-x})^2$

例題 41　3分・6点

(1) $\{\log_4 9 + (\log_5 3)(\log_2 25)\} \log_3 2 = \boxed{\text{ア}}$

(2) $8^{\log_2 3} = \boxed{\text{イウ}}$

解答

(1) $(与式) = \left(\dfrac{\log_2 9}{\log_2 4} + \dfrac{\log_2 3}{\log_2 5} \cdot 2\log_2 5\right) \cdot \dfrac{1}{\log_2 3}$

$\qquad = \left(\dfrac{2\log_2 3}{2} + 2\log_2 3\right) \cdot \dfrac{1}{\log_2 3} = 3$

← 底の変換公式を用いて底を2に統一する。
$\qquad 25 = 5^2, \quad 9 = 3^2$

(2) $8^{\log_2 3} = (2^3)^{\log_2 3} = 2^{3\log_2 3}$

$\qquad = 2^{\log_2 27} = 27$

← $a^{\log_a M} = M$

STAGE 1　28　指数・対数関数のグラフ

■42　グラフ■

(1) 指数関数 $y=a^x$ のグラフ

　　$a>1$ のとき　　　　　　　　　$0<a<1$ のとき

(2) 対数関数 $y=\log_a x$ のグラフ

　　$a>1$ のとき　　　　　　　　　$0<a<1$ のとき

(注)　図形の対称性について

$y=f(x)\ \xleftrightarrow{\ x軸に関して対称\ }\ -y=f(x)\ \Longleftrightarrow\ y=-f(x)$

$y=f(x)\ \xleftrightarrow{\ y軸に関して対称\ }\ y=f(-x)$

$y=f(x)\ \xleftrightarrow{\ 原点に関して対称\ }\ -y=f(-x)\ \Longleftrightarrow\ y=-f(-x)$

$y=f(x)\ \xleftrightarrow{\ 直線\ y=x\ に関して対称\ }\ x=f(y)$

が成り立つので

$y=\log_a x\ \xleftrightarrow{\ 直線\ y=x\ に関して対称\ }\ y=a^x$

$y=\left(\dfrac{1}{a}\right)^x=a^{-x}\ \xleftrightarrow{\ y軸対称\ }\ y=a^x$

$y=\log_{\frac{1}{a}} x=-\log_a x\ \xleftrightarrow{\ x軸対称\ }\ y=\log_a x$

■43　平行移動■

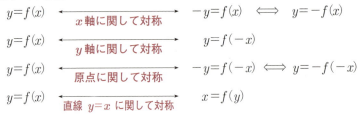

28. 指数・対数関数のグラフ　　**85**

例題 42　**3分・8点**

下の $\boxed{\text{ア}}$ ～ $\boxed{\text{エ}}$ に当てはまるものを，次の⓪～③のうちから選べ。

⓪　同一のもの　　　　　　　　　① x 軸に関して対称

②　y 軸に関して対称　　　　　③　直線 $y=x$ に関して対称

(1)　$y=\left(\dfrac{1}{2}\right)^x$ のグラフは，$y=2^x$ のグラフと $\boxed{\text{ア}}$ であり，$y=\log_{\frac{1}{2}} x$ のグラフと $\boxed{\text{イ}}$ である。

(2)　$y=\log_2 \dfrac{1}{x}$ のグラフは，$y=\log_2 x$ のグラフと $\boxed{\text{ウ}}$ であり，$y=2^{-x}$ のグラフと $\boxed{\text{エ}}$ である。

解答

(1)　$y=\left(\dfrac{1}{2}\right)^x=2^{-x}$ より，$y=2^x$ と y 軸に関して対称である（②）。また，$y=\log_{\frac{1}{2}} x$ より $x=\left(\dfrac{1}{2}\right)^y$ であるから，直線 $y=x$ に関して対称である（③）。

← x の符号が異なるので y 軸対称。

← x と y を入れかえているので直線 $y=x$ に関して対称。

(2)　$y=\log_2 \dfrac{1}{x}=-\log_2 x$ より $y=\log_2 x$ と x 軸に関して対称である（①）。また，$y=2^{-x}$ より $-x=\log_2 y$ であり，$x=-\log_2 y$ から 直線 $y=x$ に関して対称である（③）。

← y の符号が異なるので x 軸対称。

例題 43　**2分・8点**

関数 $y=\log_2 \left(\dfrac{x}{2}+3\right)$ ……① のグラフは，関数 $y=\log_2 x$ のグラフを x 軸方向に $\boxed{\text{アイ}}$，y 軸方向に $\boxed{\text{ウエ}}$ だけ平行移動したものである。また，①のグラフを，原点に関して対称移動したグラフの方程式は

$$y=\boxed{\text{オ}}\log_2\left(\boxed{\text{カ}}-x\right)+\boxed{\text{キ}}$$ である。

解答

$$y=\log_2 \left(\dfrac{x}{2}+3\right)=\log_2 \dfrac{1}{2}(x+6)=\log_2 (x+6)-1$$

より，①は $y=\log_2 x$ を x 軸方向に -6，y 軸方向に -1 平行移動したものである。

← x を $x+6$，y を $y+1$ とおきかえる。

①のグラフを原点に関して対称移動したグラフは

$$-y=\log_2 (-x+6)-1$$
$$\therefore \quad y=-\log_2 (6-x)+1$$

← x を $-x$，y を $-y$ とおきかえる。

STAGE 1　29　指数・対数の方程式

■44　指数の方程式■

$a>0$, $a\neq1$ とする。

(1) $a^x=M$ の場合

$M>0$ のとき

$$a^x=M \iff x=\log_a M$$

(2) $a^p=a^q$ の場合

底を統一すると

$$a^p=a^q \iff p=q$$

(3) 2次(3次)方程式に変形する場合

$a^x=t\,(>0)$ とおくと

$$a^{2x}=t^2,\ \ a^{-2x}=\frac{1}{t^2},\ \ a^{3x}=t^3,\ \ a^{x+1}=a^x a=at,\ \ a^{x-1}=\frac{a^x}{a}=\frac{t}{a}$$

■45　対数の方程式■

$a>0$, $a\neq1$ とする。

(1) $\log_a x=m$ の場合

$$\log_a x=m \iff x=a^m$$

(2) $\log_a p=\log_a q$ の場合

底を統一すると

真数 $p>0$, $q>0$ のもとで

$$\log_a p=\log_a q \iff p=q$$

(3) 2次(3次)方程式に変形する場合

$\log_a x=t$ とおくと

$$(\log_a x)^2=t^2,\ \ \log_a x^2=2\log_a x=2t$$

(注)　対数方程式を解く場合，真数条件(**真数＞0**)に注意する必要がある。

対数方程式を解く手順は
(1)　真数と底の条件を求める。
(2)　底を統一する。
(3)　$\log_a p=\log_a q$ の形にする。
(4)　$p=q$ の解のうち，(1)を満たすものを答える。

29. 指数・対数の方程式　　*87*

例題 44　2分・6点

方程式 $5 \cdot 2^{-x} + 2^{x+3} = 14$　……① を考える。

$t = 2^x$ とおくと，①は

$$\boxed{\text{ア}}\, t^2 - \boxed{\text{イウ}}\, t + \boxed{\text{エ}} = 0$$

となることより，①の解は $\boxed{\text{オカ}}$ と $\log_2 \boxed{\text{キ}} - \boxed{\text{ク}}$ である。

解答

$t = 2^x$ とおくと，①より

$$\frac{5}{t} + 8t = 14, \quad 8t^2 - 14t + 5 = 0$$

$$\therefore \quad (2t-1)(4t-5) = 0$$

よって，①の解は

$$t = \frac{1}{2} \quad \text{より} \quad x = -1$$

$$t = \frac{5}{4} \quad \text{より} \quad x = \log_2 \frac{5}{4} = \log_2 5 - 2$$

← $2^{x+3} = 2^x \cdot 2^3$

§4 1

← $x = \log_2 t$

← $\log_2 \dfrac{5}{4}$
$= \log_2 5 - \log_2 4$

例題 45　3分・6点

方程式 $\log_2(x^2 + 8x + 3) = 2\log_2(x+5) - 1$ の解を求めよう。

真数の条件より　$x > \boxed{\text{アイ}} + \sqrt{\boxed{\text{ウエ}}}$

方程式より　$x^2 + 8x + 3 = \dfrac{(x+5)^{\boxed{\text{オ}}}}{\boxed{\text{カ}}}$

これより，解は $x = \boxed{\text{キ}}\sqrt{\boxed{\text{ク}}} - \boxed{\text{ケ}}$ である。

解答

(真数) > 0 より

$$x^2 + 8x + 3 > 0 \quad \text{かつ} \quad x + 5 > 0$$

$$\therefore \quad x > -4 + \sqrt{13} \qquad \qquad \cdots\cdots①$$

与式より

$$\log_2(x^2 + 8x + 3) = \log_2(x+5)^2 - \log_2 2$$

$$\log_2(x^2 + 8x + 3) = \log_2 \frac{(x+5)^2}{2}$$

$$x^2 + 8x + 3 = \frac{(x+5)^2}{2}$$

$$x^2 + 6x - 19 = 0$$

①を考えて　$x = 2\sqrt{7} - 3$

← $x^2 + 8x + 3 > 0$ より
$x < -4 - \sqrt{13}$,
$-4 + \sqrt{13} < x$

⎧ $2\sqrt{7} - 3 > 0$
⎨ $0 > -4 + \sqrt{13}$ より
⎩ $x = 2\sqrt{7} - 3$ は①を
満たす。

STAGE 1　30　指数・対数の不等式

■46　指数の不等式■

$a>0$，$a\neq1$ とする。

(1) $a^x>M$ の場合

　$M>0$ のとき

　　$a^x>M$ ─── $a>1$ ならば → $x>\log_a M$
　　　　　　　　$0<a<1$ ならば → $x<\log_a M$

(2) $a^p>a^q$ の場合

　底を a に統一すると

　　$a^p>a^q$ ─── $a>1$ ならば → $p>q$
　　　　　　　　$0<a<1$ ならば → $p<q$

(3) 2次(3次)不等式に変形する場合

　$a^x=t(>0)$ とおいて，方程式と同様にする。

(注) 指数不等式を解く場合，$a>1$ の場合と $0<a<1$ の場合に注意する必要がある。

■47　対数の不等式■

$a>0$，$a\neq1$ とする。

(1) $\log_a x>m$ の場合

　　$\log_a x>m$ ─── $a>1$ ならば → $x>a^m$
　　　　　　　　　$0<a<1$ ならば → $0<x<a^m$　　（真数 $x>0$）

(2) $\log_a p>\log_a q$ の場合

　底を a に統一すると

　真数 $p>0$，$q>0$ のもとで

　　$\log_a p>\log_a q$ ─── $a>1$ ならば → $p>q(>0)$
　　　　　　　　　　　　$0<a<1$ ならば → $(0<)p<q$

(3) 2次(3次)不等式に変形する場合

　$\log_a x=t$ とおいて，方程式と同様にする。

(注) 対数不等式を解く場合，真数条件に加えて，$a>1$ の場合と $0<a<1$ の場合に注意する必要がある。

30. 指数・対数の不等式　**89**

例題 46　3分・6点

不等式 $\dfrac{5}{(\sqrt{2})^x} - \dfrac{4}{2^x} > 1$ ……① を考える。$t = \dfrac{1}{(\sqrt{2})^x}$ とおくと，①は

$\boxed{\text{ア}}\, t^2 - \boxed{\text{イ}}\, t + \boxed{\text{ウ}} < 0$

となる。このことより，①の解は $\boxed{\text{エ}} < x < \boxed{\text{オ}}$ である。

解答

$t = \dfrac{1}{(\sqrt{2})^x} = 2^{-\frac{x}{2}}$ とおくと $\dfrac{1}{2^x} = 2^{-x} = t^2$

$\Leftarrow (\sqrt{2})^x = (2^{\frac{1}{2}})^x = 2^{\frac{x}{2}}$

であるから，①より

$5t - 4t^2 > 1$　　$4t^2 - 5t + 1 < 0$　　$\therefore$　$\dfrac{1}{4} < t < 1$

$\Leftarrow (t-1)(4t-1) < 0$

$t = 2^{-\frac{x}{2}}$，底 $2 > 1$ より

$\dfrac{1}{4} < 2^{-\frac{x}{2}} < 1$　　$-2 < -\dfrac{x}{2} < 0$　　$\therefore$　$0 < x < 4$

$\Leftarrow \dfrac{1}{4} = 2^{-2}$，$1 = 2^0$

例題 47　3分・6点

$0 < a < 1$ として

$f(x) = \log_a(x-2) + \log_a(x-3) - \log_a(x+1)$

とする。$f(x) = 0$ を変形すると，2次方程式

$x^2 - \boxed{\text{ア}}\, x + \boxed{\text{イ}} = 0$

を得る。したがって，$f(x) > 0$ となる x の値の範囲は

$\boxed{\text{ウ}} < x < \boxed{\text{エ}}$

である。

解答

（真数）> 0 より　$x > 3$　　　　　　　　　　　　……①

$f(x) = 0$ より

$\log_a(x-2)(x-3) = \log_a(x+1)$

$(x-2)(x-3) = x+1$　　$\therefore$　$x^2 - 6x + 5 = 0$

を得る。$f(x) > 0$ のとき，底 a が $0 < a < 1$ より

$\log_a(x-2)(x-3) > \log_a(x+1)$

$(x-2)(x-3) < x+1$　　$x^2 - 6x + 5 < 0$

$(x-1)(x-5) < 0$　　$\therefore$　$1 < x < 5$

①より　$3 < x < 5$

$\Leftarrow$ （真数）> 0 より
$x > 2$ かつ $x > 3$
かつ $x > -1$
　$\therefore$　$x > 3$

90 §4 指数・対数関数

STAGE 1 | 類 題

類題 40　　　　　　　　　　　　　　　　　　　　（3分・6点）

(1)　次の a, b, c, d を 2^p で表す。p の値を下の ⓪〜⑨ のうちから一つずつ選べ。

$$a=\frac{1}{4} \quad \boxed{\text{ア}}$$

$$b=\sqrt[3]{4} \quad \boxed{\text{イ}}$$

$$c=\sqrt{\frac{1}{8}} \quad \boxed{\text{ウ}}$$

$$d=\frac{2}{\sqrt[3]{16}} \quad \boxed{\text{エ}}$$

⓪ $\dfrac{1}{2}$　　　① $-\dfrac{1}{2}$　　　② $\dfrac{1}{3}$　　　③ $-\dfrac{1}{3}$　　　④ $\dfrac{3}{2}$

⑤ $-\dfrac{3}{2}$　　　⑥ $\dfrac{2}{3}$　　　⑦ $-\dfrac{2}{3}$　　　⑧ 2　　　⑨ -2

(2)　$x^{\frac{1}{2}}+x^{-\frac{1}{2}}=1+\sqrt{2}$ のとき

$$x^{\frac{3}{2}}+x^{-\frac{3}{2}}=\boxed{\text{オ}}+\boxed{\text{カ}}\sqrt{2},\quad x^2+x^{-2}=\boxed{\text{キ}}+\boxed{\text{ク}}\sqrt{2}$$

である。

類題 41　　　　　　　　　　　　　　　　　　　　（3分・6点）

(1)　$\log_{16}32=\dfrac{\boxed{\text{ア}}}{\boxed{\text{イ}}}$

(2)　$\log_2\sqrt[3]{12}-\log_4 6+\log_8\sqrt{\dfrac{3}{2}}=\boxed{\text{ウ}}$

(3)　$4^{\log_2\sqrt{5}}=\boxed{\text{エ}}$

類題 91

| 類題 42 | （3分・8点） |

下の ア ～ エ に当てはまるものを，次の⓪～④のうちから一つずつ選べ。ただし，同じものを繰り返し選んでもよい。

⓪ 同一のもの   ① x軸に関して対称

② y軸に関して対称   ③ 直線 $y=x$ に関して対称

④ 原点に関して対称

(1) $y=-2^x$ のグラフは，$y=\left(\dfrac{1}{2}\right)^x$ のグラフと ア であり，$y=\log_2(-x)$ のグラフと イ である。

(2) $y=\log_{\frac{1}{2}}\dfrac{1}{x}$ のグラフは，$y=-\log_2(-x)$ のグラフと ウ であり，$y=2\log_{\frac{1}{4}}x$ のグラフと エ である。

§4
1

| 類題 43 | （3分・6点） |

関数 $y=\log_{\frac{1}{2}}x$ ……① のグラフは，関数 $y=\log_{\frac{1}{2}}(2x+8)$ のグラフを x軸方向に ア ，y軸方向に イ だけ平行移動したものである。また，①において x の値が 16 倍になると y の値は ウ 減少する。

92 §4 指数・対数関数

類題 44　　　　　　　　　　　　　　　　　　　　　（4分・8点）

x の方程式

$$(2^x+3^x)\left(\frac{9}{2^x}+\frac{4}{3^x}\right)=50 \qquad\qquad \cdots\cdots①$$

を考える。$X=\left(\dfrac{3}{2}\right)^x$ とおくと，①は X を用いて

$$\boxed{\text{ア}}\,X+\frac{\boxed{\text{イ}}}{X}-\boxed{\text{ウエ}}=0 \qquad\qquad \cdots\cdots②$$

となる。②の解は

$$X=\boxed{\text{オ}}\,,\quad \frac{\boxed{\text{カ}}}{\boxed{\text{キ}}}$$

であるから，①の解は

$$x=\frac{\boxed{\text{ク}}}{\log_2 3-\boxed{\text{ケ}}}\,,\quad \frac{\boxed{\text{コサ}}\log_2 3}{\log_2 3-\boxed{\text{ケ}}}$$

となる。

類題 45　　　　　　　　　　　　　　　　　　　　　（3分・6点）

$a>0$，$b>0$ として

$$f(x)=\log_2(x+a),\quad g(x)=\log_4(4x+b)$$

とする。$f(1)=g(1)$，$f\left(\dfrac{1}{2}\right)=g\left(\dfrac{1}{2}\right)$ となるのは

$$a=\frac{\boxed{\text{ア}}}{\boxed{\text{イ}}}\,,\quad b=\frac{\boxed{\text{ウエ}}}{\boxed{\text{オカ}}}$$

のときである。

類 題　93

類題　46　　　　　　　　　　　　　　　　　　　　（4分・8点）

関数 $f(x) = 3^x + 3^{-x}$ に対して

$$f(x+1) = \boxed{\text{ア}} \cdot 3^x + \frac{\boxed{\text{イ}}}{\boxed{\text{ウ}}} \cdot 3^{-x}$$

である。不等式 $f(x) < f(x+1) < f(x-1)$ を満たす x の値の範囲は

$$\frac{\boxed{\text{エオ}}}{\boxed{\text{カ}}} < x < \boxed{\text{キ}}$$ である。

類題　47　　　　　　　　　　　　　　　　　　　　（4分・8点）

$a > 0$，$a \neq 1$ として，不等式

$$2\log_a(8-x) > \log_a(x-2) \qquad\qquad \cdots\cdots ①$$

を考える。

真数は正であるから

$$\boxed{\text{ア}} < x < \boxed{\text{イ}}$$

が成り立つ。

$0 < a < 1$ のとき，①を満たす x の値の範囲は

$$\boxed{\text{ウ}} < x < \boxed{\text{エ}}$$

$a > 1$ のとき，①を満たす x の値の範囲は

$$\boxed{\text{オ}} < x < \boxed{\text{カ}}$$

である。

STAGE 2 31 大小比較

■ 48 大小比較 ■

指数や対数で表される数の大小を比較する。

(1) **底を統一して、グラフを利用する。**

(例1) $\sqrt[3]{3}$, $\sqrt[4]{9}$, $\sqrt[7]{27}$ の大小を比べると
$\sqrt[3]{3}=3^{\frac{1}{3}}$, $\sqrt[4]{9}=9^{\frac{1}{4}}=3^{\frac{1}{2}}$, $\sqrt[7]{27}=27^{\frac{1}{7}}=3^{\frac{3}{7}}$
底 $3>1$ と $\dfrac{1}{3}<\dfrac{3}{7}<\dfrac{1}{2}$ より $\sqrt[3]{3}<\sqrt[7]{27}<\sqrt[4]{9}$

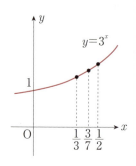

(例2) $3\log_{\frac{1}{2}}3$, $2\log_{\frac{1}{2}}5$, $\dfrac{5}{2}\log_{\frac{1}{2}}4$ の大小を比べると

$3\log_{\frac{1}{2}}3=\log_{\frac{1}{2}}27$, $2\log_{\frac{1}{2}}5=\log_{\frac{1}{2}}25$, $\dfrac{5}{2}\log_{\frac{1}{2}}4=\log_{\frac{1}{2}}32$

底 $\dfrac{1}{2}<1$ と $25<27<32$ より

$\dfrac{5}{2}\log_{\frac{1}{2}}4<3\log_{\frac{1}{2}}3<2\log_{\frac{1}{2}}5$

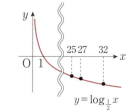

(2) **比較するいくつかの数を1変数で表す。**

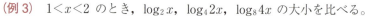

(例3) $1<x<2$ のとき,$\log_2 x$, $\log_4 2x$, $\log_8 4x$ の大小を比べる。
$\log_2 x=t$ とおくと
$\log_4 2x=\dfrac{\log_2 2x}{\log_2 4}=\dfrac{1+t}{2}$
$\log_8 4x=\dfrac{\log_2 4x}{\log_2 8}=\dfrac{2+t}{3}$
$1<x<2$ のとき $0<t<1$ であり
$t<\dfrac{1+t}{2}<\dfrac{2+t}{3}$
であるから,$1<x<2$ のとき
$\log_2 x<\log_4 2x<\log_8 4x$

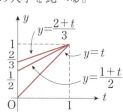

31. 大小比較

例題 48　4分・8点

$27 < x < 27\sqrt{3}$ のとき
$$a = \log_3 x - \frac{7}{2},\quad b = \log_3 x - \frac{5}{2},\quad c = \log_9 x - \frac{5}{2},\quad d = \log_9 x - \frac{3}{2}$$
の間には大小関係
$$\boxed{ア} < \boxed{イ} < \boxed{ウ} < \boxed{エ}$$
が成り立つ。

解答

$27 < x < 27\sqrt{3}$ のとき
$$3^3 < x < 3^{\frac{7}{2}} \text{ より } 3 < \log_3 x < \frac{7}{2} \quad \cdots\cdots ①$$
であるから
$$-\frac{1}{2} < a < 0,\quad \frac{1}{2} < b < 1 \quad \cdots\cdots ②$$
また，① と $\log_9 x = \dfrac{\log_3 x}{\log_3 9} = \dfrac{1}{2}\log_3 x$ より
$$\frac{3}{2} < \log_9 x < \frac{7}{4}$$
であるから
$$-1 < c < -\frac{3}{4},\quad 0 < d < \frac{1}{4} \quad \cdots\cdots ③$$
②，③ より
$$c < a < d < b$$

(注)　$t = \log_3 x$ とおくと $3 < t < \dfrac{7}{2}$ であり
$$a = t - \frac{7}{2},\quad b = t - \frac{5}{2},\quad c = \frac{t}{2} - \frac{5}{2},\quad d = \frac{t}{2} - \frac{3}{2}$$
であるから，次のグラフを得る。

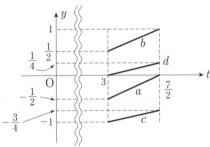

← $27 = 3^3$, $27\sqrt{3} = 3^{\frac{7}{2}}$

← 底の変換公式。

STAGE 2 32 最大・最小

■ **49** 最大・最小 ■

$a>0$, $a \neq 1$ とする。

(1) **指数関数 $y=f(x)$ の最大・最小**

底を統一し，変数の置き換えをする。

$a^x = t$ $(t>0)$ とおいて，t の変域を調べる。このとき
$$a^{2x} = (a^x)^2 = t^2, \quad a^{3x} = (a^x)^3 = t^3$$
$$a^{2x+1} = a^{2x} \cdot a = at^2, \quad a^{3x-1} = a^{3x} \cdot a^{-1} = \frac{1}{a}t^3$$

などとなるので，$f(x)$ を t の2次(3次)関数に変形する。

(2) **対数関数 $y=f(x)$ の最大・最小**

底を統一し，変数の置き換えをする。

$\log_a x = t$ とおいて，t の変域を調べる。このとき
$$(\log_a x)^2 = t^2, \quad (\log_a x)^3 = t^3$$
$$\log_a ax = t+1, \quad \log_a x^2 = 2t$$

などとなるので，$f(x)$ を t の2次(3次)関数に変形する。

(注1) 2変数関数 $z=f(x, y)$ の最大・最小問題の場合

与えられた条件より，一方の変数を消去して1変数の場合に帰着させる。

(注2) 相加相乗平均の関係を利用することもある。

(例1) $y=2^x+2^{-x}$ の最小値は
$2^x > 0$, $2^{-x} > 0$ より
$2^x + 2^{-x} \geq 2\sqrt{2^x \cdot 2^{-x}} = 2$
等号は，$x=0$ のとき成立。
よって，y の最小値は2である。

(例2) $x>1$, $y>1$, $xy=2$ のとき
$z=(\log_2 x)(\log_2 y)$ の最大値は
$\log_2 x > 0$, $\log_2 y > 0$ より
$\log_2 x + \log_2 y \geq 2\sqrt{(\log_2 x)(\log_2 y)}$
$\log_2 xy \geq 2\sqrt{z}$
$1 \geq 2\sqrt{z}$
$\therefore z \leq \frac{1}{4}$
等号は，$x=y=\sqrt{2}$ のとき成立。
よって，z の最大値は $\frac{1}{4}$ である。

例題 49 4分・8点

x が $0 \leqq x \leqq 3$ の範囲にあるとき
$$y = 4^x - 5 \cdot 2^{x+1} + 21$$
の最大値と最小値を求めよう。$t = 2^x$ とおくと，t のとり得る値の範囲は
$\boxed{ア} \leqq t \leqq \boxed{イ}$ であり
$$y = (t - \boxed{ウ})^{\boxed{エ}} - \boxed{オ}$$
である。したがって，y は $x = \boxed{カ}$ のとき最大値 $\boxed{キク}$ をとり，
$x = \log_2 \boxed{ケ}$ のとき最小値 $\boxed{コサ}$ をとる。

解答

$t = 2^x$ とおくと，$0 \leqq x \leqq 3$ のとき
$$1 \leqq t \leqq 8$$
であり
$$\begin{aligned} y &= (2^x)^2 - 10 \cdot 2^x + 21 \\ &= t^2 - 10t + 21 \\ &= (t-5)^2 - 4 \end{aligned}$$
である。したがって，y は
$t = 1$ のとき 最大値 **12**
$t = 5$ のとき 最小値 **−4**
をとる。また
$t = 1$ のとき $2^x = 1$ ∴ $x = \mathbf{0}$
$t = 5$ のとき $2^x = 5$ ∴ $x = \log_2 5$
である。

← $2^0 = 1$, $2^3 = 8$

← $4^x = 2^{2x} = (2^x)^2$
  $2^{x+1} = 2 \cdot 2^x$

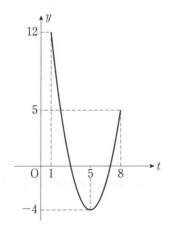

STAGE 2　33　常用対数

■ 50　桁数の計算 ■

桁数の計算(1)
　$M(M \geqq 1)$ を整数部分が m 桁の数とすると
$$10^{m-1} \leqq M < 10^m$$
$$\iff m-1 \leqq \log_{10} M < m$$
が成り立つ。

　$M(0 < M < 1)$ を小数で表すと，小数第 m 位に初めて 0 でない数字が現れる数とすると
$$10^{-m} \leqq M < 10^{-(m-1)}$$
$$\iff -m \leqq \log_{10} M < -(m-1)$$
が成り立つ。

(注1)　$M = 451$ のとき，M は 3 桁の整数
$$10^2 \leqq M < 10^3 \quad \therefore \quad 2 \leqq \log_{10} M < 3$$

(注2)　$M = 0.0047$ のとき
　M は小数第 3 位に初めて 0 でない数字が現れる。よって
$$10^{-3} \leqq M < 10^{-2} \quad \therefore \quad -3 \leqq \log_{10} M < -2$$

桁数の計算(2)
　M を整数部分が m 桁の正の数とすると
$$10^{m-1} \leqq M < 10^m$$
このとき
$$10^{\frac{m-1}{2}} \leqq \sqrt{M} < 10^{\frac{m}{2}}$$
$$10^{2(m-1)} \leqq M^2 < 10^{2m}$$
などが成り立つ。

　さらに，N を整数部分が n 桁の正の数とすると
$$10^{n-1} \leqq N < 10^n$$
であるから
$$10^{m-1} \cdot 10^{n-1} \leqq MN < 10^m \cdot 10^n$$
$$\therefore \quad 10^{m+n-2} \leqq MN < 10^{m+n}$$
などが成り立つ。

33. 常用対数　　99

例題 50　4分・8点

(1)　6^{50} は $\boxed{\text{アイ}}$ 桁の整数である。ただし，$\log_{10}2=0.3010$, $\log_{10}3=0.4771$ とする。

(2)　a, b は自然数で，a^2 が7桁の数，ab^3 が20桁の数であれば a は $\boxed{\text{ウ}}$ 桁の数，b は $\boxed{\text{エ}}$ 桁の数である。

解答

(1)
$$\log_{10}6^{50}=50\log_{10}6$$
$$=50(\log_{10}2+\log_{10}3)$$
$$=50(0.3010+0.4771)$$
$$=38.9050$$

より
$$6^{50}=10^{38.9050}$$

であるから
$$10^{38}<6^{50}<10^{39}$$

よって，6^{50} は **39** 桁の数である。

◀ 常用対数の値を求める。

◀ $6=2\cdot3$

◀ $10^{38}=1\underbrace{00\cdots\cdots0}_{38\text{個}}$
$10^{39}=1\underbrace{00\cdots\cdots00}_{39\text{個}}$

(2)　条件より
$$10^6\leqq a^2<10^7 \qquad \cdots\cdots①$$
$$10^{19}\leqq ab^3<10^{20} \qquad \cdots\cdots②$$

①より
$$10^3\leqq a<10^{3.5} \qquad \cdots\cdots③$$

であるから，a は **4** 桁の数である。

◀ $10^{\frac{6}{2}}\leqq a<10^{\frac{7}{2}}$

③より
$$10^{-3.5}<a^{-1}\leqq10^{-3} \qquad \cdots\cdots④$$

であるから，②，④を辺々かけて
$$10^{15.5}<b^3<10^{17}$$
$$\therefore\quad 10^{5.16\cdots}<b<10^{5.66\cdots}$$

よって，b は **6** 桁の数である。

◀ $10^{-3}\geqq a^{-1}>10^{-3.5}$

◀ $10^{19}\cdot10^{-3.5}=10^{15.5}$
$10^{20}\cdot10^{-3}=10^{17}$

(別解)　①，②の対数（底は10）をとると
$$\begin{cases} 3\leqq\log_{10}a<3.5 & \cdots\cdots⑤ \\ 19\leqq\log_{10}a+3\log_{10}b<20 & \cdots\cdots⑥ \end{cases}$$

⑤より，a は **4** 桁の数であり，⑤，⑥より $\log_{10}a$ を消去すると
$$15.5<3\log_{10}b<17 \quad \therefore\quad 5.16<\log_{10}b<5.66$$

よって，b は **6** 桁の数である。

◀ ⑤より
$-3.5<-\log_{10}a\leqq-3$
これと⑥を辺々加える。

STAGE 2 類題

類題 48　（6分・12点）

$a = \log_3 4$, $b = \log_4 5$, $c = \log_{12} 20$ とおく。

3^5 ｱ 4^4 であるから，a ｲ $\dfrac{5}{4}$ が成り立つ。

4^5 ｳ 5^4 であるから，b ｴ $\dfrac{5}{4}$ が成り立つ。

ｱ～ｴ に当てはまるものを，次の⓪～②のうちから一つずつ選べ。ただし，同じものを繰り返し選んでもよい。

⓪　$<$　　　①　$=$　　　②　$>$

一方，$ab = \log_3$ ｵ であるから，c を a, b で表すと

$$c = \dfrac{\boxed{\text{カ}} + \boxed{\text{キク}}}{a + \boxed{\text{ケ}}}$$

であり

$$c - a = \dfrac{a}{a + \boxed{\text{ケ}}}(\boxed{\text{コ}} - \boxed{\text{サ}})$$

$$c - b = \dfrac{1}{a + \boxed{\text{ケ}}}(\boxed{\text{シ}} - \boxed{\text{ス}})$$

が成り立つ。

よって，a, b, c の大小関係は

ｾ $<$ ｿ $<$ ﾀ

である。

類　題　　*101*

類題　49　　　　　　　　　　　　　　　　　　　　（4分・8点）

x が $\dfrac{1}{8} \leqq x \leqq 2$ の範囲にあるとき

$$y = 2(\log_2 2x)^2 + \log_2 (2x)^2 + 2\log_2 x + 2$$

の最大値と最小値を求めよう。$t = \log_2 x$ とおくと，t のとり得る値の範囲は

　$\boxed{アイ} \leqq t \leqq \boxed{ウ}$　であり

$$y = \boxed{エ} t^2 + \boxed{オ} t + \boxed{カ}$$

である。したがって，y は $x = \boxed{キ}$ のとき最大値 $\boxed{クケ}$ をとり，$x = \dfrac{\boxed{コ}}{\boxed{サ}}$

のとき最小値 $\boxed{シス}$ をとる。

§4
2

類題　50　　　　　　　　　　　　　　　　　　　（6分・12点）

(1)　12^{20} は $\boxed{アイ}$ 桁の整数である。

(2)　$\left(\dfrac{1}{18}\right)^{15}$ を小数で表すと，小数第 $\boxed{ウエ}$ 位に初めて 0 でない数字が現れる。

(3)　n は整数で，2^n が 8 桁の数，2^{n+1} が 9 桁の数のとき，$n = \boxed{オカ}$ である。

(4)　a，b は自然数で，$a^5 b^5$ が 24 桁の数，$\dfrac{a^5}{b^5}$ の整数部分が 16 桁の数であれば，

　　　a は $\boxed{キ}$ 桁の数，b は $\boxed{ク}$ 桁の数である。

　　　ただし，(1), (2), (3)において，$\log_{10} 2 = 0.3010$，$\log_{10} 3 = 0.4771$ とする。

STAGE 1 34 微分の計算

■51 微分の計算 ■

(1) 導関数

n が自然数のとき　$(x^n)' = nx^{n-1}$

c が定数のとき　$(c)' = 0$

(2) 平均変化率

関数 $f(x)$ において，x の値が a から b まで変わるときの平均変化率は

$$\frac{f(b)-f(a)}{b-a} \quad \text{または} \quad \frac{f(a+h)-f(a)}{h} \quad (b=a+h \text{ とおく})$$

(3) 微分係数

関数 $f(x)$ の $x=a$ における微分係数 $f'(a)$ は

$$f'(a) = \lim_{x \to a} \frac{f(x)-f(a)}{x-a} \quad (x \text{ を限りなく } a \text{ に近づける})$$

$$= \lim_{h \to 0} \frac{f(a+h)-f(a)}{h} \quad (h \text{ を限りなく } 0 \text{ に近づける})$$

(注) 平均変化率は，曲線 $y=f(x)$ 上の 2 点 $A(a, f(a))$，$B(b, f(b))$ を結ぶ直線の傾きを表す。また，微分係数は点 $A(a, f(a))$ における接線の傾きを表す。

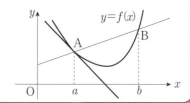

■52 接線 ■

曲線 $y=f(x)$ 上の点 $(a, f(a))$ における接線の方程式は

$$y - f(a) = f'(a)(x-a)$$

すなわち　$y = f'(a)(x-a) + f(a)$

(注) 接点の座標は $(a, f(a))$，接線の傾きは $f'(a)$ である。

例題 51　3分・6点

$f(x)=3x^2-2x+1$ とする。$f(x)$ の導関数は
$$f'(x)=\boxed{\text{ア}}x-\boxed{\text{イ}}$$
である。関数 $y=f(x)$ において，x の値が 1 から $1+h$ まで変化するときの平均変化率は $\boxed{\text{ウ}}+\boxed{\text{エ}}h$ であり，h を限りなく 0 に近づけるとき，この式の値は限りなく $\boxed{\text{オ}}$ に近づく。

解答

$$f'(x)=6x-2$$
である。平均変化率は
$$\frac{f(1+h)-f(1)}{(1+h)-1}=\frac{3(1+h)^2-2(1+h)+1-2}{h}$$
$$=4+3h$$
であり，h を限りなく 0 に近づけるとき，この式の値は限りなく 4 に近づく。

(注) この極限値は関数 $y=f(x)$ の $x=1$ における微分係数 $f'(1)=4$ である。

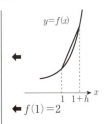

← $f(1)=2$

例題 52　3分・6点

$f(x)=x^3+3x^2$ とする。曲線 $y=f(x)$ 上の点 $(a, f(a))$ における接線の方程式は
$$y=(\boxed{\text{ア}}a^2+\boxed{\text{イ}}a)x-\boxed{\text{ウ}}a^3-\boxed{\text{エ}}a^2$$
である。接線の傾きが最小になるのは $a=\boxed{\text{オカ}}$ のときで，このとき，接線の方程式は
$$y=\boxed{\text{キク}}x-\boxed{\text{ケ}}$$
である。

解答

$f(x)=x^3+3x^2$ より　$f'(x)=3x^2+6x$
点 $(a, f(a))$ における接線の方程式は
$$y=(3a^2+6a)(x-a)+a^3+3a^2$$
$$\therefore\quad y=(3a^2+6a)x-2a^3-3a^2$$
接線の傾きは
$$3a^2+6a=3(a+1)^2-3$$
より，$a=-1$ のとき最小になり，このとき，接線の方程式は　$y=-3x-1$

← $y=f'(a)(x-a)+f(a)$

← a の2次関数とみる。

STAGE 1 35 極　値

■ 53 極値の計算 ■

関数 $y=f(x)$ の**増減表**をかくことによって，**極大**・**極小**を調べる。

x	$\cdots$	a	$\cdots$	b	$\cdots$
$f'(x)$	+	0	−	0	+
$f(x)$	↗	極大	↘	極小	↗

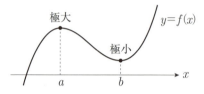

(注) 3次関数 $f(x)=ax^3+bx^2+cx+d$ が極値をもつ条件は
$\quad f'(x)=3ax^2+2bx+c=0$ が異なる2つの実数解をもつこと
であり，このとき $y=f(x)$ のグラフは次のようになる。

$a>0$ のとき　　　　　　　　$a<0$ のとき

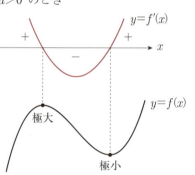
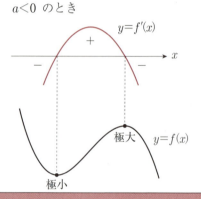

■ 54 係数の決定 ■

関数 $f(x)$ が
　　$x=a$ で極値(極大・極小)をとる
　　$\Longrightarrow$　$f'(a)=0$，極値は $f(a)$ である

(注) $f'(a)=0$ であっても，$f(x)$ は $x=a$ で極値をとるとは限らない。
また $f'(a)=0$ となる a が存在しない場合もある。
例えば $f(x)=|x-1|$ の場合
　$x=1$ のとき極小値 $f(1)=0$ をとるが，$f'(x)$ は
存在しない。

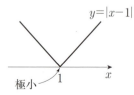

例題 53　3分・6点

関数 $f(x)=x^3-9x^2+15x+1$ は
$x=\boxed{ア}$ のとき極大値 $\boxed{イ}$，$x=\boxed{ウ}$ のとき極小値 $\boxed{エオカ}$
をとる。極大点と極小点を通る直線の方程式は
$y=\boxed{キク}x+\boxed{ケコ}$ である。

解答

$f'(x)=3x^2-18x+15$
$\qquad =3(x-1)(x-5)$

$f(x)$ の増減表は右のようになる。

よって，$f(x)$ は
$\quad x=1$ のとき　極大値　8
$\quad x=5$ のとき　極小値　-24
をとる。極大点 $(1,\ 8)$ と極小点 $(5,\ -24)$
を通る直線の方程式は
$\quad y=\dfrac{(-24)-8}{5-1}(x-1)+8 \quad \therefore \quad y=-8x+16$

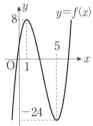

x	$\cdots$	1	$\cdots$	5	$\cdots$
$f'(x)$	$+$	0	$-$	0	$+$
$f(x)$	↗	8	↘	-24	↗

例題 54　3分・6点

関数 $f(x)=x^3+ax^2+bx+2$ が，$x=3$ で極小値 -25 をとるとき，
$a=\boxed{アイ}$，$b=\boxed{ウエ}$ であり，$f(x)$ は
$\quad x=\boxed{オカ}$ のとき極大値 $\boxed{キ}$ をとる。

解答

$f'(x)=3x^2+2ax+b$

条件より
$\begin{cases} f(3)=27+9a+3b+2=-25 \\ f'(3)=27+6a+b=0 \end{cases}$

$\therefore \begin{cases} 3a+b=-18 \\ 6a+b=-27 \end{cases}$

$\therefore \quad a=-3,\ b=-9$

このとき
$\quad f(x)=x^3-3x^2-9x+2$
$\quad f'(x)=3x^2-6x-9=3(x-3)(x+1)$

$f(x)$ の増減表は右のようになるので，$f(x)$ は
$\quad x=-1$ のとき極大値 7 をとる。

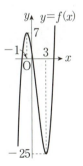

x	$\cdots$	-1	$\cdots$	3	$\cdots$
$f'(x)$	$+$	0	$-$	0	$+$
$f(x)$	↗	7	↘	-25	↗

STAGE 1 | 36 微分の応用

■ 55 最大・最小 ■

関数 $y=f(x)$ の区間 $a\leq x\leq b$ における最大値，最小値を求めるとき，この区間における増減表をかく。

この区間での関数の極値と区間の両端での関数の値の大小を比べる。

右図において
 $x=c$ で最大（極大）
 $x=a$ で最小

(注) 極大値，極小値が必ずしも，最大値，最小値になるとは限らない。

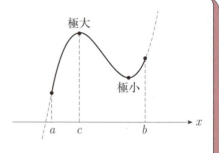

■ 56 方程式 ■

(1) **実数解**

方程式 $f(x)=0$ の実数解は，$y=f(x)$ のグラフと x 軸の共有点の x 座標である。

(2) **実数解の個数**

（方程式 $f(x)=0$ の実数解の個数）
$\qquad =(y=f(x)$ のグラフと x 軸の共有点の個数）

（方程式 $f(x)=a$ の実数解の個数）
$\qquad =(y=f(x)$ のグラフと直線 $y=a$ の共有点の個数）

(注) 3次方程式 $f(x)=0$ が異なる3つの実数解をもつ条件は，関数 $y=f(x)$ が極大値と極小値をもち，(極大値)>0，(極小値)<0 が成り立つこと。

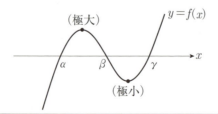

例題 55　2分・4点

$0<a<1$ とする。関数 $f(x)=x^3-3ax^2+1$ の $0\leq x\leq 2$ における最大値が 3 であるとき，$a=\dfrac{\boxed{ア}}{\boxed{イ}}$ であり，このとき最小値は $\dfrac{\boxed{ウ}}{\boxed{エ}}$ である。

解答

$$f'(x)=3x^2-6ax=3x(x-2a)$$

$0<2a<2$ より，$f(x)$ の増減表は右のようになる。
最大値が 3 であるから

$$f(2)=-12a+9=3 \quad \therefore \quad a=\dfrac{1}{2}$$

このとき，最小値は $f(2a)=-4a^3+1=\dfrac{1}{2}$

← $f'(x)=0$ とおくと　$x=0,\ 2a$

x	0	$\cdots$	$2a$	$\cdots$	2
$f'(x)$	0	$-$	0	$+$	
$f(x)$	1	$\searrow$		$\nearrow$	

例題 56　4分・8点

$f(x)=x^3-ax^2+a\ (a>0)$ とする。関数 $f(x)$ は $x=\boxed{ア}$ のとき極大値をとり，$x=\dfrac{\boxed{イウ}}{\boxed{エ}}$ のとき極小値をとる。方程式 $f(x)=0$ が，$x<3$ の範囲に，異なる三つの実数解をもつための a の値の範囲は $\dfrac{\boxed{オ}\sqrt{\boxed{カ}}}{\boxed{キ}}<a<\dfrac{\boxed{クケ}}{\boxed{コ}}$ である。

解答

$$f'(x)=3x^2-2ax=x(3x-2a)$$

$a>0$ より $f(x)$ の増減表は右のようになる。
よって，$f(x)$ は $x=0$ のとき極大値 a をとり

$x=\dfrac{2}{3}a$ のとき極小値 $-\dfrac{4}{27}a^3+a$ をとる。

方程式 $f(x)=0$ が $x<3$ の範囲に異なる三つの実数解をもつための a の条件は，$y=f(x)$ のグラフを考えて

$$-\dfrac{4}{27}a^3+a<0 \quad かつ \quad \dfrac{2}{3}a<3 \quad かつ$$

$$f(3)=-8a+27>0$$

つまり $a\left(a^2-\dfrac{27}{4}\right)>0$ かつ $a<\dfrac{9}{2}$ かつ $a<\dfrac{27}{8}$

$$\therefore \quad \dfrac{3\sqrt{3}}{2}<a<\dfrac{27}{8}$$

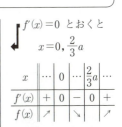

$f'(x)=0$ とおくと　$x=0,\ \dfrac{2}{3}a$

x	$\cdots$	0	$\cdots$	$\dfrac{2}{3}a$	$\cdots$
$f'(x)$	$+$	0	$-$	0	$+$
$f(x)$	$\nearrow$		$\searrow$		$\nearrow$

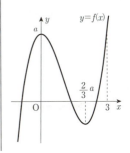

STAGE 1 37 積分の計算

■ 57 積分の計算 ■

(1) **不定積分**

n を 0 以上の整数とするとき $\displaystyle\int x^n dx = \frac{1}{n+1} x^{n+1} + C$

（C は積分定数；以下同）

(2) **定積分**

$f(x)$ の不定積分の 1 つを $F(x)$ とするとき

$$\int_a^b f(x)\,dx = \Big[F(x) \Big]_a^b = F(b) - F(a)$$

■ 58 積分の工夫 ■

(1) $f(x) = (x-\alpha)(x-\beta)$ の場合

$$\int_\alpha^\beta (x-\alpha)(x-\beta)\,dx = -\frac{1}{6}(\beta-\alpha)^3$$

2 次方程式 $ax^2 + bx + c = 0$ の 2 実数解が α, β のとき

$$\int_\alpha^\beta (ax^2 + bx + c)\,dx = \int_\alpha^\beta a(x-\alpha)(x-\beta)\,dx$$
$$= -\frac{a}{6}(\beta-\alpha)^3$$

(2) $f(x) = (x+a)^2$ の場合

$$\int (x+a)^2 dx = \frac{1}{3}(x+a)^3 + C$$

(3) 積分区間が $[-a,\ a]$ の場合

$$\int_{-a}^{a} x^2\,dx = 2\int_0^a x^2\,dx, \quad \int_{-a}^{a} x\,dx = 0, \quad \int_{-a}^{a} c\,dx = 2\int_0^a c\,dx$$

(4) 定積分の計算は各項ごとにできる。

$$\int_a^b (x^2 + x + 1)\,dx = \left[\frac{x^3}{3} + \frac{x^2}{2} + x \right]_a^b = \frac{b^3 - a^3}{3} + \frac{b^2 - a^2}{2} + b - a$$

37. 積分の計算　　*109*

例題 57　3分・6点

(1) 関数 $f(x)$ が
$$f(1)=0, \quad f'(x)=3x^2+6x+a$$
を満たすとき
$$f(x)=x^3+\boxed{\text{ア}}\,x^2+\boxed{\text{イ}}\,x-a-\boxed{\text{ウ}} \quad \text{である。}$$

(2) 次の計算をせよ。
$$A=\int_0^2 (x^2-4x+3)\,dx=\frac{\boxed{\text{エ}}}{\boxed{\text{オ}}}, \quad B=\int_{-1}^2 (x^2+2x-8)\,dx=\boxed{\text{カキク}}$$

解答

(1) 条件より
$$f(x)=\int(3x^2+6x+a)\,dx=x^3+3x^2+ax+C \qquad \Leftarrow C \text{ は積分定数。}$$

$f(1)=0$ より　$4+a+C=0$　∴　$C=-a-4$

よって　$f(x)=x^3+3x^2+\boldsymbol{a}x-a-4$

(2) $A=\left[\dfrac{x^3}{3}-2x^2+3x\right]_0^2=\dfrac{8}{3}-8+6=\boldsymbol{\dfrac{2}{3}}$

$B=\left[\dfrac{x^3}{3}+x^2-8x\right]_{-1}^2=\dfrac{8}{3}+4-16-\left(-\dfrac{1}{3}+1+8\right)=\boldsymbol{-18}$

例題 58　4分・8点

次の計算をせよ。

(1) $\displaystyle\int_{-1}^2 (x^2-x-2)\,dx=\dfrac{\boxed{\text{アイ}}}{\boxed{\text{ウ}}}$

(2) $\displaystyle\int_{-2}^1 (x^2+4x+4)\,dx=\boxed{\text{エ}}$

(3) $\displaystyle\int_{-2}^2 (x^2-5x+3)\,dx=\dfrac{\boxed{\text{オカ}}}{\boxed{\text{キ}}}$

(4) $\displaystyle\int_{-1}^2 (x^2+x-1)\,dx=\dfrac{\boxed{\text{ク}}}{\boxed{\text{ケ}}}$

解答

(1) （与式）$=\displaystyle\int_{-1}^2 (x+1)(x-2)\,dx=-\dfrac{\{2-(-1)\}^3}{6}=\boldsymbol{-\dfrac{9}{2}} \qquad \Leftarrow -\dfrac{1}{6}(\beta-\alpha)^3$

(2) （与式）$=\displaystyle\int_{-2}^1 (x+2)^2\,dx=\left[\dfrac{1}{3}(x+2)^3\right]_{-2}^1=\dfrac{27}{3}=\boldsymbol{9}$

(3) （与式）$=2\displaystyle\int_0^2 (x^2+3)\,dx=2\left[\dfrac{x^3}{3}+3x\right]_0^2=2\left(\dfrac{8}{3}+6\right)=\boldsymbol{\dfrac{52}{3}} \qquad \Leftarrow \displaystyle\int_{-2}^2 5x\,dx=0$

(4) （与式）$=\left[\dfrac{x^3}{3}+\dfrac{x^2}{2}-x\right]_{-1}^2=\dfrac{8-(-1)}{3}+\dfrac{4-1}{2}$

$$-\{2-(-1)\}=\boldsymbol{\dfrac{3}{2}}$$

STAGE 1　38　面　積

■ 59　定積分と面積 ■

(1) 曲線 $y=f(x)$ と x 軸

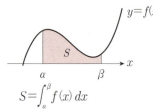

$$S=\int_\alpha^\beta f(x)\,dx$$

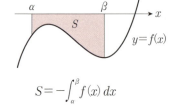

$$S=-\int_\alpha^\beta f(x)\,dx$$

(2) 2曲線 $y=f(x)$ と $y=g(x)$

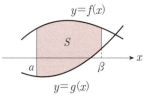

$$S=\int_\alpha^\beta \{f(x)-g(x)\}\,dx$$

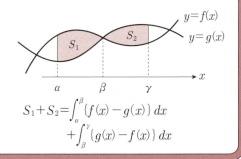

$$S_1+S_2=\int_\alpha^\beta \{f(x)-g(x)\}\,dx \\ +\int_\beta^\gamma \{g(x)-f(x)\}\,dx$$

■ 60　公式の利用 ■

放物線 C と直線 l で囲まれる図形の面積を求めるときは，定積分の公式：

$$\int_\alpha^\beta (x-\alpha)(x-\beta)\,dx = -\frac{1}{6}(\beta-\alpha)^3$$

が利用できる。

$C : y=ax^2+bx+c$ 　$(a>0)$
$l : y=mx+n$

のとき

$$S=\int_\alpha^\beta \{mx+n-(ax^2+bx+c)\}\,dx$$
$$=-a\int_\alpha^\beta (x-\alpha)(x-\beta)\,dx$$

（公式が使える形に因数分解できる）

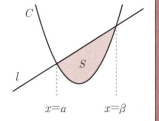

(注)　2つの放物線で囲まれる図形の面積を求めるときも，同じ公式が利用できる。

38. 面　積

例題 59　2分・4点

放物線 $y=x^2+1$ と x 軸および2直線 $x=-1$，$x=2$ とで囲まれた部分の面積は ア である。また，二つの放物線 $y=x^2-x$，$y=-\dfrac{1}{2}x^2-1$ と2直線 $x=-2$，$x=2$ で囲まれた部分の面積は イウ である。

解答

右図より
$$\int_{-1}^{2}(x^2+1)\,dx=\left[\dfrac{x^3}{3}+x\right]_{-1}^{2}=\dfrac{2^3-(-1)^3}{3}+2-(-1)$$
$$=6$$
$$\int_{-2}^{2}\left\{x^2-x-\left(-\dfrac{1}{2}x^2-1\right)\right\}dx=\int_{-2}^{2}\left(\dfrac{3}{2}x^2-x+1\right)dx$$
$$=2\int_{0}^{2}\left(\dfrac{3}{2}x^2+1\right)dx=2\left[\dfrac{x^3}{2}+x\right]_{0}^{2}=12$$

例題 60　3分・6点

放物線 $C: y=2x^2-1$ と直線 $l: y=-4x+5$ によって囲まれる図形 D の面積は $\dfrac{アイ}{ウ}$ であり，この面積は y 軸によって エ ： オカ の比に分けられる。

解答

C と l の交点の x 座標は
$$2x^2-1=-4x+5 \quad より \quad (x-1)(x+3)=0$$
$$\therefore \quad x=1,\ -3$$
であるから，図形 D の面積 S は
$$S=\int_{-3}^{1}\{-4x+5-(2x^2-1)\}\,dx=-2\int_{-3}^{1}(x+3)(x-1)\,dx$$
$$=2\cdot\dfrac{1}{6}\{1-(-3)\}^3=\dfrac{64}{3}$$
また，D の $x\geqq 0$ の部分の面積 T は
$$T=\int_{0}^{1}\{-4x+5-(2x^2-1)\}\,dx=\left[-\dfrac{2}{3}x^3-2x^2+6x\right]_{0}^{1}$$
$$=-\dfrac{2}{3}-2+6=\dfrac{10}{3}$$
よって，求める比は $T:(S-T)=\dfrac{10}{3}:\dfrac{54}{3}=\mathbf{5:27}$

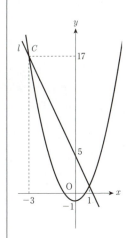

STAGE 1 39 積分の応用

61 絶対値記号で表された関数の積分

$$\int_0^2 |x^2-1|\,dx$$

$f(x)=|x^2-1|$ のグラフをかく $\Rightarrow$

$f(x)=\begin{cases} x^2-1 & (x\leqq -1,\ 1\leqq x) \\ -(x^2-1) & (-1\leqq x\leqq 1) \end{cases}$

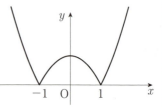

積分区間で分ける。

$$\int_0^2 |x^2-1|\,dx = -\int_0^1 (x^2-1)\,dx + \int_1^2 (x^2-1)\,dx$$

$\int_0^1 |x^2-1|\,dx = -\int_0^1 (x^2-1)\,dx,\quad \int_1^2 |x^2-1|\,dx = \int_1^2 (x^2-1)\,dx$

62 微分と積分の関係

a を定数として
$$F(x)=\int_a^x f(t)\,dt$$
とすると
$$\boldsymbol{F'(x)=f(x)} \quad \text{かつ} \quad \boldsymbol{F(a)=0}$$

$f(x)$ の不定積分の 1 つを $g(x)$ とすると
$$\int_a^x f(t)\,dt = \Big[g(t)\Big]_a^x = g(x)-g(a)$$
$g(a)$ は定数であるから,この式を微分すると
$$\{g(x)-g(a)\}' = g'(x) = f(x)$$
となる。すなわち
$$\frac{d}{dx}\int_a^x f(t)\,dt = f(x)$$
また,$x=a$ とすると
$$\int_a^a f(t)\,dt = \Big[g(t)\Big]_a^a = g(a)-g(a) = 0$$

例題 61 3分・4点

$$|x^2-3x| = \begin{cases} x^2-3x & (x \leq \boxed{ア}, \boxed{イ} \leq x) \\ -(x^2-3x) & (\boxed{ア} \leq x \leq \boxed{イ}) \end{cases}$$ であるから

$\int_{-1}^{2} |x^2-3x|\,dx = \dfrac{\boxed{ウエ}}{\boxed{オ}}$ である。

解答

$x^2-3x = x(x-3)$ より

$$|x^2-3x| = \begin{cases} x^2-3x & (x \leq 0,\ 3 \leq x) \\ -(x^2-3x) & (0 \leq x \leq 3) \end{cases}$$

よって

$$\int_{-1}^{2} |x^2-3x|\,dx = \int_{-1}^{0} (x^2-3x)\,dx - \int_{0}^{2} (x^2-3x)\,dx$$
$$= \left[\frac{1}{3}x^3 - \frac{3}{2}x^2\right]_{-1}^{0} - \left[\frac{1}{3}x^3 - \frac{3}{2}x^2\right]_{0}^{2}$$
$$= \frac{31}{6}$$

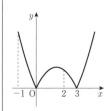

例題 62 2分・4点

a を定数として，関数 $f(x)$ が

$$\int_{a}^{x} f(t)\,dt = 3x^2 - 2x + 2 - 3a$$

を満たすとき

$f(x) = \boxed{ア}x - \boxed{イ}$, $a = \boxed{ウ}$, $\dfrac{\boxed{エ}}{\boxed{オ}}$

である。

解答

与式の両辺を微分して

$f(x) = 6x - 2$

与式の x に a を代入すると

$0 = 3a^2 - 2a + 2 - 3a$
$3a^2 - 5a + 2 = 0$
$(a-1)(3a-2) = 0$
$a = 1, \dfrac{2}{3}$

← $\dfrac{d}{dx}\int_{a}^{x} f(t)\,dt = f(x)$

← $\int_{a}^{a} f(t)\,dt = 0$

STAGE 1　類題

類題 51　　　　　　　　　　　　　　　　　　　　　　　　　　　（2分・4点）

関数 $f(x)=\dfrac{1}{2}x^2$ の $x=a$ における微分係数 $f'(a)$ を求めよう。h が 0 でないとき，x が a から $a+h$ まで変化するときの $f(x)$ の平均変化率は

$\boxed{ア}+\dfrac{h}{\boxed{イ}}$ である。したがって，求める微分係数は

$f'(a)=\lim\limits_{h\to\boxed{ウ}}\left(\boxed{ア}+\dfrac{h}{\boxed{イ}}\right)=\boxed{エ}$ である。

類題 52　　　　　　　　　　　　　　　　　　　　　　　　　　　（4分・8点）

$f(x)=x^3-\dfrac{4}{3}x$ とする。曲線 $y=f(x)$ 上の点 $\mathrm{A}(a,\ f(a))$ における接線の方程式は

$$y=\left(\boxed{ア}a^2-\dfrac{\boxed{イ}}{\boxed{ウ}}\right)x-\boxed{エ}a^{\boxed{オ}}$$

である。この接線が曲線上の他の点 $\mathrm{B}(b,\ f(b))$ を通るならば，$b=\boxed{カキ}\,a$ であり，点 B での接線に直交するならば $a^2=\dfrac{\boxed{ク}}{\boxed{ケコ}}$ である。

類題 **53**　　　　　　　　　　　　　　　　　　　　（4分・8点）

p を正の数とし，関数 $f(x) = \dfrac{1}{3}x^3 - px^2 + 4$ を考える。$f(x)$ は

$$x = \boxed{\text{ア}} \qquad \text{で極大値} \quad \boxed{\text{イ}}$$

$$x = \boxed{\text{ウ}}\, p \quad \text{で極小値} \quad \dfrac{\boxed{\text{エオ}}}{\boxed{\text{カ}}}\, p^3 + \boxed{\text{キ}}$$

をとる。$a = \boxed{\text{ア}}$，$b = \boxed{\text{ウ}}\, p$ とおく。4 点 A$(a,\ f(a))$, B$(a, f(b))$, C$(b, f(b))$, D$(b,\ f(a))$ を頂点とする四角形 ABCD が正方形となるのは

$$p = \dfrac{\sqrt{\boxed{\text{ク}}}}{\boxed{\text{ケ}}}$$

のときである。

類題 **54**　　　　　　　　　　　　　　　　　　　（5分・10点）

3 次関数

$$f(x) = x^3 + px^2 + qx + r$$

は $x = 0$ で極大，$x = m$ で極小となり，極小値は 0 であるとする。このとき

$$p = \dfrac{\boxed{\text{アイ}}}{\boxed{\text{ウ}}}\, m, \quad q = \boxed{\text{エ}}$$

であり，$f(x)$ は

$$f(x) = (x - m)^2 \left(x + \dfrac{m}{\boxed{\text{オ}}} \right)$$

と因数分解できる。さらに，極大値が 4 であるならば

$$m = \boxed{\text{カ}}$$

であり，$f(x)$ は

$$f(x) = (x - \boxed{\text{カ}})^2 (x + \boxed{\text{キ}})$$

となる。

116　§5　微分・積分の考え

類題 55　　　　　　　　　　　　　　　　　　　　　（4分・8点）

関数 $y=3\sin\theta-2\sin^3\theta$ $\left(0\leqq\theta\leqq\dfrac{7}{6}\pi\right)$ を考える。$x=\sin\theta$ とおくと，x のと

り得る値の範囲は $\dfrac{\boxed{アイ}}{\boxed{ウ}}\leqq x\leqq\boxed{エ}$ であるから，y は

$\qquad x=\dfrac{\sqrt{\boxed{オ}}}{\boxed{カ}}$ のとき 最大値 $\sqrt{\boxed{キ}}$

$\qquad x=\dfrac{\boxed{クケ}}{\boxed{コ}}$ のとき 最小値 $\dfrac{\boxed{サシ}}{\boxed{ス}}$

をとる。

類題 56　　　　　　　　　　　　　　　　　　　　　（4分・8点）

曲線 $C:y=2x^3-3x$ 上の点 $(a,\ 2a^3-3a)$ における接線が点 $(1,\ b)$ を通るとき
$\qquad b=\boxed{アイ}\,a^3+\boxed{ウ}\,a^2-\boxed{エ}$
が成り立つ。よって，点 $(1,\ b)$ から C へ相異なる 3 本の接線が引けるのは
$\qquad\boxed{オカ}<b<\boxed{キク}$
のときである。

類　題　　*117*

類題　57　　　　　　　　　　　　　　　　（3分・6点）

(1) 次の計算をせよ。

$$\int_0^3 \left(2x^2 - \frac{x}{3} - 1\right) dx = \frac{\boxed{\text{アイ}}}{\boxed{\text{ウ}}}$$

$$\int_{-1}^3 \left(\frac{x^2}{2} - \frac{4}{3}x + 2\right) dx = \frac{\boxed{\text{エオ}}}{\boxed{\text{カ}}}$$

(2) 関数 $f(x) = 3ax^2 + bx + c$ が

$$f(-1) = -9, \quad \int_{-1}^0 f(x)\,dx = -6$$

を満たすとき，b, c は a を用いて

$$b = \boxed{\text{キ}}\,a + \boxed{\text{ク}}, \quad c = a - \boxed{\text{ケ}}$$

と表される。

類題　58　　　　　　　　　　　　　　　　（4分・8点）

次の計算をせよ。

(1) $\displaystyle\int_{-1}^{\frac{1}{2}} (2x^2 + x - 1)\,dx = \frac{\boxed{\text{アイ}}}{\boxed{\text{ウ}}}$

(2) $\displaystyle\int_{\frac{1}{2}}^1 (4x^2 - 4x + 1)\,dx = \frac{\boxed{\text{エ}}}{\boxed{\text{オ}}}$

(3) $\displaystyle\int_{-3}^3 (x^2 + 6x - 2)\,dx = \boxed{\text{カ}}$

(4) $\displaystyle\int_{-\frac{1}{2}}^1 (x^2 - x + 1)\,dx = \frac{\boxed{\text{キ}}}{\boxed{\text{ク}}}$

| 類題 59 |　　　　　　　　　　　　　　　　（6分・10点）

(1) 放物線 $y=-x^2+x+6$ と x 軸で囲まれた図形の $-1\leqq x\leqq 1$ の部分の面積は $\dfrac{アイ}{ウ}$ である。

(2) 二つの放物線 $y=x^2-4$, $y=-x^2+2x$ と2直線 $x=1$, $x=3$ で囲まれた図形の $1\leqq x\leqq 3$ の部分の面積は $エ$ である。

(3) 3次関数 $y=f(x)$ のグラフが右図のようになったとき, $y=f(x)$ のグラフの $a\leqq x\leqq b$ の部分と x 軸で囲まれる図形の面積を S, $y=f(x)$ のグラフの $b\leqq x\leqq c$ の部分と x 軸で囲まれる図形の面積を T とする。このとき

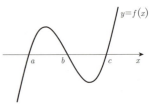

$$\int_a^c f(x)\,dx = \boxed{オ}$$

である。$\boxed{オ}$ に当てはまるものを，次の⓪〜⑧のうちから一つ選べ。

⓪ 0　　① S　　② T　　③ $-S$　　④ $-T$
⑤ $S+T$　　⑥ $S-T$　　⑦ $-S+T$　　⑧ $-S-T$

| 類題 60 |　　　　　　　　　　　　　　　　（6分・10点）

点 $(1, 1)$ を通る傾き a $(a<0)$ の直線 l の方程式は
$$y = \boxed{ア}\,x - \boxed{イ} + \boxed{ウ}$$
である。この直線 l と放物線 $C: y=x^2$ の交点の x 座標は $\boxed{エ}$, $\boxed{オ}-\boxed{カ}$ であり, C と l で囲まれた図形 D の $x\leqq 0$ の部分の面積は

$$\dfrac{(\boxed{キ}-\boxed{ク})^2(\boxed{ケ}-\boxed{コ})}{\boxed{サ}}$$

である。$a=-1$ のとき図形 D の面積は y 軸によって $\boxed{シ}:\boxed{スセ}$ の比に分けられる。

類題 119

類題 61 （6分・8点）

(1) $f(a)=\displaystyle\int_0^a |x^2-2x|\,dx$ とすると

$f(1)=\dfrac{\boxed{\text{ア}}}{\boxed{\text{イ}}}$ であり，$f(3)=\dfrac{\boxed{\text{ウ}}}{\boxed{\text{エ}}}$ である。

(2) $f(a)=\displaystyle\int_0^2 |x-a|\,dx$ とする。

$a\geqq 2$ のとき　　$f(a)=\boxed{\text{オ}}\,a-\boxed{\text{カ}}$

$0<a<2$ のとき　$f(a)=a^2-\boxed{\text{キ}}\,a+\boxed{\text{ク}}$

類題 62 （3分・6点）

2次関数 $f(x)$ が

$$\int_1^x f(t)\,dt=x^3-(a+2)\,x^2+3ax-3$$

を満たしている。このとき，$a=\boxed{\text{ア}}$ であり

$f(x)=\boxed{\text{イ}}\,x^2-\boxed{\text{ウ}}\,x+\boxed{\text{エ}}$

であるから，放物線 $y=f(x)$ 上の点$(1,\ f(1))$における接線の方程式は

$y=\boxed{\text{オカ}}\,x+\boxed{\text{キ}}$

である。

STAGE 2 40 接線に関する問題

■ 63 接線に関する問題 ■

2つの放物線
$$C: y=f(x),\ D: y=g(x)$$
が接するとは，C と D が1点を共有し，その点における接線が一致することをいう。このとき，接点の x 座標を t とおくと

$$\begin{cases} f(t)=g(t) \\ f'(t)=g'(t) \end{cases}$$

が成り立つ。

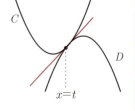

放物線 $C: y=f(x)$ と直線 $l: y=mx+n$ が接するときも，上と同様のことが成り立つ。つまり，接点の x 座標を t とおくと

$$\begin{cases} f(t)=mt+n \\ f'(t)=m \end{cases}$$

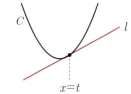

(注) 2つの放物線
$$C: y=f(x),\ D: y=g(x)$$
の両方に接する接線(共通接線) l は，次のようにして求める。

C 上の点 $(a,\ f(a))$ における接線：
$$y=f'(a)(x-a)+f(a)$$
と D 上の点 $(b,\ g(b))$ における接線：
$$y=g'(b)(x-b)+g(b)$$
が一致することより，傾きと y 切片について

$$\begin{cases} f'(a)=g'(b) \\ f(a)-af'(a)=g(b)-bg'(b) \end{cases}$$

が成り立つ。

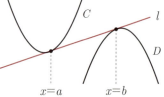

40. 接線に関する問題

例題 63　6分・10点

二つの放物線
$$y = -x^2 - 10x$$
$$y = x^2 + 2ax + 3a^2 + 3a + 12$$
が1点を共有し，その点における接線が一致するとき，a の値は

$a = \boxed{ア}$　または　$a = \dfrac{\boxed{イウ}}{\boxed{エ}}$

である。$a = \boxed{ア}$ のとき，共有点の座標は $(\boxed{オカ}, \boxed{キク})$ であり，共通の接線の方程式は

$y = \boxed{ケコ} x + \boxed{サ}$

である。

解答

$y = -x^2 - 10x$ より $y' = -2x - 10$
$y = x^2 + 2ax + 3a^2 + 3a + 12$ より $y' = 2x + 2a$

共有点の x 座標を t とおくと

$$\begin{cases} -t^2 - 10t = t^2 + 2at + 3a^2 + 3a + 12 \\ -2t - 10 = 2t + 2a \end{cases}$$

$\therefore \begin{cases} 2t^2 + 10t + 3a^2 + (2t+3)a + 12 = 0 & \cdots\cdots ① \\ 2t + a + 5 = 0 & \cdots\cdots ② \end{cases}$

← $\begin{cases} f(t) = g(t) \\ f'(t) = g'(t) \end{cases}$

②より，$a = -(2t+5)$，これを①へ代入して

$2t^2 + 10t + 3(2t+5)^2 - (2t+3)(2t+5) + 12 = 0$
$5t^2 + 27t + 36 = 0$
$(t+3)(5t+12) = 0$

これと②より

$t = -3$ のとき　$a = 1$
$t = -\dfrac{12}{5}$ のとき　$a = -\dfrac{1}{5}$

$a = 1$ のとき共有点の座標は
$(-3, 21)$ であり，共通の接線の
方程式は

$y = -4(x+3) + 21$
$\therefore\ y = -4x + 9$

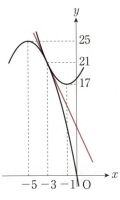

STAGE 2 41 極値に関する問題

■ 64 3次関数の極値 ■

3次関数 $f(x) = ax^3 + bx^2 + cx + d$ が極値(極大値と極小値)をもつ条件は
$f'(x) = 3ax^2 + 2bx + c$ について

　　2次方程式 $f'(x) = 0$ が異なる2実数解をもつこと。

・$a > 0$ の場合

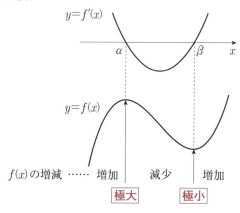

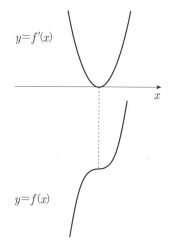

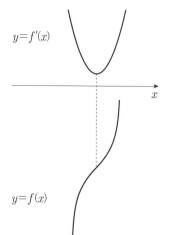

例題 64 3分・3点

(1) p を実数とし，$f(x)=x^3-px$ とする。
$f'(x)=\boxed{ア}x^{\boxed{イ}}-p$ であるから，$f(x)$ が極値をもつのは $\boxed{ウ}$ が成り立つときである。$\boxed{ウ}$ に当てはまるものを，次の⓪〜④のうちから一つ選べ。

⓪ $p=0$ ① $p>0$ ② $p\geqq 0$ ③ $p<0$ ④ $p\leqq 0$

(2) $f(x)=x^3-x^2-2x$ とする。
$-1\leqq x\leqq 0$ において，$f(x)$ は $\boxed{エ}$ 。
$0\leqq x\leqq 1$ において，$f(x)$ は $\boxed{オ}$ 。
$\boxed{エ}$，$\boxed{オ}$ に当てはまるものを，次の⓪〜⑤のうちから一つずつ選べ。

⓪ 減少する ① 極小値をとるが，極大値はとらない
② 増加する ③ 極大値をとるが，極小値はとらない
④ 一定である ⑤ 極小値と極大値の両方をとる

解答

(1) $f'(x)=3x^2-p$
$f(x)$ が極値をもつ条件は $f'(x)=0$ が異なる 2 実数解をもつことであるから
$-p<0$ ∴ $p>0$ （①）

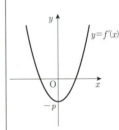

(2) $f'(x)=3x^2-2x-2$ であり，$f'(x)=0$ とすると
$x=\dfrac{1\pm\sqrt{7}}{3}=\alpha,\ \beta$ （$\alpha<\beta$）とおく

x	$\cdots$	α	$\cdots$	β	$\cdots$
$f'(x)$	$+$	0	$-$	0	$+$
$f(x)$	↗	極大	↘	極小	↗

$-1<\alpha<0<1<\beta$ より
 $-1\leqq x\leqq 0$ において
  極大値をとるが，極小値をとらない （③）
 $0\leqq x\leqq 1$ において
  減少する （⓪）

← $2<\sqrt{7}<3$

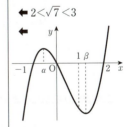

STAGE 2　42　面積に関する問題 I

■ 65　面積に関する問題 I ■

放物線と接線などで囲まれる図形の面積を求めるときには
$$\int_a^b (x-a)^2 dx = \left[\frac{1}{3}(x-a)^3\right]_a^b$$
を利用する。

放物線 $C: y=f(x)=px^2+qx+r$ と，C 上の点 $(a, f(a))$ における接線を $l_1: y=m_1x+n_1$，点 $(b, f(b))$ における接線を $l_2: y=m_2x+n_2$ とする。

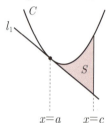

$$S = \int_a^c \{px^2+qx+r-(m_1x+n_1)\} dx$$
$$= p\int_a^c (x-a)^2 dx$$

（$x=a$ を重解にもつ形に平方完成できる。）

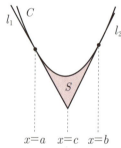

$$S = \int_a^c \{px^2+qx+r-(m_1x+n_1)\} dx$$
$$+ \int_c^b \{px^2+qx+r-(m_2x+n_2)\} dx$$
$$= p\int_a^c (x-a)^2 dx + p\int_c^b (x-b)^2 dx$$

$\begin{pmatrix}第1項は\ x=a\ を，第2項は\ x=b\ を重解に\\ もつ形に，それぞれ，平方完成できる。\end{pmatrix}$

（注） $f(x)=px^2+qx+r$ より $f'(x)=2px+q$ であるから，l_1 の方程式は
$$y=(2pa+q)(x-a)+pa^2+qa+r$$
$$y=(2pa+q)x-pa^2+r$$
よって $\int_a^c \{px^2+qx+r-(m_1x+n_1)\} dx = \int_a^c (px^2-2pax+pa^2) dx$
$$= p\int_a^c (x-a)^2 dx$$

42. 面積に関する問題 I

例題 65 6分・10点

放物線
$$C : y = -x^2 + 2x$$
上の点 $(a, -a^2+2a)$ $(0<a<2)$ における接線 l の方程式は
$$y = \boxed{ア}(\boxed{イ}-\boxed{ウ})x + a^{\boxed{エ}}$$
であり，原点 O における C の接線を m とすると，l と m の交点の座標は
$\left(\dfrac{\boxed{オ}}{\boxed{カ}}, \boxed{キ}\right)$ である。このとき，直線 $x = \dfrac{\boxed{オ}}{\boxed{カ}}$，$l$ および C で囲まれた図形の面積は $\dfrac{\boxed{ク}}{\boxed{ケコ}} a^{\boxed{サ}}$ である。

解答

$y = -x^2 + 2x$ より $y' = -2x + 2$
であるから，l の方程式は
$$y = (-2a+2)(x-a) - a^2 + 2a$$
$$\therefore \quad y = 2(1-a)x + a^2 \quad \cdots\cdots ①$$
m の方程式は
$$y = 2x \quad \cdots\cdots ②$$
であり，l と m の交点の座標は，①，② より
$$\left(\dfrac{a}{2}, a\right)$$
求める面積は
$$\int_{\frac{a}{2}}^{a} \{2(1-a)x + a^2 - (-x^2+2x)\} dx = \int_{\frac{a}{2}}^{a} (x-a)^2 dx$$
$$= \left[\dfrac{1}{3}(x-a)^3\right]_{\frac{a}{2}}^{a} = \dfrac{1}{24} a^3$$

← l の式で $a=0$ とおく。

← $x=a$ を重解にもつ形に平方完成できる。

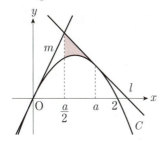

STAGE 2 43 面積に関する問題 II

■ 66 面積に関する問題 II ■

　放物線と円弧などで囲まれる図形の面積を求めるときには，扇形の中心角を求める必要がある。

(1) 線分や半径の長さの比を考えて，次の直角三角形を発見する。

 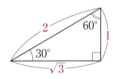

(2) 直線と x 軸のなす角を求める。

　直線 l の傾きが m のとき，l と x 軸の正方向とのなす角 θ $(0°<\theta<180°)$ は，$m=\tan\theta$ を満たす。

　　　$m>0$ のとき　　　　　　　　$m<0$ のとき

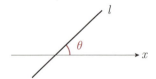 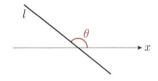

(例1) 直線 $y=x+2$ と x 軸の正方向とのなす角 θ_1 は
　　　$\tan 45°=1$
　　　より　$\theta_1=45°$ である。

(例2) 直線 $y=-\sqrt{3}x+1$ と x 軸の正方向とのなす角 θ_2 は
　　　$\tan 120°=-\sqrt{3}$
　　　より　$\theta_2=120°$ である。

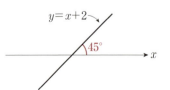 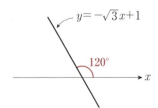

43. 面積に関する問題 II

例題 66 6分・10点

放物線 $C: y = x^2$ 上の点 $P(a, a^2)$ $(a>0)$ における接線 l と y 軸との交点 Q の座標は $(0,\ \boxed{ア}\, a^{\boxed{イ}})$ である。l と y 軸のなす角が $30°$ となるのは $a = \dfrac{\sqrt{\boxed{ウ}}}{\boxed{エ}}$ のときである。このとき線分 PQ の長さは $\sqrt{\boxed{オ}}$ であり，Q を中心とし線分 PQ を半径とする円と放物線 C とで囲まれてできる二つの図形のうち小さい方の面積は $\dfrac{\pi}{\boxed{カ}} - \dfrac{\sqrt{\boxed{キ}}}{\boxed{ク}}$ である。

解答

$y = x^2$ より $y' = 2x$

l の方程式は
$$y = 2a(x-a) + a^2$$
$$\therefore\ y = 2ax - a^2$$
であるから，Q の座標は
$$Q(0,\ -a^2)$$

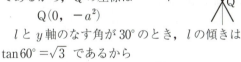

l と y 軸のなす角が $30°$ のとき，l の傾きは $\tan 60° = \sqrt{3}$ であるから
$$2a = \sqrt{3} \quad \therefore\ a = \dfrac{\sqrt{3}}{2}$$

このとき
$$PQ = 2a = \sqrt{3}$$
であり
$$l: y = \sqrt{3}\,x - \dfrac{3}{4}$$

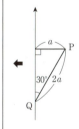

であるから，求める面積は，対称性を考えて
$$2\left[\pi \cdot (\sqrt{3})^2 \cdot \dfrac{30}{360} - \int_0^{\frac{\sqrt{3}}{2}}\left\{x^2 - \left(\sqrt{3}\,x - \dfrac{3}{4}\right)\right\}dx\right]$$
$$= 2\left\{\dfrac{\pi}{4} - \int_0^{\frac{\sqrt{3}}{2}}\left(x - \dfrac{\sqrt{3}}{2}\right)^2 dx\right\}$$
$$= \dfrac{\pi}{2} - 2\left[\dfrac{1}{3}\left(x - \dfrac{\sqrt{3}}{2}\right)^3\right]_0^{\frac{\sqrt{3}}{2}}$$
$$= \dfrac{\pi}{2} - \dfrac{\sqrt{3}}{4}$$

← 図形は y 軸に関して対称。

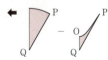

STAGE 2 | 44 定積分で表された関数

■67 定積分で表された関数■

a を定数として
$$g(x) = \int_a^x f(t)\,dt$$
とすると $g(x)$ は x の関数になる。

(例) $g(x) = \int_1^x (t^2 - 3t + 1)\,dt$

$\quad = \left[\dfrac{1}{3}t^3 - \dfrac{3}{2}t^2 + t\right]_1^x$

$\quad = \left(\dfrac{1}{3}x^3 - \dfrac{3}{2}x^2 + x\right) - \left(\dfrac{1}{3} - \dfrac{3}{2} + 1\right)$

$\quad = \dfrac{1}{3}x^3 - \dfrac{3}{2}x^2 + x + \dfrac{1}{6}$

(注) $g'(x) = x^2 - 3x + 1 = f(x)$ となる(■62参照)。

関数 $f(x)$ の式が区間によって異なる場合

$$f(x) = \begin{cases} f_1(x) & (x \leq c \text{ のとき}) \\ f_2(x) & (x > c \text{ のとき}) \end{cases}$$

とする。このとき
$$\int_a^b f(x)\,dx = \int_a^c f_1(x)\,dx + \int_c^b f_2(x)\,dx$$
また
$$g(x) = \int_a^x f(t)\,dt$$
とおくと

$x \leq c$ ならば $g(x) = \int_a^x f_1(t)\,dt$

$x > c$ ならば $g(x) = \int_a^c f_1(t)\,dt + \int_c^x f_2(t)\,dt$

絶対値記号を含む関数の積分の場合も上のように積分区間を分けて計算する(■61参照)。

$$\int_0^2 |x-1|\,dx = \int_0^1 (1-x)\,dx + \int_1^2 (x-1)\,dx$$

例題 67 3分・6点

関数 $f(x)$ は
 $x \leq 3$ のとき $f(x) = x$
 $x > 3$ のとき $f(x) = -3x + 12$
で与えられている。このとき，関数 $g(x)$ を
$$g(x) = \int_{-2}^{x} f(t)\,dt$$
と定めると

$x \leq 3$ のとき $g(x) = \dfrac{\boxed{ア}}{\boxed{イ}}x^2 - \boxed{ウ}$

$x \geq 3$ のとき $g(x) = \dfrac{\boxed{エオ}}{\boxed{カ}}x^2 + \boxed{キク}x - \boxed{ケコ}$

である。

解答

$x \leq 3$ のとき
$$g(x) = \int_{-2}^{x} t\,dt = \left[\dfrac{t^2}{2}\right]_{-2}^{x} = \dfrac{1}{2}x^2 - 2$$

← 区間 $[-2,\ x]$ において $f(t) = t$

$x \geq 3$ のとき
$$g(x) = \int_{-2}^{3} t\,dt + \int_{3}^{x}(-3t+12)\,dt$$
$$= \left[\dfrac{t^2}{2}\right]_{-2}^{3} + \left[-\dfrac{3}{2}t^2 + 12t\right]_{3}^{x}$$
$$= \dfrac{5}{2} - \dfrac{3}{2}x^2 + 12x - \dfrac{45}{2}$$
$$= -\dfrac{3}{2}x^2 + 12x - 20$$

← 区間 $[-2,\ 3]$ において $f(t) = t$
区間 $[3,\ x]$ において $f(t) = -3t + 12$

（注）関数 $y = f(x)$ と $y = g(x)$ のグラフは，次のようになる。

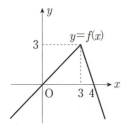
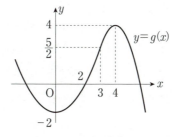

STAGE 2 類題

類題 63　（7分・12点）

二つの放物線
$$C: y = 3x^2$$
$$D: y = -x^2 + ax + b$$
は点 $P(u, v)$ を通り，その点で同じ接線をもつとする．このとき，u, v, b を a で表すと

$$u = \frac{\boxed{ア}}{\boxed{イ}}a, \quad v = \frac{\boxed{ウ}}{\boxed{エオ}}a^2, \quad b = \frac{\boxed{カキ}}{\boxed{クケ}}a^2$$

である．さらに，直線 $y = -2x + 1$ が D と点 Q において接するとき

$$a = \boxed{コ} \quad \text{または} \quad a = \frac{\boxed{サシス}}{\boxed{セ}}$$

であり，$a = \boxed{コ}$ のとき Q の座標は $(\boxed{ソ}, \boxed{タチ})$ である．

類題 64　（4分・8点）

(1) a を実数とし，$f(x) = \dfrac{1}{3}x^3 - 2x^2 + ax$ とする．

$f'(x) = x^2 - \boxed{ア}\,x + \boxed{イ}$ であるから，$f(x)$ が極値をもたないための a の必要十分条件は，次の⓪〜④のうち $\boxed{ウ}$ である．

⓪ $a = 4$　　① $a > 4$　　② $a \geqq 4$　　③ $a < 4$　　④ $a \leqq 4$

(2) $f(x) = -x^3 + 2x^2 + 2x$ とする．

$-1 \leqq x \leqq 1$ において，$f(x)$ は $\boxed{エ}$．

$2 \leqq x \leqq 4$ において，$f(x)$ は $\boxed{オ}$．

$\boxed{エ}$，$\boxed{オ}$ に当てはまるものを，次の⓪〜⑤のうちから一つずつ選べ．ただし，同じものを選んでもよい．

⓪ 減少する　　　　　　① 極小値をとるが極大値はとらない
② 増加する　　　　　　③ 極大値をとるが極小値はとらない
④ 一定である　　　　　⑤ 極大値と極小値の両方をとる

類題 65　　　　　　　　　　　　　　　　　　　　　（7分・12点）

放物線 $C : y = \dfrac{1}{2}x^2$ 上の点 $\left(a, \dfrac{1}{2}a^2\right)$ $(a>0)$ における接線を l とし，l と直交する C の接線を m とする。m と C の接点の x 座標は $\dfrac{\boxed{アイ}}{\boxed{ウ}}$ であり，m の方程式は

$$y = \dfrac{\boxed{エオ}}{\boxed{カ}}x - \dfrac{\boxed{キ}}{\boxed{ク}}a^2$$

である。l と m の交点の x 座標は $\dfrac{\boxed{ケ}}{\boxed{コ}}\left(\boxed{サ} - \dfrac{1}{\boxed{シ}}\right)$ であり，2直線 l，m と放物線 C で囲まれる部分の面積は

$$\dfrac{1}{\boxed{スセ}}\left(\boxed{ソ} + \dfrac{\boxed{タ}}{\boxed{チ}}\right)^3$$

である。

132   §5 微分・積分の考え

類題 66   （9分・15点）

放物線 $C : y = \dfrac{1}{2}x^2$ 上の点 $P\left(\sqrt{3}, \dfrac{3}{2}\right)$ における接線 l の方程式は

$$y = \sqrt{\boxed{\text{ア}}}\, x - \frac{\boxed{\text{イ}}}{\boxed{\text{ウ}}}$$

であり，P を通り，l に直交する直線 m の方程式は

$$y = \frac{\boxed{\text{エ}}\sqrt{\boxed{\text{オ}}}}{\boxed{\text{カ}}}\, x + \frac{\boxed{\text{キ}}}{\boxed{\text{ク}}}$$

である。

m 上の点 $Q(a, b)\,(a > 0)$ を中心とする円 D が，l と x 軸の両方に接するとき

$$a = \frac{\boxed{\text{ケ}}\sqrt{\boxed{\text{コ}}}}{\boxed{\text{サ}}}, \quad b = \boxed{\text{シ}}$$

である。

m と x 軸とのなす角は $\boxed{\text{スセ}}°$ であり，2 直線 $x = 0$，$x = a$ の間にあって，C と D と x 軸の三つで囲まれた部分の面積は

$$\frac{\boxed{\text{ソ}}\sqrt{\boxed{\text{タ}}}}{\boxed{\text{チ}}} - \frac{\pi}{\boxed{\text{ツ}}}$$

である。

類題　*133*

類題　**67**　　　　　　　　　　　　　　　　　　（6分・10点）

$a>0$ として
$$f(x) = -x^2 + 2ax, \quad g(x) = 2x^2$$
とおく。

関数 $F(x)$ を
$$F(x) = \int_0^x \Big\{ f(t) - g(t) \Big\} dt$$
で定めると
$$F(x) = \boxed{\ \text{ア}\ } x^3 + \boxed{\ \text{イ}\ } x^2$$
である。

さらに
$$T(a) = \int_0^2 |f(x) - g(x)| \, dx$$
とおくと

$0 < a < \boxed{\ \text{ウ}\ }$ のとき　$T(a) = \dfrac{\boxed{\ \text{エ}\ }}{\boxed{\ \text{オカ}\ }} a^3 - \boxed{\ \text{キ}\ } a + \boxed{\ \text{ク}\ }$

$a \geqq \boxed{\ \text{ウ}\ }$ 　　のとき　$T(a) = \boxed{\ \text{ケ}\ } a - \boxed{\ \text{コ}\ }$

で表される。

STAGE 1　45　等差数列

■ 68　等差数列の一般項 ■

数列 $\{a_n\}$ を初項 a，公差 d の等差数列とすると
　$\{a_n\}: a,\ a+d,\ a+2d,\ \cdots\cdots$
　一般項は　$a_n = a + (n-1)d$

(例)　$\{a_n\}: 2,\ 5,\ 8,\ 11,\ \cdots\cdots$　（等差数列）
　とすると，公差は $5-2=3$，一般項は $a_n = 2 + 3(n-1) = 3n-1$
　　例えば　$a_{100} = 3 \cdot 100 - 1 = 299$
　　また，$a_n = 998$ を満たす n は
　　　　$3n - 1 = 998$
　　　　$\therefore\ n = 333$

一般項を利用して，ある項の数を求めたり，ある数が第何項かを求めたりすることができる。

■ 69　等差数列の和 ■

数列 $\{a_n\}$ を初項 a，公差 d の等差数列とすると，初項から第 n 項までの和 $S_n = \sum_{k=1}^{n} a_k$ は，初項，末項，項数を確認して

$$S_n = \frac{n(a_1 + a_n)}{2} \impliedby \frac{項数(初項+末項)}{2}$$

$$= \frac{n}{2}\{2a + (n-1)d\}$$

(証明)　$S_n = a_1\ \ \ \ \ \ \ + (a_1+d)\ + (a_1+2d) + \cdots\cdots + (a_n-d)\ + a_n$
　　　+)　$S_n = a_n\ \ \ \ \ \ \ + (a_n-d)\ + (a_n-2d) + \cdots\cdots + (a_1+d)\ + a_1$
　　　　　$2S_n = (a_1+a_n) + (a_1+a_n) + (a_1+a_n) + \cdots\cdots + (a_1+a_n) + (a_1+a_n)$
　　　　　　　$= n(a_1 + a_n)$
　　　$\therefore\ S_n = \dfrac{n}{2}(a_1 + a_n)$

$a_1 = a$，公差を d とすると，$a_n = a + (n-1)d$ を代入して
　　$S_n = \dfrac{n}{2}\{2a + (n-1)d\}$

45. 等差数列　　*135*

例題 68　2分・6点

(1) 初項 13，公差 15 の等差数列を $\{a_n\}$ とする。1000 より小さい項の中で，最大の数は $\boxed{アイウ}$ であり，これは第 $\boxed{エオ}$ 項である。

(2) 数列 $\{a_n\}$ は初項 a，公差 d の等差数列とする。$a_{10}=-15$，$a_{20}=-45$ ならば，$a=\boxed{カキ}$，$d=\boxed{クケ}$ である。

解答

(1)
$$a_n=13+15(n-1)=15n-2$$

$a_n<1000$ とすると

$$15n-2<1000 \qquad \therefore \quad n<\frac{334}{5}=66.8$$

よって

第 66 項　　$\therefore \quad a_{66}=988$

← $a_n=a+(n-1)d$

(2)
$$\begin{cases} a_{10}=a+9d=-15 \\ a_{20}=a+19d=-45 \end{cases}$$

$$\therefore \quad a=12 \quad d=-3$$

例題 69　3分・6点

(1) 等差数列の和 $1+5+9+\cdots+41=\boxed{アイウ}$ である。

(2) 初項 2，公差 3 の等差数列を $\{a_n\}$ とする。a_2 から a_{2n} までの偶数番目の項の和は $\boxed{エ}\,n^2+\boxed{オ}\,n$ である。

解答

(1) 公差は 4 であるから，一般項は

$$1+4(n-1)=4n-3$$

$$4n-3=41 \text{ とすると} \quad n=11$$

← 項数を求める。

よって

$$\frac{11(1+41)}{2}=231$$

← $\dfrac{項数(初項+末項)}{2}$

(2) 一般項は　$a_n=2+3(n-1)=3n-1$

$$a_2=3\cdot2-1=5, \quad a_{2n}=3(2n)-1=6n-1$$

$a_2,\ a_4,\ a_6,\ \cdots,\ a_{2n}$ は等差数列であるから和は

$$\frac{n(5+6n-1)}{2}=3n^2+2n$$

← 初項 a_2，公差 6　末項 a_{2n}，項数 n の等差数列。

STAGE 1　46　等比数列

70　等比数列の一般項

数列 $\{a_n\}$ を初項 a，公比 r の等比数列とすると
$$\{a_n\}: a,\ ar,\ ar^2,\ \cdots\cdots$$
一般項は　$a_n = ar^{n-1}$

（例）　$\{a_n\}: 2,\ 6,\ 18,\ 54,\ \cdots\cdots$ （等比数列）

とすると，公比は $\dfrac{6}{2} = 3$，一般項は $a_n = 2 \cdot 3^{n-1}$

例えば　$a_{20} = 2 \cdot 3^{19}$

また，$a_n > 1000$ を満たす最小の n は
$$2 \cdot 3^{n-1} > 1000$$
$$\therefore\ 3^{n-1} > 500$$
$3^5 = 243,\ 3^6 = 729$ より　$n = 7$

71　等比数列の和

数列 $\{a_n\}$ を初項 a，公比 r の等比数列とすると，初項から第 n 項までの和 $S_n = \sum\limits_{k=1}^{n} a_k$ は，$r \neq 1$ のとき，初項，公比，項数を確認して

$$S_n = \dfrac{a(1-r^n)}{1-r} \impliedby \dfrac{\text{初項}(1-\text{公比}^{\text{項数}})}{1-\text{公比}}$$

（注）　$r > 1$ のときは　　　　　　　$r = 1$ のときは
$$\dfrac{a(r^n - 1)}{r - 1} \qquad\qquad S_n = \underbrace{a + a + \cdots\cdots + a}_{n\text{ 個}}$$
で計算すればよい。　　　　　　　　　　　$= na$
　　　　　　　　　　　　　　　　　　　　となる。

（証明）　　　$S_n = a + ar + ar^2 + \cdots\cdots + ar^{n-1}$
　　　　$-\underline{)\ rS_n = \quad\ \ ar + ar^2 + \cdots\cdots + ar^{n-1} + ar^n}$
　　　　　$(1-r)S_n = a \qquad\qquad\qquad\qquad\quad - ar^n$

$r \neq 1$ のとき
$$S_n = \dfrac{a(1-r^n)}{1-r}$$

46. 等比数列　　*137*

例題 70　3分・6点

(1) 初項 7，公比 2 の等比数列を $\{a_n\}$ とする。1000 より小さい項の中で最大の数は アイウ であり，それは第 エ 項である。

(2) 正の整数 a を初項とし，1 より大きい整数 r を公比とする等比数列 $\{a_n\}$ が $a_4=54$ を満たすとき，$a=$ オ，$r=$ カ である。

解答

(1)　　　　$a_n=7\cdot 2^{n-1}$

$a_n<1000$ を満たす最大の n は，$7\cdot 2^{n-1}<1000$ より

$$2^{n-1}<\frac{1000}{7}=142.8\cdots\cdots$$

よって　$n-1=7$　　∴　$n=8$

　　　　$a_8=\mathbf{896}$

◀ $2^7=128$，$2^8=256$

(2)　$a_4=ar^3$，$54=2\cdot 3^3$ より

　　　　$ar^3=2\cdot 3^3$

a，r は正の整数であるから

　　　　$a=\mathbf{2}$，$r=\mathbf{3}$

◀ $r>1$

例題 71　3分・6点

(1) 等比数列の和　$4+8+\cdots\cdots+2048=$ アイウエ である。

(2) 等比数列　18，$-6\sqrt{3}$，6，$\cdots\cdots$　の初項から第 15 項までの奇数番目の項の和は $\dfrac{\boxed{オカキク}}{\boxed{ケコサ}}$ である。

解答

(1) $2048=4\cdot 2^9$ であるから，初項 4，公比 2，項数 10 の等比数列の和であり

$$\frac{4(2^{10}-1)}{2-1}=\mathbf{4092}$$

◀ $S_n=\dfrac{a(r^n-1)}{r-1}$

(2) 公比は　$\dfrac{-6\sqrt{3}}{18}=-\dfrac{\sqrt{3}}{3}$

奇数番目からなる等比数列の公比は　$\left(-\dfrac{\sqrt{3}}{3}\right)^2=\dfrac{1}{3}$

第 15 項までに 8 項あるから

$$\frac{18\left\{1-\left(\dfrac{1}{3}\right)^8\right\}}{1-\dfrac{1}{3}}=27\left(1-\dfrac{1}{3^8}\right)=\frac{\mathbf{6560}}{\mathbf{243}}$$

◀ a_1，a_3，a_5，a_7，a_9，a_{11}，a_{13}，a_{15}

STAGE 1　47　和の計算 I

■72　自然数の累乗の和■

(1) $\sum_{k=1}^{n} c = c+c+c+\cdots+c = nc$

$\sum_{k=1}^{n} k = 1+2+3+\cdots+n = \dfrac{1}{2}n(n+1)$

$\sum_{k=1}^{n} k^2 = 1^2+2^2+3^2+\cdots+n^2 = \dfrac{1}{6}n(n+1)(2n+1)$

$\sum_{k=1}^{n} k^3 = 1^3+2^3+3^3+\cdots+n^3 = \left\{\dfrac{1}{2}n(n+1)\right\}^2$

(2) $\sum_{k=1}^{n}(ak^2+bk+c) = a\sum_{k=1}^{n}k^2 + b\sum_{k=1}^{n}k + \sum_{k=1}^{n}c$

$\qquad = \dfrac{a}{6}n(n+1)(2n+1) + \dfrac{b}{2}n(n+1) + cn$

一般項が 2 次 (3 次) 式になる場合は，上の公式を使って計算することになる。

(2)は Σ の性質 $\sum_{k=1}^{n}(pa_k+qb_k) = p\sum_{k=1}^{n}a_k + q\sum_{k=1}^{n}b_k$ を用いている。

■73　いろいろな数列の和■

数　列：$1\cdot 3,\ 2\cdot 5,\ 3\cdot 7,\ \cdots$ の初項から第 n 項までの和

・第 k 項を k の式で表す。

$1\cdot 3,\ 2\cdot 5,\ 3\cdot 7$　初項 3，公差 2 の等差数列 → $3+2(k-1)=2k+1$

自然数列 → k

第 k 項は $k(2k+1)$

・Σ の公式を用いる。

$\sum_{k=1}^{n} k(2k+1) = \sum_{k=1}^{n}(2k^2+k) = 2\sum_{k=1}^{n}k^2 + \sum_{k=1}^{n}k$

$\qquad = 2\cdot\dfrac{1}{6}n(n+1)(2n+1) + \dfrac{1}{2}n(n+1)$

$\qquad = \dfrac{1}{6}n(n+1)(4n+5)$

47. 和の計算 I　　**139**

例題 72 　4分・6点

(1) $\displaystyle\sum_{k=1}^{10} k(k+1) = \boxed{\text{アイウ}}$

(2) $\displaystyle\sum_{k=1}^{n} (3k^2+k-4) = n^3 + \boxed{\text{エ}}\, n^2 - \boxed{\text{オ}}\, n$

解答

(1) $\displaystyle\sum_{k=1}^{10} k(k+1) = \sum_{k=1}^{10}(k^2+k) = \sum_{k=1}^{10} k^2 + \sum_{k=1}^{10} k$

$\displaystyle\qquad = \frac{1}{6}\cdot 10\cdot 11\cdot 21 + \frac{1}{2}\cdot 10\cdot 11 = \mathbf{440}$

(2) $\displaystyle\sum_{k=1}^{n}(3k^2+k-4) = 3\sum_{k=1}^{n} k^2 + \sum_{k=1}^{n} k - \sum_{k=1}^{n} 4$

$\displaystyle\qquad = 3\cdot\frac{1}{6}n(n+1)(2n+1) + \frac{1}{2}n(n+1) - 4n$

$\displaystyle\qquad = \mathbf{n^3 + 2n^2 - 3n}$

← $\displaystyle\sum_{k=1}^{n} k^2 = \frac{1}{6}n(n+1)(2n+1)$

$\displaystyle\sum_{k=1}^{n} k = \frac{1}{2}n(n+1)$

$\displaystyle\sum_{k=1}^{n} c = nc$

例題 73 　4分・6点

数列 $\{a_n\}$: $1,\ 1+4,\ 1+4+7,\ 1+4+7+10,\ \cdots\cdots$ において，第 k 項は

$\dfrac{\boxed{\text{ア}}}{\boxed{\text{イ}}} k^2 - \dfrac{\boxed{\text{ウ}}}{\boxed{\text{エ}}} k$ である。

また，$\displaystyle\sum_{k=1}^{n} a_k = \dfrac{\boxed{\text{オ}}}{\boxed{\text{カ}}} n^3 + \dfrac{\boxed{\text{キ}}}{\boxed{\text{ク}}} n^2$ である。

解答

第 k 項は初項 1，公差 3，項数 k の等差数列の和であるから

$$a_k = \frac{k}{2}\{2\cdot 1 + 3(k-1)\} = \frac{3}{2}k^2 - \frac{1}{2}k$$

よって

$\displaystyle\sum_{k=1}^{n} a_k = \sum_{k=1}^{n}\left(\frac{3}{2}k^2 - \frac{1}{2}k\right)$

$\displaystyle\qquad = \frac{3}{2}\sum_{k=1}^{n} k^2 - \frac{1}{2}\sum_{k=1}^{n} k$

$\displaystyle\qquad = \frac{3}{2}\cdot\frac{1}{6}n(n+1)(2n+1) - \frac{1}{2}\cdot\frac{1}{2}n(n+1)$

$\displaystyle\qquad = \frac{1}{2}n^3 + \frac{1}{2}n^2$

← $a_n = \dfrac{n}{2}\{2a+(n-1)d\}$

← 初項から第 n 項までの和。

STAGE 1　48　和の計算 II

■ 74　Σの計算 ■

(1) $\sum_{k=1}^{n}\{2^k+(-3)^{k-1}\}=\sum_{k=1}^{n}2^k+\sum_{k=1}^{n}(-3)^{k-1}=\begin{pmatrix}初項2，公比2の\\等比数列の和\end{pmatrix}+\begin{pmatrix}初項1，公比-3の\\等比数列の和\end{pmatrix}$

$\qquad\qquad\qquad\quad=\dfrac{2(2^n-1)}{2-1}+\dfrac{1-(-3)^n}{1-(-3)}=2^{n+1}-\dfrac{(-3)^n}{4}-\dfrac{7}{4}$

(2) $\sum_{k=1}^{n-1}k^2=\dfrac{1}{6}(n-1)n(2n-1)\quad\Leftarrow\quad \sum_{k=1}^{n}k^2=\dfrac{1}{6}n(n+1)(2n+1)$ において n を $n-1$ に置き換える

(3) $\sum_{k=3}^{n}k^2=\sum_{k=1}^{n}k^2-(1^2+2^2)=\dfrac{1}{6}n(n+1)(2n+1)-5\quad\Leftarrow\quad k=1$ から n までの和に直して公式を適用

■ 75　分数型の和 ■

　一般項が分数式の場合は，部分分数に分ける。

　一般に $a_{n+1}-a_n=d\ (a_n\neq0,\ a_{n+1}\neq0,\ d\neq0)$ のとき

$\dfrac{1}{a_n}-\dfrac{1}{a_{n+1}}=\dfrac{a_{n+1}-a_n}{a_na_{n+1}}=\dfrac{d}{a_na_{n+1}}$ となることから $\dfrac{1}{a_na_{n+1}}=\dfrac{1}{d}\left(\dfrac{1}{a_n}-\dfrac{1}{a_{n+1}}\right)$

(例) $\sum_{k=1}^{n}\dfrac{1}{k(k+1)}=\dfrac{1}{1\cdot2}+\dfrac{1}{2\cdot3}+\dfrac{1}{3\cdot4}+\cdots\cdots+\dfrac{1}{n(n+1)}$

$\qquad\qquad\quad=\left(\dfrac{1}{1}-\dfrac{1}{2}\right)+\left(\dfrac{1}{2}-\dfrac{1}{3}\right)+\left(\dfrac{1}{3}-\dfrac{1}{4}\right)+\cdots\cdots+\left(\dfrac{1}{n}-\dfrac{1}{n+1}\right)$

$\qquad\qquad\quad=\dfrac{1}{1}-\dfrac{1}{n+1}$

(注)　$\dfrac{1}{n(n+2)}=\dfrac{1}{2}\left(\dfrac{1}{n}-\dfrac{1}{n+2}\right)$

$\qquad\dfrac{1}{(n-1)(n+1)}=\dfrac{1}{2}\left(\dfrac{1}{n-1}-\dfrac{1}{n+1}\right)$

　次のような場合もある。

$\qquad\dfrac{1}{n(n+1)(n+2)}=\dfrac{1}{2}\left\{\dfrac{1}{n(n+1)}-\dfrac{1}{(n+1)(n+2)}\right\}$

$\qquad\dfrac{1}{\sqrt{n}+\sqrt{n+1}}=\sqrt{n+1}-\sqrt{n}$

48. 和の計算Ⅱ   *141*

例題 74 4分・6点

(1) $\displaystyle\sum_{k=1}^{n}\left\{\left(-\frac{1}{2}\right)^k+4^{k-1}\right\}=\dfrac{\boxed{\text{ア}}}{\boxed{\text{イ}}}\left(-\frac{1}{2}\right)^n+\dfrac{\boxed{\text{ウ}}}{\boxed{\text{エ}}}\cdot 4^n-\dfrac{\boxed{\text{オ}}}{\boxed{\text{カ}}}$

(2) $\displaystyle\sum_{k=2}^{n-1}(9k^2-5k)=\sum_{k=1}^{n-1}(9k^2-5k)-\boxed{\text{キ}}$

$\qquad\qquad=\boxed{\text{ク}}\,n^3-\boxed{\text{ケ}}\,n^2+\boxed{\text{コ}}\,n-\boxed{\text{サ}}\quad(n\geqq 3)$

解答

(1)

$$\sum_{k=1}^{n}\left\{\left(-\frac{1}{2}\right)^k+4^{k-1}\right\}=\sum_{k=1}^{n}\left(-\frac{1}{2}\right)^k+\sum_{k=1}^{n}4^{k-1}$$

$$=\frac{-\dfrac{1}{2}\left\{1-\left(-\dfrac{1}{2}\right)^n\right\}}{1-\left(-\dfrac{1}{2}\right)}+\frac{4^n-1}{4-1}$$

$$=-\frac{1}{3}\left\{1-\left(-\frac{1}{2}\right)^n\right\}+\frac{1}{3}(4^n-1)$$

$$=\frac{1}{3}\left(-\frac{1}{2}\right)^n+\frac{1}{3}\cdot 4^n-\frac{2}{3}$$

◀ 初項 $-\dfrac{1}{2}$, 公比 $-\dfrac{1}{2}$, 項数 n の等比数列と, 初項 1, 公比 4, 項数 n の等比数列の和。

(2)

$$\sum_{k=2}^{n-1}(9k^2-5k)=\sum_{k=1}^{n-1}(9k^2-5k)-4$$

$$=9\cdot\frac{1}{6}(n-1)n(2n-1)-5\cdot\frac{1}{2}(n-1)n-4$$

$$=3n^3-7n^2+4n-4$$

◀ $k=1$ のとき, $9k^2-5k=4$

例題 75 2分・4点

$\dfrac{1}{4k^2-1}=\dfrac{1}{\boxed{\text{ア}}}\left(\dfrac{1}{\boxed{\text{イ}}\,k-1}-\dfrac{1}{\boxed{\text{ウ}}\,k+1}\right)$ であるから,

$\displaystyle\sum_{k=1}^{n}\dfrac{1}{4k^2-1}=\dfrac{n}{\boxed{\text{エ}}\,n+\boxed{\text{オ}}}$ である。

解答

$$\sum_{k=1}^{n}\frac{1}{4k^2-1}=\sum_{k=1}^{n}\frac{1}{(2k-1)(2k+1)}$$

$$=\frac{1}{2}\sum_{k=1}^{n}\left(\frac{1}{2k-1}-\frac{1}{2k+1}\right)$$

$$=\frac{1}{2}\left\{\left(\frac{1}{1}-\frac{1}{3}\right)+\left(\frac{1}{3}-\frac{1}{5}\right)+\cdots\right.$$

$$\left.\cdots+\left(\frac{1}{2n-1}-\frac{1}{2n+1}\right)\right\}$$

$$=\frac{1}{2}\left(1-\frac{1}{2n+1}\right)=\frac{n}{2n+1}$$

◀ $\dfrac{1}{2k-1}-\dfrac{1}{2k+1}$ $=\dfrac{2}{(2k-1)(2k+1)}$

STAGE 1 49 階差数列，和と一般項

■76 階差数列

$a_{n+1} - a_n = b_n$ とするとき
$\quad a_2 - a_1 = b_1$
$\quad a_3 - a_2 = b_2$
$\quad\quad \vdots$
$\underline{+)\ a_n - a_{n-1} = b_{n-1}}$
$\quad a_n - a_1 = b_1 + b_2 + \cdots\cdots + b_{n-1}$
$\quad \therefore\ a_n = a_1 + \sum_{k=1}^{n-1} b_k \quad (n \geq 2)$

$\{a_n\} : a_1,\ a_2,\ a_3,\ \cdots\cdots,\ a_{n-1},\ a_n,\ \cdots\cdots$
$\{b_n\} : \quad b_1,\ \ b_2,\ \ \cdots\cdots,\ \ b_{n-1},\ \cdots\cdots$

数列 $\{b_n\}$ が数列 $\{a_n\}$ の階差数列である。

■77 和と一般項

$S_n = \sum_{k=1}^{n} a_k$ とすると
$\quad S_1 = a_1$
$\quad S_2 = a_1 + a_2 \qquad \longrightarrow\ a_2 = S_2 - S_1$
$\quad S_3 = a_1 + a_2 + a_3 \quad \longrightarrow\ a_3 = S_3 - S_2$
$\quad\quad \vdots$
$\quad S_{n-1} = a_1 + a_2 + \cdots\cdots + a_{n-1}$
$\quad S_n = a_1 + a_2 + \cdots\cdots + a_{n-1} + a_n \quad \longrightarrow\ a_n = S_n - S_{n-1}$

$\quad \therefore\ a_n = \begin{cases} S_1 & (n=1) \\ S_n - S_{n-1} & (n=2,\ 3,\ \cdots\cdots) \end{cases}$

(例)　$S_n = n^2 + 1$ とすると
$\quad a_1 = S_1 = 2$
$n \geq 2$ のとき
$\quad a_n = S_n - S_{n-1}$
$\quad\quad = (n^2 + 1) - \{(n-1)^2 + 1\}$
$\quad\quad = 2n - 1$
$\quad \therefore\ a_n = \begin{cases} 2 & (n=1) \\ 2n-1 & (n \geq 2) \end{cases}$

49. 階差数列，和と一般項　　*143*

例題 76 　3分・6点

数列 $\{a_n\}$：1，2，-1，8，…… の階差数列 $\{b_n\}$ が等比数列であるとき，$\{b_n\}$ の初項は $\boxed{ア}$，公比は $\boxed{イウ}$ である。また，数列 $\{a_n\}$ の一般項は

$$a_n = \frac{\boxed{エ} - (\boxed{オカ})^{n-1}}{\boxed{キ}}$$

である。

解答

階差数列 $\{b_n\}$ は初項 1，公比 -3 の等比数列，一般項は $b_n = 1 \cdot (-3)^{n-1} = (-3)^{n-1}$ であるから，$\{a_n\}$ の一般項は，$n \geq 2$ のとき

$$a_n = 1 + \sum_{k=1}^{n-1} (-3)^{k-1} = 1 + \frac{1 - (-3)^{n-1}}{1 - (-3)}$$

$$= \frac{5 - (-3)^{n-1}}{4}$$

これは $n=1$ のときも成り立つ。

← $\{a_n\}$：$1, 2, -1, 8, \cdots$
　$\{b_n\}$：$1, -3, 9, \cdots$

← $\displaystyle\sum_{k=1}^{n-1}(-3)^{k-1}$ は
　初項 1，公比 -3，項
　数 $n-1$ の等比数列
　の和。

例題 77 　6分・8点

数列 $\{a_n\}$ の初項から第 n 項までの和 $S_n = \displaystyle\sum_{k=1}^{n} a_k$ が $S_n = -n^2 + 36n$（$n = 1, 2, 3, \cdots\cdots$）で与えられるものとする。このとき，$a_1 = \boxed{アイ}$，$a_2 = \boxed{ウエ}$ である。また，$\displaystyle\sum_{k=1}^{40} |a_k| = \boxed{オカキ}$ である。

解答

$$a_1 = S_1 = -1 + 36 = 35$$
$$a_2 = S_2 - S_1 = (-4 + 72) - 35 = 33$$

$n \geq 2$ のとき　$a_n = S_n - S_{n-1}$
$$= (-n^2 + 36n) - \{-(n-1)^2 + 36(n-1)\}$$
$$= -2n + 37$$

これは $n=1$ のときも成り立つ。

$a_n < 0$ となるのは　$-2n + 37 < 0$　$\therefore$　$n > \dfrac{37}{2} = 18.5$

よって，初項から第 18 項まで正の数，第 19 項から負の数になるから

$$\sum_{k=1}^{40} |a_k| = \sum_{k=1}^{18} a_k + \sum_{k=19}^{40} (-a_k)$$
$$= \frac{18(35+1)}{2} + \frac{22(1+43)}{2} = 808$$

← $n=1$ とおくと
　$-2 \cdot 1 + 37 = 35 = a_1$

← $a_1 = 35$
　$a_{18} = 1$
　$a_{19} = -1$
　$a_{40} = -43$

STAGE 1 | 50 漸化式

■ 78 階差数列の漸化式 ■

$a_{n+1} = a_n + (n\text{の式})$

$a_{n+1} - a_n = f(n) \; (n=1, 2, 3, \cdots\cdots)$ とすると

$a_1 \quad a_2 \quad a_3 \quad a_4 \cdots\cdots a_{n-1} \quad a_n \cdots\cdots$

$\quad f(1), \; f(2), \; f(3) \; \cdots\cdots \; f(n-1) \; \cdots\cdots$

すなわち，$f(n)$ は数列 $\{a_n\}$ の階差数列の一般項を表す．

$$a_n = a_1 + \sum_{k=1}^{n-1} f(k) \quad (n \geq 2)$$

数列の隣り合う項の関係式が漸化式．初項と漸化式で数列が定まる．

■ 79 $a_{n+1} = pa_n + q$ の形の漸化式 ■

$a_{n+1} = pa_n + q \; (p \neq 1)$

$a_{n+1} = pa_n + q$ に対し，両辺から $\alpha = p\alpha + q$ を満たす α を引くと

$$\begin{array}{r} a_{n+1} = pa_n + q \\ -) \quad \alpha \;\; = p\alpha + q \\ \hline a_{n+1} - \alpha = p(a_n - \alpha) \end{array} \implies a_1 - \alpha, \; a_2 - \alpha, \; a_3 - \alpha, \; \cdots\cdots$$
$\qquad\qquad\qquad\qquad\qquad\qquad\qquad\qquad\quad \times p \quad \times p \quad \times p$

となり，この式は数列 $\{a_n - \alpha\}$ が公比 p の等比数列であることを表している．よって

$$a_n - \alpha = (a_1 - \alpha) \cdot p^{n-1}$$
$$\therefore \;\; a_n = (a_1 - \alpha) \cdot p^{n-1} + \alpha$$

となる．

(例) $a_{n+1} = 3a_n + 2$ に対し，$\alpha = 3\alpha + 2$ を満たす $\alpha = -1$ を両辺から引くと

$$a_{n+1} - (-1) = 3a_n + 2 - (-1)$$
$$\therefore \;\; a_{n+1} + 1 = 3(a_n + 1)$$

この式は数列 $\{a_n + 1\}$ が公比 3 の等比数列であることを表しているので

$$a_n + 1 = (a_1 + 1) \cdot 3^{n-1}$$

50. 漸化式　　**145**

例題 78　2分・3点

$a_1=1$，$a_{n+1}=a_n+2^n$（$n=1$，2，3，……）で定められる数列 $\{a_n\}$ の一般項は $a_n=\boxed{\text{ア}}^n-\boxed{\text{イ}}$ である。

解答

数列 $\{a_n\}$ の階差数列の一般項が 2^n であるから，$n\geqq2$ のとき

$$a_n=1+\sum_{k=1}^{n-1}2^k=1+\frac{2(2^{n-1}-1)}{2-1}$$
$$=2^n-1$$

これは，$n=1$ でも成り立つから

$$a_n=2^n-1$$

$$\begin{aligned}
&\qquad\qquad a_2-a_1=2\\
&\qquad\qquad a_3-a_2=2^2\\
&\qquad\qquad\quad\vdots\\
&\underline{+)\ a_n-a_{n-1}=2^{n-1}}\\
&\qquad a_n-a_1=\sum_{k=1}^{n-1}2^k
\end{aligned}$$

$\displaystyle\sum_{k=1}^{n-1}2^k$ は初項 2，公比 2，項数 $n-1$ の等比数列の和。

例題 79　3分・6点

数列 $\{a_n\}$ は，$a_1=4$，$3a_{n+1}+a_n=4$（$n=1$，2，3，……）を満たすとする。この式を変形すると，$a_{n+1}-\boxed{\text{ア}}=\dfrac{\boxed{\text{イウ}}}{\boxed{\text{エ}}}(a_n-\boxed{\text{ア}})$ となるので，数列 $\left\{a_n-\boxed{\text{ア}}\right\}$ は公比 $\dfrac{\boxed{\text{オカ}}}{\boxed{\text{キ}}}$ の等比数列であることがわかる。

よって，$a_n=\boxed{\text{ア}}+\boxed{\text{ク}}\left(\dfrac{\boxed{\text{オカ}}}{\boxed{\text{キ}}}\right)^{n-1}$ である。

解答

$3a_{n+1}+a_n=4$ より

$$a_{n+1}=-\frac{1}{3}a_n+\frac{4}{3}\qquad\qquad\cdots\cdots\text{①}$$

①を変形すると

$$a_{n+1}-1=-\frac{1}{3}(a_n-1)$$

よって，数列 $\{a_n-1\}$ は公比 $-\dfrac{1}{3}$ の等比数列である。

$$\therefore\quad a_n-1=(a_1-1)\left(-\frac{1}{3}\right)^{n-1}=3\left(-\frac{1}{3}\right)^{n-1}$$

$$\therefore\quad a_n=1+3\left(-\frac{1}{3}\right)^{n-1}$$

$3\alpha+\alpha=4$
$\therefore\quad \alpha=1$

$$\begin{aligned}
&\qquad a_{n+1}=-\frac{1}{3}a_n+\frac{4}{3}\\
&\underline{-)\qquad \alpha=-\frac{1}{3}\alpha+\frac{4}{3}}\\
&\ a_{n+1}-\alpha=-\frac{1}{3}(a_n-\alpha)
\end{aligned}$$

$a_1-1=4-1=3$

STAGE 1 類題

類題 68 (3分・6点)

(1) 初項 2，公差 3 の等差数列 $\{a_n\}$ がある。$a_n > 100$ を満たす最小の n は アイ であり，$100 < a_n < 200$ を満たす n は ウエ 個ある。

(2) 数列 $\{a_n\}$ は初項 a，公差 d の等差数列とする。$a_6 = 28$，$a_{20} = 98$ のとき
$a =$ オ ，$d =$ カ
である。

類題 69 (3分・6点)

(1) $a_n = 3n + 1$ とするとき
$a_2 + a_4 + a_6 + \cdots\cdots + a_{20} =$ アイウ
である。

(2) 等差数列 $\{a_n\}$ の初項から第 n 項までの和を S_n とする。$a_7 = 2$，$S_{12} = 18$ とするとき，$a_1 =$ エオ であり，公差は カ である。

類題 70 (3分・6点)

等比数列 $\{a_n\}$ が $a_1 + a_2 = 16$，$a_4 + a_5 = 432$ を満たしている。このとき，$a_1 =$ ア ，公比は イ である。また 1000 より大きい項の中で最小の数は $a_{\boxed{ウ}} =$ エオカキ である。

類題 **147**

類題 **71** (3分・6点)

(1) 初項 2，公比 3 の等比数列 $\{a_n\}$ の初項から第 n 項までの和を S_n とする。
$S_n > 1000$ を満たす最小の n は $\boxed{\text{ア}}$ である。

(2) 初項 4，公比 $-\dfrac{1}{\sqrt{2}}$ の等比数列 $\{a_n\}$ に対して

$$a_1 + a_3 + a_5 + \cdots\cdots + a_{19} = \frac{\boxed{\text{イウエオ}}}{\boxed{\text{カキク}}}$$

である。

類題 **72** (4分・6点)

(1) $\displaystyle\sum_{k=1}^{20}(2k^2 - 3k + 4) = \boxed{\text{アイウエ}}$

(2) $\displaystyle\sum_{k=1}^{n}k(3k-2) = n\left(n + \boxed{\text{オ}}\right)\left(n - \dfrac{\boxed{\text{カ}}}{\boxed{\text{キ}}}\right)$

類題 **73** (5分・6点)

(1) $1\cdot4 + 3\cdot7 + 5\cdot10 + \cdots\cdots + 19\cdot31 = \boxed{\text{アイウエ}}$

(2) $1^2 + 3^2 + 5^2 + \cdots\cdots + (2n-1)^2 = \dfrac{n}{\boxed{\text{オ}}}\left(\boxed{\text{カ}}\,n^2 - \boxed{\text{キ}}\right)$

148 §6 数 列

類題 74　　　　　　　　　　　　　　　　　　　　　　（4分・6点）

(1) $\displaystyle\sum_{k=1}^{n}\left\{3^{k-1}-\left(-\frac{2}{3}\right)^{k}\right\}=\frac{\boxed{ア}}{\boxed{イ}}\cdot3^{n}-\frac{\boxed{ウ}}{\boxed{エ}}\left(-\frac{2}{3}\right)^{n}-\frac{\boxed{オ}}{\boxed{カキ}}$

(2) $\displaystyle\sum_{k=2}^{n-1}(3k^{2}-k+2)=n^{3}-\boxed{ク}\,n^{2}+\boxed{ケ}\,n-\boxed{コ}\quad(n\geqq3)$

類題 75　　　　　　　　　　　　　　　　　　　　　　（3分・6点）

(1) $\displaystyle\sum_{k=2}^{12}\frac{1}{k^{2}-k}=\frac{\boxed{アイ}}{\boxed{ウエ}}$

(2) $\displaystyle\sum_{k=1}^{n}\frac{1}{(3k-2)(3k+1)}=\frac{n}{\boxed{オ}\,n+\boxed{カ}}$

類題 76　　　　　　　　　　　　　　　　　　　　　　（3分・6点）

数列 $\{a_n\}$ の階差数列 $\{b_n\}$ は初項 2，公比 -3 の等比数列であるとする。$a_1=1$ のとき，$a_2=\boxed{ア}$，$a_3=\boxed{イウ}$ であり

$$a_{n}=\frac{\boxed{エ}-(-3)^{n-1}}{\boxed{オ}}$$

である。

類 題 149

類題 77　　　　　　　　　　　　　　　　　　　　　（6分・10点）

数列 $\{a_n\}$ の初項から第 n 項までの和を S_n とする。

(1) $S_n = 2n^2 - 4n + 3$ であるとき，

$a_1 = \boxed{\text{ア}}$ であり，$n \geqq 2$ のとき，$a_n = \boxed{\text{イ}}\,n - \boxed{\text{ウ}}$ である。

このとき $\displaystyle\sum_{k=1}^{n} a_{2k} = \boxed{\text{エ}}\,n^2 - \boxed{\text{オ}}\,n$ である。

(2) $S_n = 2 \cdot 3^n$ であるとき，

$a_1 = \boxed{\text{カ}}$ であり，$n \geqq 2$ のとき，$a_n = \boxed{\text{キ}} \cdot 3^{n-1}$ である。

このとき $\displaystyle\sum_{k=1}^{n} \frac{1}{a_k} = \dfrac{\boxed{\text{ク}}}{\boxed{\text{ケコ}}} - \dfrac{1}{\boxed{\text{サ}}}\left(\dfrac{1}{3}\right)^{n-1}$ $(n \geqq 2)$ である。

類題 78　　　　　　　　　　　　　　　　　　　　　（6分・10点）

(1) $a_1 = 2$，$a_{n+1} = a_n + 3n - 5$ $(n = 1,\ 2,\ 3,\ \cdots\cdots)$ で定められる数列 $\{a_n\}$ の一

般項は，$a_n = \dfrac{\boxed{\text{ア}}}{\boxed{\text{イ}}}\,n^2 - \dfrac{\boxed{\text{ウエ}}}{\boxed{\text{オ}}}\,n + \boxed{\text{カ}}$ である。

(2) $a_1 = 1$，$a_{n+1} = a_n + 2(-3)^{n-1}$ $(n = 1,\ 2,\ 3,\ \cdots\cdots)$ で定められる数列 $\{a_n\}$

の一般項は，$a_n = \dfrac{\boxed{\text{キ}}}{\boxed{\text{ク}}} - \dfrac{\boxed{\text{ケ}}}{\boxed{\text{コ}}}(-3)^{n-1}$ である。

類題 79　　　　　　　　　　　　　　　　　　　　　（6分・10点）

(1) 数列 $\{a_n\}$ は，$a_1 = 4$，$a_{n+1} = 5a_n - 8$ $(n = 1, 2, 3, \cdots\cdots)$ を満たすとする。
この式を変形すると

$$a_{n+1} - \boxed{\text{ア}} = 5(a_n - \boxed{\text{ア}})$$

となることから $a_n = \boxed{\text{イ}} \cdot 5^{n-1} + \boxed{\text{ウ}}$ である。

(2) 数列 $\{a_n\}$ は，$a_1 = 6$，$2a_{n+1} + a_n = -6$ $(n = 1, 2, 3, \cdots\cdots)$ を満たすとする。
この式を変形すると

$$a_{n+1} + \boxed{\text{エ}} = \dfrac{\boxed{\text{オカ}}}{\boxed{\text{キ}}}(a_n + \boxed{\text{エ}})$$

となることから，$a_n = \boxed{\text{ク}}\left(\dfrac{\boxed{\text{ケコ}}}{\boxed{\text{サ}}}\right)^{n-1} - \boxed{\text{シ}}$ である。

よって，$a_9 = \dfrac{\boxed{\text{スセソ}}}{\boxed{\text{タチ}}}$ となる。

STAGE 2 51 等差数列の応用

■80 等差数列の応用

(1) 等差数列

$$\{a_n\}: a_1, \quad a_2, \quad a_3, \quad \cdots\cdots, \quad a_n, \quad \cdots\cdots$$
$$\phantom{\{a_n\}: a_1,\quad} \| \qquad \| \qquad\qquad \|$$
$$\phantom{\{a_n\}: a_1,\quad} a+d \quad a+2d \qquad a+(n-1)d$$

$$d = a_2 - a_1 = a_3 - a_2 = \cdots\cdots$$

(2) a, b, c の3数がこの順に等差数列 $\implies b-a=c-b\,(=公差)$
$$\therefore\ 2b = a+c$$

(3) 等差数列の和

$$S_n = \underbrace{a + (a+d) + (a+2d) + \cdots\cdots + (l-2d) + (l-d) + l}_{n\text{項}}$$

$$= \frac{n(a+l)}{2} \quad\Longleftarrow\quad \boxed{\dfrac{項数(初項+末項)}{2}}$$

$l = a + (n-1)d$ であるから

$$S_n = \frac{n}{2}\{2a + (n-1)d\}$$

(4) 等差数列の和の最大値 …… 項の符号に注目

初項 $a_1 > 0$,公差 $d < 0$ のとき,
$a_n \geqq 0$ となる最大の n を求める(m とする)。

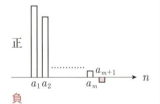

このとき,$S_n = \sum\limits_{k=1}^{n} a_k$ は

$$S_1 < S_2 < \cdots\cdots < S_{m-1} \leqq S_m > S_{m+1} > \cdots\cdots$$

となるから,S_n の最大値は

$a_m = 0$ のときは $S_{m-1},\ S_m\ (S_{m-1} = S_m)$

$a_m > 0$ のときは S_m

51. 等差数列の応用　*151*

例題 80 | **8分・14点**

(1) 正の偶数を小さいものから順に並べた数列 2, 4, 6, 8, …… について, 連続して並ぶ $2n+1$ 項のうち, 初めの $n+1$ 項の和が次の n 項の和に等しければ, $2n+1$ 項のうちの中央の項は $\boxed{\text{ア}}\,n^2+\boxed{\text{イ}}\,n$ である。

(2) 等差数列 $\{a_n\}$ に対して, $S_n=\sum\limits_{k=1}^{n}a_k$ とおく。ここで初項 $a_1=38$, $a_{m+1}=5$, $S_{m+1}=258$ とする。このとき $m=\boxed{\text{ウエ}}$ であり, 公差は $\boxed{\text{オカ}}$ である。また, S_n は $n=\boxed{\text{キク}}$ のとき最大となり, その最大値は $\boxed{\text{ケコサ}}$ である。

解答

(1) 中央の項を x とすると, 公差は 2 であるから, $2n+1$ 項は

$$\underbrace{x-2n,\ ……,\ x-2,\ x,}_{n+1 \text{項}}\ \underbrace{x+2,\ ……,\ x+2n}_{n \text{項}}$$

和に関する条件より

$$\frac{(n+1)\{(x-2n)+x\}}{2}=\frac{n\{(x+2)+(x+2n)\}}{2}$$

← $\dfrac{\text{項数}(\text{初項}+\text{末項})}{2}$

$$\therefore\quad (n+1)(x-n)=n(x+n+1)$$
$$\therefore\quad x=n(n+1)+n(n+1)=\mathbf{2n^2+2n}$$

(2) $S_{m+1}=\dfrac{(m+1)(a_1+a_{m+1})}{2}$ より

← $\dfrac{\text{項数}(\text{初項}+\text{末項})}{2}$

$$258=\frac{(m+1)(38+5)}{2}$$

$$\therefore\quad m=\mathbf{11}$$

公差を d とすると

$$a_{12}=38+11d=5$$
$$\therefore\quad d=\mathbf{-3}$$

← $a_{m+1}=a_{12}$

よって

$$a_n=38-3(n-1)=41-3n$$

$a_n>0$ とすると

$$41-3n>0\quad\therefore\quad n<\frac{41}{3}=13.6\cdots\cdots$$

であるから, S_n は $n=\mathbf{13}$ のとき最大となり, $a_{13}=2$ より, S_n の最大値は

← $a_1,\ a_2,\ \cdots,\ a_{13}>0$
$\quad 0>a_{14},\ a_{15},\ \cdots$

$$S_{13}=\frac{13(38+2)}{2}=\mathbf{260}$$

STAGE 2 | 52 等比数列の応用

■ 81 等比数列の応用 ■

(1) 等比数列

$$\{a_n\} : a_1,\ a_2,\ a_3,\ \cdots\cdots,\ a_n,\ \cdots\cdots$$
$$\ \ \ \ \ \ \ \ \|\ \ \ \ \|\ \ \ \ \ \ \ \ \ \ \ \|$$
$$\ \ \ \ \ \ \ \ ar\ \ ar^2\ \ \ \ \ \ \ ar^{n-1}$$

$$r = \frac{a_2}{a_1} = \frac{a_3}{a_2} = \cdots\cdots$$

(2) $a,\ b,\ c$ の3数がこの順に等比数列 $\implies \dfrac{b}{a} = \dfrac{c}{b}$ （＝公比）

$$\therefore\ b^2 = ac$$

(3) 等比数列の和

初項 a，公比 r，項数 n を確認して

$r<1$ のとき　　　　　　　$r>1$ のとき

$$S_n = \frac{a(1-r^n)}{1-r} \qquad\qquad S_n = \frac{a(r^n-1)}{r-1}$$

(4) $\displaystyle\sum_{k=1}^{n} kr^k\ (r \neq 1)$

$S = \displaystyle\sum_{k=1}^{n} kr^k\ (r \neq 1)$ とすると

$$\begin{array}{rl} S = & r + 2r^2 + 3r^3 + \cdots\cdots + nr^n \\ -)\ rS = & \ \ \ \ \ \ \ r^2 + 2r^3 + \cdots\cdots + (n-1)r^n + nr^{n+1} \\ \hline (1-r)S = & r + \ r^2 + \ r^3 + \cdots\cdots + r^n \ \ \ \ \ \ \ \ - nr^{n+1} \end{array}$$

⎱ r をかけて1つずらして書く

← 上から下を引く

初項 r，公比 r，項数 n の等比数列の和

$$S = \frac{1}{1-r}\left\{\frac{r(1-r^n)}{1-r} - nr^{n+1}\right\}$$
$$= \frac{r(1-r^n)}{(1-r)^2} - \frac{nr^{n+1}}{1-r}$$

となる。

(4) は一般項が(等差数列)×(等比数列)の形になる数列の和を求める方法。

(注) $\displaystyle\sum_{k=1}^{n} kr^k = \sum_{k=1}^{n} k \cdot \sum_{k=1}^{n} r^k$ とはならない。

52. 等比数列の応用　　**153**

例題 81　**8分・12点**

(1) 初項が 0 でない等比数列 $\{a_n\}$ が $a_1+2a_2=0$ を満たしている。このとき，

公比は $\dfrac{\boxed{\text{アイ}}}{\boxed{\text{ウ}}}$ である。$a_1+a_2+a_3=\dfrac{9}{4}$ ならば $a_4+a_5+a_6=\dfrac{\boxed{\text{エオ}}}{\boxed{\text{カキ}}}$ で

あり，$\dfrac{1}{a_1}+\dfrac{1}{a_2}+\cdots\cdots+\dfrac{1}{a_n}=57$ となるのは，$n=\boxed{\text{ク}}$ のときである。

(2) 初項 1，公比 3 の等比数列 $\{a_n\}$ がある。$S_n=\displaystyle\sum_{k=1}^{n} ka_k$ とすると，

$S_n=\dfrac{(\boxed{\text{ケ}}\,n-\boxed{\text{コ}})\boxed{\text{サ}}^{\,n}+\boxed{\text{シ}}}{4}$ となる。

解答

(1)　$a_1+2a_2=0$ より　　$\dfrac{a_2}{a_1}=-\dfrac{1}{2}$　　$\therefore$　公比は $-\dfrac{1}{2}$

　　　　　$a_1+a_2+a_3=a_1(1+r+r^2)=\dfrac{9}{4}$　　　　　　$\cdots\cdots$①

　　$\therefore$　$a_4+a_5+a_6=a_1(r^3+r^4+r^5)=a_1(1+r+r^2)r^3$

　　　　　　　　　$=\dfrac{9}{4}\left(-\dfrac{1}{2}\right)^3=-\dfrac{9}{32}$

また，①より　　$a_1\left(1-\dfrac{1}{2}+\dfrac{1}{4}\right)=\dfrac{9}{4}$　　$\therefore$　$a_1=3$

$\dfrac{1}{a_1}$, $\dfrac{1}{a_2}$, $\dfrac{1}{a_3}$, $\cdots\cdots$ は初項 $\dfrac{1}{3}$，公比 -2 の等比数列

であるから

$\dfrac{1}{a_1}+\dfrac{1}{a_2}+\cdots+\dfrac{1}{a_n}=\dfrac{\dfrac{1}{3}\{1-(-2)^n\}}{1-(-2)}=\dfrac{1}{9}\{1-(-2)^n\}=57$

　　$\therefore$　$(-2)^n=-512$　　$\therefore$　$n=9$

(2)　$a_n=3^{n-1}$ であるから

　　　　　　$S_n=\ 1+2\cdot3+3\cdot3^2+\cdots\cdots+n\cdot3^{n-1}$

　　　$\underline{-)\ 3S_n=\quad\ \ \ 1\cdot3+2\cdot3^2+\cdots\cdots+(n-1)3^{n-1}+n\cdot3^n}$

　　　$S_n-3S_n=\ 1+\ \ 3+\ \ 3^2+\cdots\cdots+\quad\quad\ \ 3^{n-1}-n\cdot3^n$

　　$\therefore$　$-2S_n=\dfrac{3^n-1}{3-1}-n\cdot3^n$

　　　　　　　$S_n=\dfrac{(2n-1)\cdot3^n+1}{4}$

← 公比を r とする。

← 等比数列は逆数も等比数列。

← 1つずらして書いて，差を計算。末項を除くと，初項 1，公比 3，項数 n の等比数列の和。

STAGE 2 53 群数列

■ 82 群数列 ■

数列 $\{a_n\}$: a_1, a_2, a_3, a_4, a_5, a_6, a_7, a_8, ……

$\Downarrow$ グループ分けする

a_1 | a_2, a_3 | a_4, a_5, a_6 | a_7, a_8, …… (群数列)

群数列のポイント

群に含まれる項数の和 $\Longrightarrow$ 初項から数えた項番号

(例) 第 k 群に k 個の項が含まれる群数列では

```
  1群    2群                              m群
 a₁ | a₂, a₃ | …………… | ①, ②, …, ⓛ, …, ⓜ |
 1個   2個
                                    ↑
                                 m群のl番目
```

第 m 群の l 番目の項が a_n であるとすると
$$n = \{1+2+3+\cdots+(m-1)\} + l$$
第 1 群から第 m 群の l 番目までに含まれる項の総和は

群ごとの和を求める

初項から第 n 項までの和を求める場合
　第 n 項が第 m 群の l 番目とすると

```
                      k群                    m群
 a₁ | a₂, a₃ | …… | ○, ○, ……, ○ | … | ①, ②, ……, ⓛ
                   和 Sₖ を求める            和 N を求める
```

求める和は
$$(S_1 + S_2 + \cdots + S_{m-1}) + N$$

53. 群数列　*155*

例題 82　6分・10点

数列 $1, 2, 2, 3, 3, 3, 4, 4, 4, 4, 5, 5, 5, 5, 5, 6, \cdots\cdots$ の第 n 項を a_n とする。この数列を

$$1\,|\,2,\ 2\,|\,3,\ 3,\ 3\,|\,4,\ 4,\ 4,\ 4\,|\,5,\ 5,\ 5,\ 5,\ 5\,|\,6\cdots\cdots$$

のように1個，2個，3個，4個，…… と区画に分ける。

第1区画から第20区画までの区画に含まれる項の個数は $\boxed{\text{アイウ}}$ であり，$a_{215} = \boxed{\text{エオ}}$ となる。また，$a_1 + a_2 + \cdots\cdots + a_{215} = \boxed{\text{カキクケ}}$ である。

$a_1 + a_2 + \cdots\cdots + a_n \geqq 3000$ となる最小の自然数 n は $\boxed{\text{コサシ}}$ である。

解答

第1区画から第20区画までの区画に含まれる項の個数は，各区画に含まれる項の個数を第1区画から第20区画まで加えて

$$1 + 2 + 3 + \cdots\cdots + 20 = \frac{20 \cdot 21}{2}$$
$$= \mathbf{210}$$

← $\displaystyle\sum_{k=1}^{n} k = \frac{1}{2}n(n+1)$

a_{215} は第 21 区画に含まれるから

$$a_{215} = \mathbf{21}$$

第 k 区画には，数字 k が k 個含まれるから，第 k 区画に含まれるすべての数の和は

$$k \cdot k = k^2$$

← 第 k 区画に含まれる数の和を求める。

a_{215} は第 21 区画の 5 番目であるから

$$a_1 + a_2 + \cdots\cdots + a_{215}$$
$$= \sum_{k=1}^{20} k^2 + 21 \cdot 5$$
$$= \frac{1}{6} \cdot 20 \cdot 21 \cdot 41 + 21 \cdot 5$$
$$= \mathbf{2975}$$

← $\displaystyle\sum_{k=1}^{n} k^2$
$\displaystyle = \frac{1}{6}n(n+1)(2n+1)$

この結果から

$$a_1 + a_2 + \cdots\cdots + a_{216} = 2975 + 21 = 2996$$
$$a_1 + a_2 + \cdots\cdots + a_{217} = 2996 + 21 = 3017$$

よって，$a_1 + a_2 + \cdots\cdots + a_n \geqq 3000$ となる最小の自然数 n は　**217**

STAGE 2 | 54 数列の和の応用

─■ 83 数列の和の応用 ■─

(1) $\sum_{k=1}^{n}(k+1)^2 = 2^2+3^2+\cdots\cdots+n^2+(n+1)^2$ ⇐ 和を書き出してみる。

$\qquad = 1^2+2^2+3^2+\cdots\cdots+n^2+(n+1)^2-1^2$ ⇐ 1^2 からの和で表す。

$\qquad = \sum_{k=1}^{n+1}k^2-1$ ⇐ $\sum$ で書き直す。

$\qquad = \dfrac{1}{6}(n+1)(n+2)(2n+3)-1$ ⇐ $\sum_{k=1}^{n}k^2=\dfrac{1}{6}n(n+1)(2n+1)$ の n を $n+1$ に置き換えて計算。

(2) $1\cdot(n-1)+2\cdot(n-2)+\cdots\cdots+(n-1)\cdot 1 \quad (n\geqq 2)$

$\begin{pmatrix} 第\ k\ 項は\ k(n-k) \\ k=1,\ 2,\ \cdots\cdots,\ n-1 \end{pmatrix}$

$= \sum_{k=1}^{n-1}k(n-k)$

$= \sum_{k=1}^{n-1}(nk-k^2)$

$= n\sum_{k=1}^{n-1}k - \sum_{k=1}^{n-1}k^2 \quad$ (n は定数扱いで $\sum$ の前に出す)

$= n\dfrac{1}{2}(n-1)n - \dfrac{1}{6}(n-1)n(2n-1) \quad$ (公式の n を $n-1$ に置き換える)

$= \dfrac{1}{6}(n-1)n(n+1)$

(3) $S_n = \sum_{k=1}^{n}a_k$ とすると

$\sum_{k=1}^{n+1}a_k = a_1+a_2+\cdots\cdots+a_n+a_{n+1} = S_n+a_{n+1}$

$\sum_{k=2}^{n}a_k = a_2+a_3+\cdots\cdots+a_n = S_n-a_1$

$\sum_{k=1}^{n}a_{k+1} = a_2+a_3+\cdots\cdots+a_n+a_{n+1} = S_n+a_{n+1}-a_1$

$\sum_{k=1}^{n}(2a_{k+1}-a_k) = 2\sum_{k=1}^{n}a_{k+1} - \sum_{k=1}^{n}a_k = 2(S_n+a_{n+1}-a_1)-S_n$

$\qquad\qquad\qquad = S_n+2a_{n+1}-2a_1$

54. 数列の和の応用　　**157**

例題 83 　8分・12点

数列 $\{a_n\}$, $\{b_n\}$ を $a_n=\left(\dfrac{1}{3}\right)^n$, $b_n=2na_n$ で定め, $S_n=\displaystyle\sum_{k=1}^{n}a_k$, $T_n=\displaystyle\sum_{k=1}^{n}b_k$ とおく。

このとき, $\boxed{ア}\,b_{n+1}-b_n=\boxed{イ}\,a_n$ が成り立つから,

$\displaystyle\sum_{k=1}^{n}\left(\boxed{ア}\,b_{k+1}-b_k\right)=\boxed{イ}\,S_n$ である。この左辺の和をまとめ直すと,

$\displaystyle\sum_{k=1}^{n}\left(\boxed{ア}\,b_{k+1}-b_k\right)=\boxed{ウ}\,T_n+\boxed{エ}\,b_{n+1}-\boxed{オ}\,b_1$ と表される。

したがって, $T_n=\dfrac{\boxed{カ}}{\boxed{キ}}-\dfrac{\boxed{ク}\,n+\boxed{ケ}}{\boxed{コ}}\left(\dfrac{1}{3}\right)^n$ となる。

解答

$b_n=2na_n$ より　$b_{n+1}=2(n+1)\,a_{n+1}=\dfrac{2}{3}(n+1)\cdot a_n$

　　　　　　　　　　　← $a_{n+1}=\dfrac{1}{3}a_n$

よって, $3b_{n+1}-b_n=2(n+1)\,a_n-2na_n=\boldsymbol{2a_n}$ となり

$$\sum_{k=1}^{n}(3b_{k+1}-b_k)=2\sum_{k=1}^{n}a_k=2S_n$$

$$\begin{aligned}(左辺)&=3\sum_{k=1}^{n}b_{k+1}-\sum_{k=1}^{n}b_k\\&=3(T_n+b_{n+1}-b_1)-T_n\\&=\boldsymbol{2T_n+3b_{n+1}-3b_1}\end{aligned}$$

　　　　　　　　　　　← $\displaystyle\sum_{k=1}^{n}b_{k+1}$
　　　　　　　　　　　$=b_2+b_3+\cdots+b_{n+1}$
　　　　　　　　　　　$=(b_1+b_2+\cdots+b_n)$
　　　　　　　　　　　$\quad+b_{n+1}-b_1$

$b_1=2a_1=\dfrac{2}{3}$, $b_{n+1}=\dfrac{2}{3}(n+1)\,a_n=\dfrac{2}{3}(n+1)\cdot\left(\dfrac{1}{3}\right)^n$

であるから

$$2T_n+3\cdot\dfrac{2}{3}(n+1)\left(\dfrac{1}{3}\right)^n-3\cdot\dfrac{2}{3}=2S_n$$

　　　　　　　　　　　← $\displaystyle\sum_{k=1}^{n}a_k=S_n$

$$\therefore\quad T_n=S_n-(n+1)\left(\dfrac{1}{3}\right)^n+1$$

ここで

$$S_n=\dfrac{\dfrac{1}{3}\left\{1-\left(\dfrac{1}{3}\right)^n\right\}}{1-\dfrac{1}{3}}=\dfrac{1}{2}\left\{1-\left(\dfrac{1}{3}\right)^n\right\}$$

　　　　　　　　　　　← $\{a_n\}$ は初項 $\dfrac{1}{3}$,
　　　　　　　　　　　公比 $\dfrac{1}{3}$ の等比数列。

であるから

$$\begin{aligned}T_n&=\dfrac{1}{2}\left\{1-\left(\dfrac{1}{3}\right)^n\right\}-(n+1)\left(\dfrac{1}{3}\right)^n+1\\&=\dfrac{3}{2}-\dfrac{2n+3}{2}\left(\dfrac{1}{3}\right)^n\end{aligned}$$

STAGE 2　55　漸化式の応用

■ 84　漸化式の応用 ■

(1) 階差数列の利用

(例1)　$a_{n+2}=3a_{n+1}-2a_n \xrightarrow{\text{両辺から } a_{n+1} \text{ を引く}} \underbrace{a_{n+2}-a_{n+1}}_{\parallel \ b_{n+1}}=2\underbrace{(a_{n+1}-a_n)}_{\parallel \ b_n}$

$b_n=a_{n+1}-a_n$（階差数列）とおくと
　　$b_{n+1}=2b_n$　から　$b_n=b_1\cdot 2^{n-1}$
$a_n=a_1+\sum_{k=1}^{n-1}b_k$ $(n\geqq 2)$ を計算して，a_n を求める。

(例2)　$a_{n+1}=3a_n+n\cdot 3^{n+1} \xrightarrow{\text{両辺を } 3^{n+1} \text{ で割る}} \dfrac{a_{n+1}}{3^{n+1}}=\dfrac{a_n}{3^n}+n$

$b_n=\dfrac{a_n}{3^n}$ とおくと　$b_{n+1}=b_n+n$　から　$b_n=b_1+\sum_{k=1}^{n-1}k$ $(n\geqq 2)$

$a_n=3^n b_n$ から a_n を求める。

(2) 等比数列に変形

(例1)　$a_{n+1}=3a_n+2^n \xrightarrow{\text{両辺を } 2^{n+1} \text{ で割る}} \dfrac{a_{n+1}}{2^{n+1}}=\dfrac{3}{2}\cdot\dfrac{a_n}{2^n}+\dfrac{1}{2}$

$b_n=\dfrac{a_n}{2^n}$ とおくと

$\quad b_{n+1}=\dfrac{3}{2}b_n+\dfrac{1}{2} \xrightarrow{\text{式変形する}} b_{n+1}+1=\dfrac{3}{2}(b_n+1)$

よって　$b_n+1=(b_1+1)\cdot\left(\dfrac{3}{2}\right)^{n-1}$

$a_n=2^n b_n$ から a_n を求める。

(例2)　$a_{n+1}=4a_n+6n+1 \xrightarrow{\text{式変形する}} a_{n+1}+2(n+1)+1=4(a_n+2n+1)$

$a_{n+1}+p(n+1)+q=4(a_n+pn+q)$ とおくと
　　$a_{n+1}=4a_n+\underbrace{3pn}_{\parallel \ 6}-\underbrace{p+3q}_{\parallel \ 1}$ $\Rightarrow$ $p=2,\ q=1$

数列 $\{a_n+2n+1\}$ は公比 4 の等比数列
$a_n+2n+1=(a_1+2\cdot 1+1)\cdot 4^{n-1}$ から a_n を求める。

55. 漸化式の応用　　*159*

例題 84　8分・12点

(1) 数列 $\{a_n\}$ は $a_1=2$，$a_{n+1}=2a_n+4^n$（$n=1$，2，3，……）を満たすとする。$b_n=\dfrac{a_n}{2^n}$ とおくと，$b_{n+1}=b_n+\boxed{ア}^{\,n-\boxed{イ}}$ となり，

$a_n=\boxed{ア}^{\,\boxed{ウ}n-\boxed{エ}}$ である。

(2) 数列 $\{a_n\}$ は $a_1=3$，$a_{n+1}=3a_n+4n-8$（$n=1$，2，3，……）を満たすとする。この式は

$$a_{n+1}+\boxed{オ}(n+1)-\boxed{カ}=3(a_n+\boxed{オ}n-\boxed{カ})$$
$$(n=1，2，3，……)$$

と変形できる。ここで，$b_n=a_n+\boxed{オ}n-\boxed{カ}$ とおくと，数列 $\{b_n\}$ は $b_1=\boxed{キ}$，公比が 3 の等比数列であるから

$$a_n=\boxed{ク}\cdot\boxed{ケ}^{\,n-1}-\boxed{コ}n+\boxed{サ}\quad(n=1，2，3，\cdots)$$

である。

解答

(1) $a_{n+1}=2a_n+4^n$ の両辺を 2^{n+1} で割ると

$$\frac{a_{n+1}}{2^{n+1}}=\frac{a_n}{2^n}+2^{n-1}$$

$b_n=\dfrac{a_n}{2^n}$ とおくと　$b_{n+1}=b_n+\mathbf{2^{n-1}}$

$b_1=\dfrac{a_1}{2}=1$ より，$n\geqq2$ のとき

$$b_n=b_1+\sum_{k=1}^{n-1}2^{k-1}=1+\frac{2^{n-1}-1}{2-1}=2^{n-1}$$

よって　$a_n=2^n b_n=2^n\cdot2^{n-1}=2^{2n-1}$

← $\dfrac{4^n}{2^{n+1}}=\dfrac{2^{2n}}{2^{n+1}}$
　$=2^{2n-(n+1)}=2^{n-1}$

$\{b_n\}$ の階差数列が 2^{n-1}

← $n=1$ のときも成り立つ。

(2) $a_{n+1}+p(n+1)-q=3(a_n+pn-q)$ と表されるとすると

$$a_{n+1}=3a_n+2pn-p-2q$$

これが $a_{n+1}=3a_n+4n-8$ と一致すればよいから

$$\begin{cases}2p=4\\-p-2q=-8\end{cases}\qquad\therefore\quad p=2，q=3$$

よって

$$a_{n+1}+\mathbf{2}(n+1)-\mathbf{3}=3(a_n+2n-3)$$

$b_n=a_n+2n-3$ とおくと，$b_{n+1}=3b_n$より，数列 $\{b_n\}$ は公比 3 の等比数列である。

$b_1=a_1+2\cdot1-3=\mathbf{2}$ より　$b_n=2\cdot3^{n-1}$

$a_n=b_n-2n+3$ より　$a_n=\mathbf{2\cdot3^{n-1}-2n+3}$

← a_n の係数は 3

← $a_1=3$

STAGE 2 56 数学的帰納法

■ 85 数学的帰納法 ■

すべての自然数 n について，命題 P が成り立つことを証明するために，次の 2 つのことを示す。

[Ⅰ] $n=1$ のとき P が成り立つ。

[Ⅱ] $n=k$ のとき P が成り立つことを仮定すると，$n=k+1$ のときも P が成り立つ。

このような証明法を**数学的帰納法**という。

(例) 数列 $\{a_n\}$ を次のように定める。

$$a_1=1, \quad a_{n+1}=\frac{a_n}{2a_n+1} \quad (n=1, 2, 3, \cdots\cdots) \quad \cdots\cdots ①$$

① より，$a_2=\dfrac{1}{3}$，$a_3=\dfrac{1}{5}$，$a_4=\dfrac{1}{7}$，…… となり

$$a_n=\frac{1}{2n-1} \qquad \cdots\cdots(*)$$

と推定できるので，$(*)$ を数学的帰納法で証明する。

[Ⅰ] $n=1$ のとき，$a_1=1$ より $(*)$ が成り立つ。

[Ⅱ] $n=k$ のとき，$(*)$ が成り立つことを仮定すると

$$a_k=\frac{1}{2k-1}$$

このとき，① より

$$a_{k+1}=\frac{a_k}{2a_k+1}=\frac{\dfrac{1}{2k-1}}{2\cdot\dfrac{1}{2k-1}+1}=\frac{1}{2k+1}$$

よって，$n=k+1$ のときも $(*)$ が成り立つ。

[Ⅰ][Ⅱ] より，すべての自然数 n について $(*)$ が成り立つ。

(注) $n \geq 2$ のとき，P が成り立つことを証明するためには，次のことを示す。

[Ⅰ] $n=2$ のとき P が成り立つ。

[Ⅱ] $n=k(\geq 2)$ のとき P が成り立つことを仮定すると，$n=k+1$ のときも P が成り立つ。

56. 数学的帰納法　　*161*

例題 85　4分・8点

数列 $\{a_n\}$ を次のように定める。

$$a_1=4, \quad a_{n+1}=\frac{1}{4}\left(1+\frac{1}{n}\right)a_n+3n+3 \quad (n=1,\ 2,\ 3,\ \cdots\cdots)\cdots\cdots①$$

このとき，$a_2=\boxed{\ ア\ }$，$a_3=\boxed{\ イウ\ }$，$a_4=\boxed{\ エオ\ }$ であるから，$\{a_n\}$ の一般項は

$$a_n=\boxed{\ カ\ } \qquad\qquad\qquad\qquad\qquad\cdots\cdots②$$

と推定できる。$\boxed{\ カ\ }$ に当てはまるものを，次の⓪～③のうちから一つ選べ。

⓪　$n+3$ 　　　① $4n$ 　　　② 2^{n+1} 　　　③ $12-\dfrac{8}{n}$

②の推定が正しいことを，数学的帰納法によって証明しよう。

[Ⅰ]　$n=1$ のとき，$a_1=4$ により②が成り立つ。

[Ⅱ]　$n=k$ のとき，②が成り立つと仮定すると，①により

$$a_{k+1}=\frac{1}{4}\left(1+\frac{1}{k}\right)a_k+3k+3=\boxed{\ キ\ }$$

である。よって，$n=\boxed{\ ク\ }$ のときも②が成り立つ。

[Ⅰ]，[Ⅱ]により，②はすべての自然数 n について成り立つ。

$\boxed{\ キ\ }$，$\boxed{\ ク\ }$ に当てはまるものを，次の⓪～⑦のうちから一つずつ選べ。

⓪　$k+1$ 　　① $k+4$ 　　② $4k+1$ 　　③ $4k+4$

④　2^{k+1} 　　⑤ 2^{k+2} 　　⑥ $12-\dfrac{8}{k}$ 　　⑦ $12-\dfrac{8}{k+1}$

解答

①より，$a_2=\mathbf{8}$，$a_3=\mathbf{12}$，$a_4=\mathbf{16}$ であるから

$$a_n=4n \quad (①) \qquad\qquad\qquad\cdots\cdots②$$

と推定できる。②を数学的帰納法により証明する。

[Ⅰ]　$n=1$ のとき，$a_1=4$ により②が成り立つ。

[Ⅱ]　$n=k$ のとき，②が成り立つことを仮定すると

$$a_{k+1}=\frac{1}{4}\left(1+\frac{1}{k}\right)\cdot 4k+3k+3$$

$$=4k+4 \quad (③)$$

よって，$n=k+1(⓪)$ のときも②が成り立つ。

[Ⅰ][Ⅱ]より，すべての自然数 n について②が成り立つ。

← ①で $n=1$，2，3 とおいて，a_2，a_3，a_4 を求める。

← 仮定より $a_k=4k$

STAGE 2 類題

類題 80 （8分・12点）

初項65，公差 d の等差数列 $\{a_n\}$ の初項から第 m 項までの和が730であり，初項から第 $2m-1$ 項までの奇数番目の項の和は160である。このとき，$m=\boxed{アイ}$ であり，$d=\boxed{ウエ}$ である。また，$\sum_{k=1}^{n} a_k$ が最大になるのは，$n=\boxed{オカ}$ のときで最大値は $\boxed{キクケ}$ である。

類題　*163*

類題　81　　　　　　　　　　　　　　　（8分・12点）

等比数列 $\{a_n\}$ は公比 r が実数で，$a_1+a_2=\dfrac{3}{2}$，$a_4+a_5=\dfrac{3}{16}$ を満たしている。

このとき，$a_1=\boxed{\text{ ア }}$ であり，$r=\dfrac{\boxed{\text{ イ }}}{\boxed{\text{ ウ }}}$ である。

$S_n=\displaystyle\sum_{k=1}^{n}ka_k$ とすると，$S_n-rS_n=\boxed{\text{ エ }}-(n+\boxed{\text{ オ }})\left(\dfrac{\boxed{\text{ カ }}}{\boxed{\text{ キ }}}\right)^{\boxed{\text{ ク }}}$ より

$\qquad S_n=\boxed{\text{ ケ }}-(n+\boxed{\text{ コ }})\left(\dfrac{\boxed{\text{ サ }}}{\boxed{\text{ シ }}}\right)^{\boxed{\text{ ス }}}$

となる。

$\boxed{\text{ ク }}$，$\boxed{\text{ ス }}$ については，当てはまるものを，次の⓪～④のうちから一つずつ選べ。ただし，同じものを選んでもよい。

⓪　$n-2$　　　①　$n-1$　　　②　n　　　③　$n+1$　　　④　$n+2$

164　§6　数 列

類題　82　　　　　　　　　　　　　　　　　　　（8分・12点）

　初項1，公差3の等差数列$\{a_n\}$がある。この数列を次のように
1個，2個，2^2個，2^3個，…… の区画に分ける。

$$a_1 \mid a_2,\ a_3 \mid a_4,\ a_5,\ a_6,\ a_7 \mid a_8,\ \cdots\cdots$$

(1)　m番目の区画の最初の項をb_mとおくと，$b_8 = \boxed{\text{アイウ}}$ であり

　　　$b_1 + b_2 + b_3 + \cdots\cdots + b_8 = \boxed{\text{エオカ}}$ である。

(2)　6番目の区画に入る項の和は $\boxed{\text{キクケコ}}$ である。

類題　165

類題　83　　　　　　　　　　　　　　　　　　（各4分・各6点）

(1)　　　　$1 \cdot n + 2 \cdot (n-1) + 3(n-2) + \cdots\cdots + n \cdot 1$

$$= \sum_{k=1}^{n} \boxed{\text{ア}}\left(\boxed{\text{イ}}\right) = \frac{1}{\boxed{\text{ウ}}}(n^3 + \boxed{\text{エ}}\, n^2 + \boxed{\text{オ}}\, n)$$

$\boxed{\text{ア}}$，$\boxed{\text{イ}}$ に当てはまるものを，次の⓪〜⑥のうちから一つずつ選べ。

⓪　n　　　　　①　$k-1$　　　　②　k　　　　③　$k+1$

④　$n-k$　　　⑤　$n+1-k$　　⑥　$n-1-k$

(2)　次のそれぞれに等しいものを，下の⓪〜⑥のうちから一つずつ選べ。ただし，同じものを選んでもよい。

(i)　$\displaystyle\sum_{k=1}^{n-1}(k+1)^2 = \boxed{\text{カ}}$　　　　(ii)　$\displaystyle\sum_{k=1}^{n}(n-k)^2 = \boxed{\text{キ}}$

(iii)　$\displaystyle\sum_{k=1}^{n}\{(2k-1)^2 + (2k)^2\} = \boxed{\text{ク}}$　　(iv)　$\displaystyle\sum_{k=1}^{2n}k^2 - \sum_{k=1}^{n}(n+k)^2 = \boxed{\text{ケ}}$

(v)　$\displaystyle\sum_{k=1}^{n}(2k-1)^2 - \sum_{k=1}^{n}(2k)^2 = \boxed{\text{コ}}$　(vi)　$\displaystyle\sum_{k=1}^{2n}k^2 - \sum_{k=1}^{n}(2k-1)^2 = \boxed{\text{サ}}$

⓪　$\displaystyle\sum_{k=1}^{n}k^2$　　　①　$\displaystyle\sum_{k=1}^{n-1}k^2$　　②　$\displaystyle\sum_{k=1}^{n}k^2 - 1$

③　$\displaystyle\sum_{k=1}^{n}(2k)^2$　　④　$\displaystyle\sum_{k=1}^{2n}k^2$　　⑤　$\displaystyle\sum_{k=1}^{2n}(-1)^k k^2$

⑥　$\displaystyle\sum_{k=1}^{2n}(-1)^{k-1}k^2$

(3)　$a_1 = \dfrac{1}{3}$，$a_n + a_{n+1} = \dfrac{1}{(2n-1)(2n+3)}$　$(n=1,\ 2,\ 3,\ \cdots\cdots)$ を満たす数列

$\{a_n\}$に対し，$S_n = \displaystyle\sum_{k=1}^{n} a_k$ とする。

このとき，$S_{2m} = \displaystyle\sum_{k=1}^{m}(a_{2k-1} + a_{2k})$ と表されるので

$$S_{2m} = \frac{1}{\boxed{\text{シ}}}\sum_{k=1}^{m}\left(\frac{1}{\boxed{\text{ス}}\,k - \boxed{\text{セ}}} - \frac{1}{\boxed{\text{ス}}\,k + \boxed{\text{ソ}}}\right)$$

$$= \frac{m}{\boxed{\text{タ}}\,m + \boxed{\text{チ}}}$$

同様に，$S_{2m+1} = a_1 + \displaystyle\sum_{k=1}^{m}(a_{2k} + a_{2k+1})$ と表されるので，このとき

$$S_{2m+1} = \frac{1}{3} + \frac{1}{\boxed{\text{ツ}}}\sum_{k=1}^{m}\left(\frac{1}{\boxed{\text{ス}}\,k - \boxed{\text{テ}}} - \frac{1}{\boxed{\text{ス}}\,k + \boxed{\text{ト}}}\right)$$

$$= \frac{\boxed{\text{ナ}}\,m + \boxed{\text{ニ}}}{\boxed{\text{ヌ}}\,(\boxed{\text{ネ}}\,m + \boxed{\text{ノ}})}$$

である。

166 §6 数 列

類題 84　　　　　　　　　　　　　　　　　　（各5分・各8点）

(1)　数列 $\{a_n\}$ は $a_1=12$, $a_{n+1}=3a_n+2\cdot3^{n+2}$ $(n=1, 2, 3, \cdots\cdots)$ を満たすとする。

$x_n=\dfrac{a_n}{3^n}$ とおくと $x_1=\boxed{\text{ア}}$, $x_{n+1}=x_n+\boxed{\text{イ}}$ となるので, x_n を求める

ことにより

$$a_n=3^n(\boxed{\text{ウ}}\,n-\boxed{\text{エ}})$$

である。

(2)　数列 $\{a_n\}$ は $a_1=8$, $a_{n+1}=2a_n+6^n$ $(n=1, 2, 3, \cdots\cdots)$ を満たすとする。

$x_n=\dfrac{a_n}{6^n}$ とおくと $x_1=\dfrac{\boxed{\text{オ}}}{\boxed{\text{カ}}}$, $x_{n+1}=\dfrac{\boxed{\text{キ}}}{\boxed{\text{ク}}}x_n+\dfrac{\boxed{\text{ケ}}}{\boxed{\text{コ}}}$ となるので,

x_n を求めることにより

$$a_n=\dfrac{1}{\boxed{\text{サ}}}(\boxed{\text{シス}}\cdot\boxed{\text{セ}}^n+\boxed{\text{ソ}}^n)$$

である。

(3)　数列 $\{a_n\}$ は $a_1=1$, $a_{n+1}=5a_n+8n-6$ $(n=1, 2, 3, \cdots\cdots)$ $\cdots\cdots$① を満

たすとする。

①式は

$$a_{n+1}+\boxed{\text{タ}}\,(n+1)-\boxed{\text{チ}}=5(a_n+\boxed{\text{タ}}\,n-\boxed{\text{チ}})$$

と変形できるので, $b_n=a_n+\boxed{\text{タ}}\,n-\boxed{\text{チ}}$ とおくと, 数列 $\{b_n\}$ は

$b_1=\boxed{\text{ツ}}$, 公比 $\boxed{\text{テ}}$ の等比数列である。

したがって

$$a_n=\boxed{\text{ト}}\cdot\boxed{\text{ナ}}^{n-1}-\boxed{\text{ニ}}\,n+\boxed{\text{ヌ}}$$

である。

(4)　数列 $\{a_n\}$ は $a_1=2$, $a_2=3$, $a_{n+2}=4a_{n+1}-3a_n$ $(n=1, 2, 3, \cdots\cdots)$ $\cdots\cdots$②

を満たすとする。

②式は

$$a_{n+2}-a_{n+1}=\boxed{\text{ネ}}\,(a_{n+1}-a_n)$$

と変形できるので, $b_n=a_{n+1}-a_n$ とおくと, 数列 $\{b_n\}$ は初項 $\boxed{\text{ノ}}$, 公

比 $\boxed{\text{ハ}}$ の等比数列である。

したがって

$$a_n=\dfrac{\boxed{\text{ヒ}}^{n-1}+\boxed{\text{フ}}}{\boxed{\text{ヘ}}}$$

である。

類題　167

類題　85　　　　　　　　　　　　　　　　　　　　　　　　　(8分・12点)

正の数からなる数列 $\{a_n\}$ を次のように定める。

$$a_1=3, \quad a_2=3, \quad a_3=3$$

$$a_{n+3}=\frac{a_n+a_{n+1}}{a_{n+2}} \quad (n=1, 2, 3, \cdots\cdots) \qquad \cdots\cdots①$$

また，数列 $\{b_n\}$，$\{c_n\}$ を

$$b_n=a_{2n-1}, \quad c_n=a_{2n} \quad (n=1, 2, 3, \cdots\cdots)$$

で定める。

①から $a_4=\boxed{\text{ア}}$，$a_5=3$，$a_6=\dfrac{\boxed{\text{イ}}}{\boxed{\text{ウ}}}$，$a_7=3$ である。したがって，

$b_1=b_2=b_3=b_4=3$ となるので

$$b_n=3 \quad (n=1, 2, 3, \cdots\cdots) \qquad \cdots\cdots②$$

と推定できる。

②を示すためには，$b_1=3$ から，すべての自然数 n に対して

$$b_{n+1}=b_n \qquad \cdots\cdots③$$

であることを示せばよい。このことを数学的帰納法を用いて証明する。

[Ⅰ]　$n=1$ のとき，$b_1=3$，$b_2=3$ から③が成り立つ。

[Ⅱ]　$n=k$ のとき，③が成り立つ，すなわち

$$b_{k+1}=b_k \qquad \cdots\cdots④$$

と仮定する。

$n=k+1$ のとき，①の n に $2k$，$2k-1$ を代入して得られる等式から

$$b_{k+2}=\frac{c_k+\boxed{\text{エ}}_{k+1}}{\boxed{\text{オ}}_{k+1}}, \quad c_{k+1}=\frac{\boxed{\text{カ}}_k+c_k}{\boxed{\text{キ}}_{k+1}}$$

となるので b_{k+2} は

$$b_{k+2}=\frac{(\boxed{\text{ク}}_k+\boxed{\text{ケ}}_{k+1})\boxed{\text{コ}}_{k+1}}{b_k+c_k}$$

と表される。したがって，④により，$b_{k+2}=b_{k+1}$ が成り立つので，③は

$n=k+1$ のときも成り立つ。

[Ⅰ][Ⅱ]により，すべての自然数 n に対して③が成り立つ。

次に，①の n を $2n-1$ に置き換えて得られる等式と③から

$$c_{n+1}=\frac{\boxed{\text{サ}}}{\boxed{\text{シ}}}c_n+\boxed{\text{ス}} \quad (n=1, 2, 3, \cdots\cdots)$$

となるので，数列 $\{c_n\}$ の一段項は

$$c_n=\frac{\boxed{\text{セ}}}{\boxed{\text{ソ}}}\left(\frac{\boxed{\text{サ}}}{\boxed{\text{シ}}}\right)^{n-1}+\frac{\boxed{\text{タ}}}{\boxed{\text{チ}}}$$

となる。

STAGE 1　57　ベクトルの基本的な計算

■86　ベクトルの基本的な計算(1)■

(1) ベクトルの和

平行四辺形 OACB において
$$\vec{OA}+\vec{OB}=\vec{OA}+\vec{AC}=\vec{OC}$$
　　　　　　同じベクトル

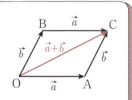

(2) 逆ベクトル，零ベクトル

　$-\vec{a}$ …… $\vec{a}$ と同じ大きさで向きが逆
　$\vec{0}$ …… 大きさが 0（始点と終点が一致）

(3) ベクトルの差

△OAB において
$$\vec{OA}-\vec{OB}=\vec{OA}+\vec{BO}=\vec{BO}+\vec{OA}$$
　　　　　　逆ベクトル　　　　$=\vec{BA}$

(4) 実数倍

　$k\vec{a}$ …… $\vec{a}$ と同じ向きで大きさが k 倍
　$-k\vec{a}$ …… $\vec{a}$ と逆向きで大きさが k 倍
　　　　（$k>0$ とする）

■87　ベクトルの基本的な計算(2)■

(1) $p\vec{a}+q\vec{b}-x\vec{a}+y\vec{b}=(p-x)\vec{a}+(q+y)\vec{b}$

(2) $p\vec{a}+q\vec{b}+r\vec{c}=\vec{0} \implies \vec{a}=-\dfrac{q}{p}\vec{b}-\dfrac{r}{p}\vec{c}$
　　（$p\neq 0$）

(3) 始点の変更

　$\vec{PA}$，$\vec{PQ}$ の始点を A に直すと
　$\vec{PA}=-\vec{AP}$
　$\vec{PQ}=\vec{AQ}-\vec{AP}$

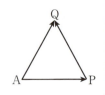

(1) 同じベクトルについて係数をまとめることができる。
(2) ベクトルの等式から移項したり，0ではない実数で割ることができる。

57. ベクトルの基本的な計算

例題 86 3分・6点

平行四辺形 ABCD において，辺 AB を $a:1$ に内分する点を P，辺 BC を $b:1$ に内分する点を Q とする。辺 CD 上の点 R および辺 DA 上の点 S をそれぞれ PR∥BC，SQ∥AB となるようにとり，$\vec{x}=\overrightarrow{BP}$，$\vec{y}=\overrightarrow{BQ}$ とすると

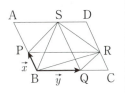

$$\overrightarrow{RQ}=-\vec{x}-\dfrac{\boxed{ア}}{\boxed{イ}}\vec{y}, \quad \overrightarrow{SP}=\boxed{ウエ}\vec{x}-\vec{y}$$

$$\overrightarrow{SB}=-(\boxed{オ}+\boxed{カ})\vec{x}-\vec{y}$$

$$\overrightarrow{RB}=-\vec{x}-\left(\boxed{キ}+\dfrac{\boxed{ク}}{\boxed{ケ}}\right)\vec{y}$$

である。

解答

$\overrightarrow{RQ}=\overrightarrow{RC}+\overrightarrow{CQ}=-\vec{x}-\dfrac{1}{b}\vec{y}$

$\overrightarrow{SP}=\overrightarrow{SA}+\overrightarrow{AP}=-\vec{y}-a\vec{x}=-\boldsymbol{a}\vec{x}-\vec{y}$

$\overrightarrow{SB}=\overrightarrow{SA}+\overrightarrow{AB}=-\vec{y}-(a+1)\vec{x}=-(\boldsymbol{a+1})\vec{x}-\vec{y}$

$\overrightarrow{RB}=\overrightarrow{RC}+\overrightarrow{CB}=-\vec{x}-\left(1+\dfrac{1}{b}\right)\vec{y}$

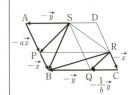

例題 87 2分・4点

△ABC と点 P が $5\overrightarrow{PA}+a\overrightarrow{PB}+\overrightarrow{PC}=\vec{0}$ を満たしているとする。このとき

$$\overrightarrow{AP}=\dfrac{\boxed{ア}}{a+\boxed{イ}}\overrightarrow{AB}+\dfrac{\boxed{ウ}}{a+\boxed{エ}}\overrightarrow{AC}$$

が成り立つ。

解答

$5\overrightarrow{PA}+a\overrightarrow{PB}+\overrightarrow{PC}=\vec{0}$

$5(-\overrightarrow{AP})+a(\overrightarrow{AB}-\overrightarrow{AP})+(\overrightarrow{AC}-\overrightarrow{AP})=\vec{0}$

$-(a+6)\overrightarrow{AP}+a\overrightarrow{AB}+\overrightarrow{AC}=\vec{0}$

$(a+6)\overrightarrow{AP}=a\overrightarrow{AB}+\overrightarrow{AC}$

$\therefore \quad \overrightarrow{AP}=\dfrac{a}{a+6}\overrightarrow{AB}+\dfrac{1}{a+6}\overrightarrow{AC}$

← 始点を A に変更する。

STAGE 1 | 58 位置ベクトル

■ 88 分点公式 ■

2点A, Bと直線AB上にない点Oがあるとする。
線分ABを $m:n$ に**内分**する点をPとする。

Aを始点にすると $\overrightarrow{AP} = \dfrac{m}{m+n}\overrightarrow{AB}$

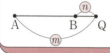 Oを始点にすると $\overrightarrow{OP} = \dfrac{n\overrightarrow{OA} + m\overrightarrow{OB}}{m+n}$ ⇐比の和 $\left(\begin{matrix}\overrightarrow{OA} & \overrightarrow{OB} \\ m & : & n\end{matrix}\right)$

線分ABを $m:n$ $(m>n)$ に**外分**する点をQとする。

Aを始点にすると $\overrightarrow{AQ} = \dfrac{m}{m-n}\overrightarrow{AB}$

Oを始点にすると $\overrightarrow{OQ} = \dfrac{-n\overrightarrow{OA} + m\overrightarrow{OB}}{m-n}$ ⇐比の差 $\left(\begin{matrix}\overrightarrow{OA} & \overrightarrow{OB} \\ m & : & -n\end{matrix}\right)$

■ 89 三角形の重心, 内心 ■

重心

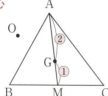

△ABCの重心をG, BCの中点をMとする。

$\overrightarrow{AM} = \dfrac{1}{2}(\overrightarrow{AB} + \overrightarrow{AC})$

$\overrightarrow{AG} = \dfrac{2}{3}\overrightarrow{AM} = \dfrac{1}{3}(\overrightarrow{AB} + \overrightarrow{AC})$

$\overrightarrow{OG} = \dfrac{1}{3}(\overrightarrow{OA} + \overrightarrow{OB} + \overrightarrow{OC})$

内心

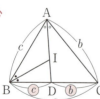

△ABCの内心をIとする。

$BC = a$, $CA = b$, $AB = c$
$\angle BAD = \angle CAD$, $\angle ABI = \angle DBI$

角の二等分線の性質より

$BD : DC = AB : AC = c : b$

$\implies \overrightarrow{AD} = \dfrac{b\overrightarrow{AB} + c\overrightarrow{AC}}{b+c}$

$AI : ID = AB : BD = c : a \cdot \dfrac{c}{b+c} = b+c : a$

$\implies \overrightarrow{AI} = \dfrac{b+c}{a+b+c}\overrightarrow{AD}$

重心 …… 三角形の3中線の交点
内心 …… 三角形の3つの内角の二等分線の交点

例題 88 2分・4点

四面体 OABC において，辺 OA を 4：3 に内分する点を P，辺 BC を 5：3 に内分する点を Q とするとき

$\vec{PQ} = \dfrac{\boxed{アイ}}{\boxed{ウ}}\vec{OA} + \dfrac{\boxed{エ}}{\boxed{オ}}\vec{OB} + \dfrac{\boxed{カ}}{\boxed{キ}}\vec{OC}$ である。

解答

$\vec{OP} = \dfrac{4}{7}\vec{OA}$

$\vec{OQ} = \dfrac{3\vec{OB} + 5\vec{OC}}{5+3} = \dfrac{3}{8}\vec{OB} + \dfrac{5}{8}\vec{OC}$

∴ $\vec{PQ} = \vec{OQ} - \vec{OP}$

$= -\dfrac{4}{7}\vec{OA} + \dfrac{3}{8}\vec{OB} + \dfrac{5}{8}\vec{OC}$

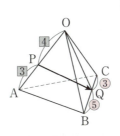
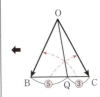

例題 89 3分・8点

△ABC がある。AB=4，BC=a，CA=3 とし，その重心を G，内接円の中心を I とする。∠BAC の二等分線と BC との交点を D とする。D は BC を $\boxed{ア}$：$\boxed{イ}$ の比に内分し，I は AD を $\boxed{ウ}$：$\boxed{エ}$ の比に内分するから，$\vec{AD} = \dfrac{1}{\boxed{オ}}(\boxed{カ}\vec{AB} + \boxed{キ}\vec{AC})$，$\vec{AI} = \dfrac{\boxed{ク}}{\boxed{ケ} + a}\vec{AD}$ である。よって，$\vec{GI} = \dfrac{(\boxed{コ} - \boxed{サ})\vec{AB} + (\boxed{シ} - \boxed{ス})\vec{AC}}{\boxed{セ}(\boxed{ソ} + a)}$ である。

解答

BD : DC = AB : AC = 4 : 3

AI : ID = AB : BD = 4 : $\dfrac{4}{7}a$ = 7 : a

∴ $\vec{AD} = \dfrac{1}{7}(3\vec{AB} + 4\vec{AC})$

$\vec{AI} = \dfrac{7}{7+a}\vec{AD}$，$\vec{AG} = \dfrac{1}{3}(\vec{AB} + \vec{AC})$ であるから

$\vec{GI} = \vec{AI} - \vec{AG} = \dfrac{7}{7+a} \cdot \dfrac{1}{7}(3\vec{AB} + 4\vec{AC}) - \dfrac{1}{3}(\vec{AB} + \vec{AC})$

$= \dfrac{(2-a)\vec{AB} + (5-a)\vec{AC}}{3(7+a)}$

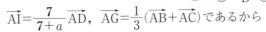

← 角の二等分線の性質（数 I A）

← 始点を A にする。

STAGE 1 59 ベクトルの内積

■ 90 ベクトルの内積 ■

$\vec{a}$, $\vec{b}$ のなす角を θ とすると

$$\vec{a}\cdot\vec{b}=|\vec{a}||\vec{b}|\cos\theta$$

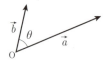

  $\implies \vec{a}\cdot\vec{b}=4\cdot3\cdot\cos120°=-6$

$\vec{a}\perp\vec{b}$ のとき　$\vec{a}\cdot\vec{b}=|\vec{a}||\vec{b}|\cos90°=0$

　　　　　　　垂直 $\implies$ （内積）$=0$

$0°<\theta<90°$ のとき　　$\vec{a}\cdot\vec{b}>0$
$\theta=90°$ のとき　　　　$\vec{a}\cdot\vec{b}=0$
$90°<\theta<180°$ のとき　$\vec{a}\cdot\vec{b}<0$

となる。

■ 91 内積の計算 ■

内積は次のように計算できる。

$\vec{a}\cdot\vec{a}=|\vec{a}|^2$,　$\vec{a}\cdot\vec{b}=\vec{b}\cdot\vec{a}$

$|p\vec{a}+q\vec{b}|^2=(p\vec{a}+q\vec{b})\cdot(p\vec{a}+q\vec{b})$
　　　　　　$=p^2|\vec{a}|^2+2pq\vec{a}\cdot\vec{b}+q^2|\vec{b}|^2$

$(p\vec{a}+q\vec{b})\cdot(r\vec{a}+s\vec{b})=pr|\vec{a}|^2+(ps+qr)\vec{a}\cdot\vec{b}+qs|\vec{b}|^2$

(例)　$|\vec{a}|=2$,　$|\vec{b}|=3$,　$\vec{a}\cdot\vec{b}=1$　……(*) のとき

　　　$\vec{p}=2\vec{a}+3\vec{b}$,　$\vec{q}=\vec{a}-2\vec{b}$

とすると

$|\vec{p}|^2=|2\vec{a}+3\vec{b}|^2=4|\vec{a}|^2+12\vec{a}\cdot\vec{b}+9|\vec{b}|^2=4\cdot2^2+12\cdot1+9\cdot3^2=109$

　　　　　　　　　　　　展開する　　　　　　(*)を代入

$\vec{p}\cdot\vec{q}=(2\vec{a}+3\vec{b})\cdot(\vec{a}-2\vec{b})=2|\vec{a}|^2-\vec{a}\cdot\vec{b}-6|\vec{b}|^2=2\cdot2^2-1-6\cdot3^2$
　　$=-47$

59. ベクトルの内積　173

例題 90　2分・4点

1辺の長さが2の正六角形 ABCDEF がある。
次の内積を求めよ。
$\vec{AB} \cdot \vec{AC} = \boxed{ア}$, $\vec{AB} \cdot \vec{AF} = \boxed{イウ}$
$\vec{BA} \cdot \vec{BD} = \boxed{エ}$, $\vec{AB} \cdot \vec{BC} = \boxed{オ}$

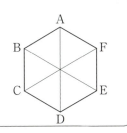

解答

$\vec{AB} \cdot \vec{AC} = 2 \cdot 2\sqrt{3} \cdot \cos 30° = \mathbf{6}$
$\vec{AB} \cdot \vec{AF} = 2 \cdot 2 \cdot \cos 120° = \mathbf{-2}$
$\vec{BA} \cdot \vec{BD} = |\vec{BA}||\vec{BD}| \cos 90° = \mathbf{0}$

正六角形の中心を O とすると
$\vec{AB} \cdot \vec{BC} = \vec{AB} \cdot \vec{AO}$
$\qquad = 2 \cdot 2 \cdot \cos 60° = \mathbf{2}$

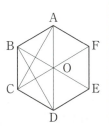

← $|\vec{AC}| = 2\sqrt{3}$
　∠BAC = 30°

← ∠BAF = 120°

← ∠ABD = 90°

← 始点をそろえる。

← ∠BAO = 60°

例題 91　3分・8点

平面上の3点 O, A, B が $|\vec{OA} + \vec{OB}| = |2\vec{OA} + \vec{OB}| = |\vec{OA}| = 1$ を満たしている。このとき、$\vec{OA} \cdot \vec{OB} = \dfrac{\boxed{アイ}}{\boxed{ウ}}$, $|\vec{OB}| = \sqrt{\boxed{エ}}$ である。したがって $|\vec{AB}| = \sqrt{\boxed{オ}}$ となる。

解答

$\vec{OA} = \vec{a}$, $\vec{OB} = \vec{b}$ とおくと、$|\vec{a}| = 1$
$|\vec{a} + \vec{b}|^2 = 1$ から　$|\vec{a}|^2 + 2\vec{a} \cdot \vec{b} + |\vec{b}|^2 = 1$
$\qquad \therefore\ 2\vec{a} \cdot \vec{b} + |\vec{b}|^2 = 0 \qquad \cdots\cdots ①$
$|2\vec{a} + \vec{b}|^2 = 1$ から　$4|\vec{a}|^2 + 4\vec{a} \cdot \vec{b} + |\vec{b}|^2 = 1$
$\qquad \therefore\ 4\vec{a} \cdot \vec{b} + |\vec{b}|^2 = -3 \qquad \cdots\cdots ②$

①, ②より
$\vec{a} \cdot \vec{b} = -\dfrac{3}{2}$, $|\vec{b}|^2 = 3 \quad \therefore\ |\vec{b}| = \sqrt{3}$

したがって
$|\vec{AB}|^2 = |\vec{b} - \vec{a}|^2 = |\vec{b}|^2 - 2\vec{a} \cdot \vec{b} + |\vec{a}|^2$
$\qquad = 3 - 2\left(-\dfrac{3}{2}\right) + 1 = 7$
$\therefore\ |\vec{AB}| = \sqrt{7}$

← 2乗して、展開する。

STAGE 1 | 60 | ベクトルと平面図形

■ 92 平行, 共線, 垂直 ■

(1) 平行
$\vec{a} /\!/ \vec{b}$ …… $\vec{b} = t\vec{a}$ (t：実数)

$t > 0$ …… 同じ向き
$t < 0$ …… 逆向き

(2) 共線
3点 A, B, C が一直線上にある条件 …… $\vec{AC} = t\vec{AB}$
(t：実数)

(3) 垂直
$\vec{a} \perp \vec{b}$ …… $\vec{a} \cdot \vec{b} = 0$

AB⊥PQ …… $\vec{AB} \cdot \vec{PQ} = 0$

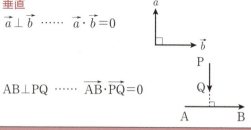

■ 93 点の位置 ■

△ABC と点 P があり
$$\vec{AP} = \frac{4}{9}\vec{AB} + \frac{1}{3}\vec{AC}$$
を満たすとすると
$$\vec{AP} = \frac{4\vec{AB} + 3\vec{AC}}{9}$$
$$= \frac{7}{9} \cdot \underbrace{\frac{4\vec{AB} + 3\vec{AC}}{7}}_{\parallel \atop \vec{AD}\text{とする}} \quad (分点公式)$$

（D は BC を 3 : 4 に内分する点）

$\vec{AP} = \dfrac{7}{9}\vec{AD}$ …… P は AD を 7 : 2 に内分する点

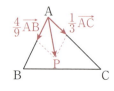

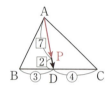

60. ベクトルと平面図形

例題 92　3分・6点

$\triangle ABC$ において，辺 AB を $1:2$ に内分する点を D，辺 AC を $a:1-a$ $(0<a<1)$ に内分する点を E，辺 BC を $4:1$ に外分する点を F とする。 $\overrightarrow{DE} = \boxed{ア}\overrightarrow{AC} - \dfrac{\boxed{イ}}{\boxed{ウ}}\overrightarrow{AB}$，$\overrightarrow{DF} = \dfrac{\boxed{エ}}{\boxed{オ}}\overrightarrow{AC} - \dfrac{\boxed{カ}}{\boxed{キ}}\overrightarrow{AB}$ であり，$a = \dfrac{2}{3}$ のとき，$\overrightarrow{DF} = \boxed{ク}\overrightarrow{DE}$ となるから，3点 D，E，F は一直線上にある。また，$AC=2$，$\overrightarrow{AB}\cdot\overrightarrow{AC}=3$，$DE \perp AC$ とすると，$a = \dfrac{\boxed{ケ}}{\boxed{コ}}$ である。

解答

$\overrightarrow{DE} = \overrightarrow{AE} - \overrightarrow{AD} = a\overrightarrow{AC} - \dfrac{1}{3}\overrightarrow{AB}$

$\overrightarrow{DF} = \overrightarrow{AF} - \overrightarrow{AD} = \left(\dfrac{4}{3}\overrightarrow{AC} - \dfrac{1}{3}\overrightarrow{AB}\right) - \dfrac{1}{3}\overrightarrow{AB}$

　　　$= \dfrac{4}{3}\overrightarrow{AC} - \dfrac{2}{3}\overrightarrow{AB}$

$a = \dfrac{2}{3}$ のとき　$\overrightarrow{DF} = 2\overrightarrow{DE}$

また，$DE \perp AC$ のとき

$\overrightarrow{DE}\cdot\overrightarrow{AC} = \left(a\overrightarrow{AC} - \dfrac{1}{3}\overrightarrow{AB}\right)\cdot\overrightarrow{AC}$

　　　$= a|\overrightarrow{AC}|^2 - \dfrac{1}{3}\overrightarrow{AB}\cdot\overrightarrow{AC} = a\cdot 2^2 - \dfrac{1}{3}\cdot 3 = 0$

$\therefore\ a = \dfrac{1}{4}$

← $\overrightarrow{AF} = \dfrac{-\overrightarrow{AB}+4\overrightarrow{AC}}{4-1}$

← $\overrightarrow{DE} = \dfrac{2}{3}\overrightarrow{AC} - \dfrac{1}{3}\overrightarrow{AB}$

例題 93　2分・4点

$\triangle ABC$ と点 P が $3\overrightarrow{PA} + 4\overrightarrow{PB} + 7\overrightarrow{PC} = \vec{0}$ を満たすとき，直線 AP と辺 BC との交点を D とすると，$BD:DC = \boxed{ア}:\boxed{イ}$，$AP:PD = \boxed{ウエ}:\boxed{オ}$ である。

解答

$3(-\overrightarrow{AP}) + 4(\overrightarrow{AB} - \overrightarrow{AP}) + 7(\overrightarrow{AC} - \overrightarrow{AP}) = \vec{0}$
$-14\overrightarrow{AP} + 4\overrightarrow{AB} + 7\overrightarrow{AC} = \vec{0}$
$\therefore\ \overrightarrow{AP} = \dfrac{1}{14}(4\overrightarrow{AB} + 7\overrightarrow{AC}) = \dfrac{11}{14}\cdot\dfrac{4\overrightarrow{AB}+7\overrightarrow{AC}}{11}$

$\overrightarrow{AD} = \dfrac{4\overrightarrow{AB}+7\overrightarrow{AC}}{11}$ とおけ，$\overrightarrow{AP} = \dfrac{11}{14}\overrightarrow{AD}$ より

　　$BD:DC = 7:4,\ \ AP:PD = 11:3$

← 始点を A にする。

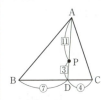

STAGE 1　61　平面ベクトルの成分表示

■ 94　平面ベクトルの成分 ■

$\vec{a}=(x_1, y_1), \vec{b}=(x_2, y_2)$

- $\vec{a}=\vec{b}$ …… $x_1=x_2$, $y_1=y_2$
- $s\vec{a}+t\vec{b}=(sx_1+tx_2, sy_1+ty_2)$
- $|\vec{a}|=\sqrt{x_1^2+y_1^2}$

内積
$$\vec{a}\cdot\vec{b}=x_1x_2+y_1y_2$$

垂直
$$\vec{a}\perp\vec{b} \ \cdots\cdots\ \vec{a}\cdot\vec{b}=0 \ \cdots\cdots\ x_1x_2+y_1y_2=0$$

平行
$$\vec{a}/\!/\vec{b} \ \cdots\cdots\ x_1y_2-x_2y_1=0 \quad \Leftarrow x_1:y_1=x_2:y_2$$

$\vec{a}, \vec{b}$ のなす角を θ とすると
$$\cos\theta=\frac{\vec{a}\cdot\vec{b}}{|\vec{a}||\vec{b}|}=\frac{x_1x_2+y_1y_2}{\sqrt{x_1^2+y_1^2}\sqrt{x_2^2+y_2^2}}$$

■ 95　座標と成分 ■

(1) $A(x_1, y_1)$, $B(x_2, y_2)$ とすると
$$\vec{OA}=(x_1, y_1)$$
$$\vec{AB}=(x_2-x_1, y_2-y_1)$$
$$|\vec{OA}|=\sqrt{x_1^2+y_1^2}$$
$$|\vec{AB}|=\sqrt{(x_2-x_1)^2+(y_2-y_1)^2}$$

(2) △ABC の面積 S は
$$S=\frac{1}{2}\sqrt{|\vec{AB}|^2|\vec{AC}|^2-(\vec{AB}\cdot\vec{AC})^2}$$
$\vec{AB}=(x_1, y_1)$, $\vec{AC}=(x_2, y_2)$ のとき
$$S=\frac{1}{2}|x_1y_2-x_2y_1|$$

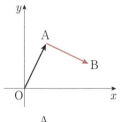

(2)において，
$$(x_1^2+y_1^2)(x_2^2+y_2^2)-(x_1x_2+y_1y_2)^2$$
$$=x_1^2y_2^2+x_2^2y_1^2-2x_1x_2y_1y_2=(x_1y_2-x_2y_1)^2$$
であるから
$$\frac{1}{2}\sqrt{|\vec{AB}|^2|\vec{AC}|^2-(\vec{AB}\cdot\vec{AC})^2}=\frac{1}{2}|x_1y_2-x_2y_1|$$

例題 94　3分・6点

$\vec{a}=(1,2)$, $\vec{b}=(3,1)$ のなす角を θ とすると, $\theta=\boxed{アイ}°$ である。また, $\vec{a}+\vec{b}$ と $\vec{a}-t\vec{b}$ (t：実数)が平行になるとき $t=\boxed{ウエ}$ であり, 垂直になるとき $t=\dfrac{\boxed{オ}}{\boxed{カ}}$ である。

解答

$$\cos\theta=\frac{\vec{a}\cdot\vec{b}}{|\vec{a}||\vec{b}|}=\frac{5}{\sqrt{5}\sqrt{10}}=\frac{1}{\sqrt{2}} \qquad \therefore\ \theta=45°$$

$\vec{a}\cdot\vec{b}=1\cdot3+2\cdot1$
$|\vec{a}|=\sqrt{1^2+2^2}$
$|\vec{b}|=\sqrt{3^2+1^2}$

$\vec{a}+\vec{b}=(4,\ 3)$, $\vec{a}-t\vec{b}=(1-3t,\ 2-t)$ より

平行のとき　$4(2-t)-3(1-3t)=0$　$\therefore\ t=-1$

垂直のとき　$4(1-3t)+3(2-t)=0$　$\therefore\ t=\dfrac{2}{3}$

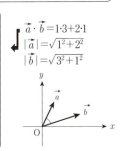

例題 95　4分・6点

座標平面上に3点 $A(0,\sqrt{3})$, $B(-1,0)$, $C(2,0)$ をとる。$\angle ABC$ の二等分線 l と線分 AC との交点を D とすると, $AD:DC=\boxed{ア}:\boxed{イ}$ より $\overrightarrow{BD}=\dfrac{\boxed{ウ}}{\boxed{エ}}(\boxed{オ},\sqrt{\boxed{カ}})$ である。$\overrightarrow{BP}=t(\boxed{オ},\sqrt{\boxed{カ}})$ (t：実数) とする。$\angle APC$ が $90°$ になるときの t の値は $t=\dfrac{\boxed{キ}}{\boxed{ク}},\ \boxed{ケ}$ である。

解答

$\angle ABD=\angle CBD$ より
$$AD:DC=BA:BC=2:3$$
$$\therefore\ \overrightarrow{BD}=\frac{3\overrightarrow{BA}+2\overrightarrow{BC}}{5}$$
$$=\frac{3}{5}(1,\sqrt{3})+\frac{2}{5}(3,\ 0)$$
$$=\frac{3}{5}(3,\sqrt{3})$$

$\overrightarrow{AP}=\overrightarrow{BP}-\overrightarrow{BA}=(3t-1,\sqrt{3}t-\sqrt{3})$
$\overrightarrow{CP}=\overrightarrow{BP}-\overrightarrow{BC}=(3t-3,\sqrt{3}t)$

$\overrightarrow{AP}\perp\overrightarrow{CP}$ より
$$\overrightarrow{AP}\cdot\overrightarrow{CP}=(3t-1)(3t-3)+(\sqrt{3}t-\sqrt{3})\sqrt{3}t=0$$
$$4t^2-5t+1=0 \qquad \therefore\ t=\frac{1}{4},\ 1$$

⬅ $\overrightarrow{BA}$
$=(0-(-1),\sqrt{3}-0)$
$=(1,\sqrt{3})$
$\overrightarrow{BC}$
$=(2-(-1),\ 0-0)$
$=(3,\ 0)$
⬅ 始点を B にする。

⬅ 垂直 $\implies$ 内積$=0$

STAGE 1 62 空間座標と空間ベクトル

■96 空間ベクトルの成分 ■

(1) $A(x_1, y_1, z_1), B(x_2, y_2, z_2)$ とすると

$\vec{OA} = (x_1, y_1, z_1)$

$\vec{AB} = (x_2-x_1, y_2-y_1, z_2-z_1)$

$|\vec{OA}| = \sqrt{x_1^2 + y_1^2 + z_1^2}$

$|\vec{AB}| = \sqrt{(x_2-x_1)^2 + (y_2-y_1)^2 + (z_2-z_1)^2}$

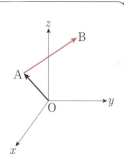

(2) $\vec{a} = (x_1, y_1, z_1), \vec{b} = (x_2, y_2, z_2)$ とすると

$\vec{a} \cdot \vec{b} = x_1 x_2 + y_1 y_2 + z_1 z_2$

$\vec{a} \perp \vec{b} \implies \vec{a} \cdot \vec{b} = 0 \implies x_1 x_2 + y_1 y_2 + z_1 z_2 = 0$

$\vec{a}, \vec{b}$ のなす角を θ とすると

$$\cos\theta = \frac{\vec{a} \cdot \vec{b}}{|\vec{a}||\vec{b}|} = \frac{x_1 x_2 + y_1 y_2 + z_1 z_2}{\sqrt{x_1^2 + y_1^2 + z_1^2}\sqrt{x_2^2 + y_2^2 + z_2^2}}$$

■97 直線，平面，球面の方程式 ■

直線の方程式
　　点 $A(\vec{a})$ を通り，$\vec{b}$ に平行な直線
　　$\vec{p} = \vec{a} + t\vec{b}$ （t は実数）

平面の方程式

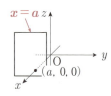
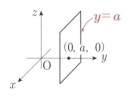
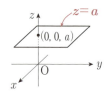

球面の方程式
　　点 (a, b, c) を中心とする半径 r の球面の方程式は
　　$(x-a)^2 + (y-b)^2 + (z-c)^2 = r^2$
　　特に，原点を中心とする半径 r の球面の方程式は
　　$x^2 + y^2 + z^2 = r^2$

例題 96　4分・8点

Oを原点とする座標空間に3点 A(1, 2, 0), B(2, 0, −1), C(0, −2, 4) がある。$|\vec{AB}| = \sqrt{\boxed{ア}}$, $|\vec{AC}| = \sqrt{\boxed{イウ}}$, $\vec{AB} \cdot \vec{AC} = \boxed{エ}$ であるから, $\cos \angle BAC = \dfrac{\boxed{オ}}{\sqrt{\boxed{カキ}}}$ であり, △ABCの面積は $\dfrac{\boxed{ク}\sqrt{\boxed{ケコ}}}{\boxed{サ}}$ である。

解答

$\vec{AB} = (1, -2, -1)$, $\vec{AC} = (-1, -4, 4)$ より
$|\vec{AB}| = \sqrt{6}$, $|\vec{AC}| = \sqrt{33}$, $\vec{AB} \cdot \vec{AC} = 3$
$$\cos \angle BAC = \frac{\vec{AB} \cdot \vec{AC}}{|\vec{AB}||\vec{AC}|} = \frac{3}{\sqrt{6}\sqrt{33}} = \frac{1}{\sqrt{22}}$$
$\sin \angle BAC = \dfrac{\sqrt{21}}{\sqrt{22}}$ より, △ABC の面積は
$$\frac{1}{2}|\vec{AB}||\vec{AC}|\sin \angle BAC = \frac{1}{2} \cdot \sqrt{6} \cdot \sqrt{33} \cdot \frac{\sqrt{21}}{\sqrt{22}} = \frac{3\sqrt{21}}{2}$$

← $|\vec{AB}| = \sqrt{1^2 + (-2)^2 + (-1)^2}$
　$|\vec{AC}| = \sqrt{(-1)^2 + (-4)^2 + 4^2}$
　$\vec{AB} \cdot \vec{AC}$
　$= 1 \cdot (-1) + (-2) \cdot (-4) + (-1) \cdot 4$

← $\sin \angle BAC$
　$= \sqrt{1 - \cos^2 \angle BAC}$

(別解)　△ABC の面積は
$$\frac{1}{2}\sqrt{|\vec{AB}|^2|\vec{AC}|^2 - (\vec{AB} \cdot \vec{AC})^2} = \frac{1}{2}\sqrt{6 \cdot 33 - 3^2} = \frac{3\sqrt{21}}{2}$$

例題 97　4分・8点

Oを原点とする座標空間に3点 A(4, 1, 3), B(3, 0, 2), C(1, 1, −1) がある。直線 AB 上に点 P をとる。$\vec{OP} = \vec{OA} + t\vec{AB}$ (t：実数)と表すと, OP と OC が垂直になるのは $t = \boxed{ア}$ であり, P の座標は $(\boxed{イ}, \boxed{ウエ}, \boxed{オ})$ である。また, P が平面 $z = -1$ 上にあるとき $t = \boxed{カ}$ であり, P の座標は $(\boxed{キ}, \boxed{クケ}, \boxed{コサ})$ である。

解答

$\vec{AB} = (3-4, 0-1, 2-3) = (-1, -1, -1)$
$\vec{OP} = \vec{OA} + t\vec{AB} = (4-t, 1-t, 3-t)$
$\vec{OP} \perp \vec{OC}$ より
$\vec{OP} \cdot \vec{OC} = 1 \cdot (4-t) + 1 \cdot (1-t) - 1 \cdot (3-t) = 0$
　∴　$2 - t = 0$　∴　$t = 2$
よって, $\vec{OP} = (2, -1, 1)$ より　P(2, −1, 1)
また, P が平面 $z = -1$ 上にあるとき
　$3 - t = -1$　∴　$t = 4$
よって, $\vec{OP} = (0, -3, -1)$ より　P(0, −3, −1)

← 垂直 ⟹ 内積 = 0

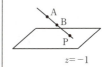
$z = -1$

STAGE 1 類題

類題 86 （3分・4点）

右図のような立方体 ABCD−EFGH において，AB, CG, HE を $a:(1-a)$ に内分する点を P, Q, R とし，$\overrightarrow{AB}=\vec{x}$, $\overrightarrow{AD}=\vec{y}$, $\overrightarrow{AE}=\vec{z}$ とおく。ただし，$0<a<1$ とする。このとき

$$\overrightarrow{PQ}=(\boxed{ア}-\boxed{イ})\vec{x}+\vec{y}+\boxed{ウ}\vec{z}$$
$$\overrightarrow{PR}=\boxed{エオ}\vec{x}+(\boxed{カ}-\boxed{キ})\vec{y}+\vec{z}$$

である。

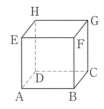

類題 87 （3分・6点）

平面 ABC 上にある点 P が，$-7\overrightarrow{PA}+13\overrightarrow{PB}+11\overrightarrow{PC}=\vec{0}$ を満たしている。このとき

$$\overrightarrow{AP}=\frac{\boxed{アイ}}{\boxed{ウエ}}\overrightarrow{AB}+\frac{\boxed{オカ}}{\boxed{キク}}\overrightarrow{AC}$$

である。また，平面 ABC 上にない点を O とすると

$$\overrightarrow{OP}=\frac{\boxed{ケコ}}{\boxed{サシ}}\overrightarrow{OA}+\frac{\boxed{スセ}}{\boxed{ソタ}}\overrightarrow{OB}+\frac{\boxed{チツ}}{\boxed{テト}}\overrightarrow{OC}$$

である。

類 題　*181*

類題 88　　　　　　　　　　　　　　　　　　　　（3分・6点）

△OAB において，辺 OA の中点を C，線分 BC を 4：3 に内分する点を D とする。このとき

$$\overrightarrow{OD} = \frac{\boxed{\text{ア}}}{\boxed{\text{イ}}}\overrightarrow{OA} + \frac{\boxed{\text{ウ}}}{\boxed{\text{エ}}}\overrightarrow{OB}$$

である。また，線分 AD を 3：1 に外分する点を E とすると

$$\overrightarrow{OE} = \frac{\boxed{\text{オカ}}}{\boxed{\text{キク}}}\overrightarrow{OA} + \frac{\boxed{\text{ケ}}}{\boxed{\text{コサ}}}\overrightarrow{OB}$$

である。

類題 89　　　　　　　　　　　　　　　　　　　　（3分・8点）

3 辺 BC，CA，AB の長さがそれぞれ 7，5，3 の △ABC がある。∠BAC の二等分線と辺 BC との交点を D とし，∠ABC の二等分線と線分 AD との交点を I とすると

$$\overrightarrow{AD} = \frac{\boxed{\text{ア}}}{\boxed{\text{イ}}}\overrightarrow{AB} + \frac{\boxed{\text{ウ}}}{\boxed{\text{エ}}}\overrightarrow{AC},$$

$$\overrightarrow{AI} = \frac{\boxed{\text{オ}}}{\boxed{\text{カ}}}\overrightarrow{AB} + \frac{\boxed{\text{キ}}}{\boxed{\text{ク}}}\overrightarrow{AC}$$

である。さらに，△ADC の重心を G とすると

$$\overrightarrow{AG} = \frac{\boxed{\text{ケ}}}{\boxed{\text{コサ}}}\overrightarrow{AB} + \frac{\boxed{\text{シス}}}{\boxed{\text{セソ}}}\overrightarrow{AC}$$

である。

類題 90 （3分・8点）

右図は1辺の長さが2の立方体である。次の内積を求めよ。

$\vec{AB}\cdot\vec{DG} = \boxed{\text{ア}}$, $\vec{AB}\cdot\vec{GE} = \boxed{\text{イウ}}$
$\vec{AF}\cdot\vec{EH} = \boxed{\text{エ}}$, $\vec{AF}\cdot\vec{AH} = \boxed{\text{オ}}$
$\vec{AG}\cdot\vec{AC} = \boxed{\text{カ}}$, $\vec{AG}\cdot\vec{BC} = \boxed{\text{キ}}$

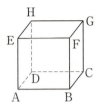

類題 91 （3分・6点）

(1) $|\vec{a}|=2$, $|\vec{b}|=3$, $|2\vec{a}-\vec{b}|=4$ のとき
$$\vec{a}\cdot\vec{b} = \frac{\boxed{\text{ア}}}{\boxed{\text{イ}}}, \quad |\vec{a}+2\vec{b}| = \boxed{\text{ウ}}$$
である。

(2) $|\vec{a}+\vec{b}|=3$, $|\vec{a}-\vec{b}|=2$ のとき
$$\vec{a}\cdot\vec{b} = \frac{\boxed{\text{エ}}}{\boxed{\text{オ}}}, \quad |\vec{a}|^2+|\vec{b}|^2 = \frac{\boxed{\text{カキ}}}{\boxed{\text{ク}}}$$
である。

類題 92 (5分・10点)

△OAB において，辺 OA を $3:1$ に内分する点を L，辺 OB の中点を M とする。直線 AB 上に点 N があり，実数 a を用いて $\overrightarrow{\mathrm{AN}}=a\overrightarrow{\mathrm{AB}}$ とおくと

$$\overrightarrow{\mathrm{ML}}=\frac{\boxed{\text{ア}}}{\boxed{\text{イ}}}\overrightarrow{\mathrm{OA}}-\frac{\boxed{\text{ウ}}}{\boxed{\text{エ}}}\overrightarrow{\mathrm{OB}}$$

$$\overrightarrow{\mathrm{MN}}=\left(\boxed{\text{オ}}-\boxed{\text{カ}}\right)\overrightarrow{\mathrm{OA}}+\left(\boxed{\text{キ}}-\frac{\boxed{\text{ク}}}{\boxed{\text{ケ}}}\right)\overrightarrow{\mathrm{OB}}$$

である。

$a=-\dfrac{1}{2}$ のとき，$\overrightarrow{\mathrm{MN}}=\boxed{\text{コ}}\ \overrightarrow{\mathrm{ML}}$ であるから，3 点 L，M，N は一直線上にあり，N は線分 LM を $\boxed{\text{サ}}:\boxed{\text{シ}}$ に外分する点である。

また，△OAB が 1 辺の長さが 2 の正三角形であるとき，$\angle\mathrm{LMN}=90°$ となるのは，$a=\dfrac{\boxed{\text{ス}}}{\boxed{\text{セソ}}}$ のときである。

類題 93 (3分・6点)

$a>0$ とする。△ABC と点 P が $a\overrightarrow{\mathrm{PA}}+4\overrightarrow{\mathrm{PB}}+5\overrightarrow{\mathrm{PC}}=\overrightarrow{0}$ を満たすとする。直線 AP と直線 BC の交点を D とする。$\overrightarrow{\mathrm{AP}}$ と $\overrightarrow{\mathrm{AD}}$ を $\overrightarrow{\mathrm{AB}}$，$\overrightarrow{\mathrm{AC}}$ で表すと，それぞれ

$$\overrightarrow{\mathrm{AP}}=\frac{\boxed{\text{ア}}}{a+\boxed{\text{イ}}}\overrightarrow{\mathrm{AB}}+\frac{\boxed{\text{ウ}}}{a+\boxed{\text{エ}}}\overrightarrow{\mathrm{AC}}$$

$$\overrightarrow{\mathrm{AD}}=\frac{\boxed{\text{オ}}}{\boxed{\text{カ}}}\overrightarrow{\mathrm{AB}}+\frac{\boxed{\text{キ}}}{\boxed{\text{ク}}}\overrightarrow{\mathrm{AC}}$$

であり，$\dfrac{\mathrm{BD}}{\mathrm{DC}}=\dfrac{\boxed{\text{ケ}}}{\boxed{\text{コ}}}$，$\dfrac{\mathrm{AP}}{\mathrm{PD}}=\dfrac{\boxed{\text{サ}}}{\boxed{\text{シ}}}$ である。

184   §7　ベクトル

類題　94   （4分・8点）

$\vec{a}=(0,\ 2)$, $\vec{b}=(2,\ 1)$とする。実数 s, tを用いて, $\vec{p}=s\vec{a}+t\vec{b}$ で表される $\vec{p}$ について, 次の問いに答えよ。

(1)　$\vec{p}=(3,\ 4)$ のとき, $s=\dfrac{\boxed{ア}}{\boxed{イ}}$, $t=\dfrac{\boxed{ウ}}{\boxed{エ}}$ である。

(2)　$\vec{p}\perp(\vec{b}-\vec{a})$ のとき, $s=\dfrac{\boxed{オ}}{\boxed{カ}}t$ である。

(3)　$s=5$ のとき, $|\vec{p}|$ が最小になるのは, $t=\boxed{キク}$ のときである。このとき, 最小値は $\boxed{ケ}\sqrt{\boxed{コ}}$ である。

類題　95   （4分・8点）

座標平面上に点 A$(1,\ 2)$, B$(4,\ 11)$, C$(-1,\ 6)$がある。$\overrightarrow{AB}\cdot\overrightarrow{AC}=\boxed{アイ}$ であり, $\angle BAC=\boxed{ウエ}°$ である。点 D は直線 AC 上の点で, 実数 t を用いて, $\overrightarrow{AD}=t\overrightarrow{AC}$ と表される。$\triangle ABD$ の面積が 45 であるとき, $t=\boxed{オ}$ または $\boxed{カキ}$ である。$t=\boxed{オ}$ のとき, D の座標は$(\boxed{クケ},\boxed{コサ})$である。

類題 *185*

類題 96　　　　　　　　　　　　　　　　　　　　（4分・8点）

O を原点とする座標空間に A(1, −3, 2)，B(2, 1, −3) がある。
$\overrightarrow{OA}\cdot\overrightarrow{OB}=\boxed{\text{アイ}}$ であり，$\angle AOB=\boxed{\text{ウエオ}}°$ である。

△OAB の面積は $\dfrac{\boxed{\text{カ}}\sqrt{\boxed{\text{キ}}}}{\boxed{\text{ク}}}$ である。

また，線分 AB を 2:1 に内分する点を D，1:4 に外分する点を E とすると，
△ODE の重心の座標は $\left(\dfrac{\boxed{\text{ケ}}}{\boxed{\text{コ}}},\ \dfrac{\boxed{\text{サシス}}}{\boxed{\text{セ}}},\ \dfrac{\boxed{\text{ソ}}}{\boxed{\text{タ}}}\right)$ である。

類題 97　　　　　　　　　　　　　　　　　　　　（4分・6点）

O を原点とする空間に 3 点 A(0, −1, 1)，B(2, 0, 2)，C(1, 1, 2) がある。

(1) 実数 t を用いて，$\overrightarrow{OP}=\overrightarrow{OA}+t\overrightarrow{AB}$ で表される点 P について，P が xy 平面上の点であるとき，P の座標は $(\boxed{\text{アイ}},\ \boxed{\text{ウエ}},\ 0)$ である。また，CP が AB に垂直であるとき，$t=\dfrac{\boxed{\text{オ}}}{\boxed{\text{カ}}}$ である。

(2) 2 点 A，B を直径の両端とする球面を S とする。S の方程式を
$x^2+y^2+z^2+ax+by+cz+d=0$ とすると
$$a=\boxed{\text{キク}},\quad b=\boxed{\text{ケ}},\quad c=\boxed{\text{コサ}},\quad d=\boxed{\text{シ}}$$
である。

S と平面 $x=2$ との交わりの円の半径は $\dfrac{\sqrt{\boxed{\text{ス}}}}{\boxed{\text{セ}}}$ である。

STAGE 2 | 63 ベクトルの平面図形への応用

■ 98 ベクトルの平面図形への応用 ■

(1) 3点が一直線上にある条件

点 P が直線 AB 上にある $\iff \overrightarrow{AP} = t\overrightarrow{AB}$ （t:実数）

点 P が線分 AB 上にある $\iff \overrightarrow{AP} = t\overrightarrow{AB}$ （$0 \leq t \leq 1$）

直線 AB 上にない点 O を始点にすると

点 P が直線 AB 上にある
$\iff \overrightarrow{OP} = \overrightarrow{OA} + t\overrightarrow{AB}$
$\iff \overrightarrow{OP} = (1-t)\overrightarrow{OA} + t\overrightarrow{OB}$
$\iff \overrightarrow{OP} = s\overrightarrow{OA} + t\overrightarrow{OB}$ （$s+t=1$）

(2) ベクトルの係数比較

平行でない2つのベクトル $\overrightarrow{AB}$, $\overrightarrow{AC}$ を用いて，$\overrightarrow{AP}$ を次のように2通りに表せたとする。

$$\begin{cases} \overrightarrow{AP} = x\overrightarrow{AB} + y\overrightarrow{AC} \\ \overrightarrow{AP} = m\overrightarrow{AB} + n\overrightarrow{AC} \end{cases}$$

このとき
$$x=m, \quad y=n$$
が成り立つ。

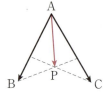

(3) 実数倍と分点公式の利用

$\overrightarrow{AP} = \dfrac{m\overrightarrow{AB} + n\overrightarrow{AC}}{l}$ とする。

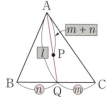

$$\overrightarrow{AP} = \frac{m\overrightarrow{AB} + n\overrightarrow{AC}}{l} = \underbrace{\frac{m+n}{l}}_{\text{(実数倍)}} \cdot \underbrace{\frac{m\overrightarrow{AB} + n\overrightarrow{AC}}{m+n}}_{\text{(分点公式)}} \quad \Leftarrow \text{係数の和を分母にする}$$

と変形すると

$$\overrightarrow{AQ} = \frac{m\overrightarrow{AB} + n\overrightarrow{AC}}{m+n}$$

として，Q は BC を $n:m$，P は AQ を $m+n:l-(m+n)$ に内分（外分）する点であることがわかる。

63. ベクトルの平面図形への応用　　**187**

例題 98 | 8分・12点

　$0<a<1$ とする。△ABC に対し，辺 AB を $1:5$ に内分する点を P，辺 AC を $a:(1-a)$ に内分する点を Q とする。また，線分 BQ と線分 CP の交点を K とし，直線 AK と辺 BC の交点を R とすると

$$\overrightarrow{BQ}=-\overrightarrow{AB}+\boxed{\text{ア}}\ \overrightarrow{AC}, \quad \overrightarrow{CP}=\frac{1}{\boxed{\text{イ}}}\overrightarrow{AB}-\overrightarrow{AC}$$

$$\overrightarrow{AK}=\frac{\boxed{\text{ウ}}-a}{\boxed{\text{エ}}-\boxed{\text{オ}}}\overrightarrow{AB}+\frac{\boxed{\text{カ}\,\text{キ}}}{\boxed{\text{ク}}-\boxed{\text{ケ}}}\overrightarrow{AC}$$

$$\overrightarrow{AR}=\frac{\boxed{\text{コ}}-\boxed{\text{サ}}}{\boxed{\text{シ}}\,a+\boxed{\text{ス}}}\overrightarrow{AB}+\frac{\boxed{\text{セ}\,\text{ソ}}}{\boxed{\text{タ}}\,a+\boxed{\text{チ}}}\overrightarrow{AC}$$

である。

解答

$$\overrightarrow{BQ}=\overrightarrow{AQ}-\overrightarrow{AB}$$
$$=-\overrightarrow{AB}+\boldsymbol{a}\,\overrightarrow{AC}$$
$$\overrightarrow{CP}=\overrightarrow{AP}-\overrightarrow{AC}$$
$$=\frac{1}{6}\overrightarrow{AB}-\overrightarrow{AC}$$

$\overrightarrow{BK}=s\overrightarrow{BQ}$ とおくと

$$\overrightarrow{AK}=\overrightarrow{AB}+s\overrightarrow{BQ}=(1-s)\overrightarrow{AB}+sa\overrightarrow{AC} \quad \cdots\cdots①$$

$\overrightarrow{CK}=t\overrightarrow{CP}$ とおくと

$$\overrightarrow{AK}=\overrightarrow{AC}+t\overrightarrow{CP}=\frac{1}{6}t\overrightarrow{AB}+(1-t)\overrightarrow{AC} \quad \cdots\cdots②$$

①，②より

$$(1-s)\overrightarrow{AB}+sa\overrightarrow{AC}=\frac{1}{6}t\overrightarrow{AB}+(1-t)\overrightarrow{AC}$$

$\overrightarrow{AB}$ と $\overrightarrow{AC}$ は平行でないから

$$1-s=\frac{1}{6}t, \quad sa=1-t \quad \therefore\quad s=\frac{5}{6-a}, \quad t=\frac{6-6a}{6-a}$$

よって

$$\overrightarrow{AK}=\frac{1-a}{6-a}\overrightarrow{AB}+\frac{5a}{6-a}\overrightarrow{AC}$$

さらに，$(1-a)+5a=4a+1$ より

$$\overrightarrow{AK}=\frac{4a+1}{6-a}\cdot\frac{(1-a)\overrightarrow{AB}+5a\overrightarrow{AC}}{4a+1}$$

より　$\overrightarrow{AR}=\dfrac{1-a}{4a+1}\overrightarrow{AB}+\dfrac{5a}{4a+1}\overrightarrow{AC}$

◀ 始点の変更。

◀ 係数比較

◀ 分点公式の形を作る。

◀ $\overrightarrow{AK}=\dfrac{4a+1}{6-a}\overrightarrow{AR}$

STAGE 2 | 64 | 終点の存在範囲

■ 99 終点の存在範囲 ■

平行でない 2 つのベクトル $\overrightarrow{OA}$, $\overrightarrow{OB}$ に対し
$\overrightarrow{OP} = s\overrightarrow{OA} + t\overrightarrow{OB}$ (s, t：実数) とすると

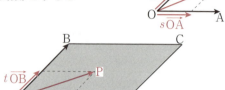

(1) $\begin{cases} 0 \leq s \leq 1 \\ 0 \leq t \leq 1 \end{cases}$ のとき

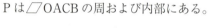

P は ▱OACB の周および内部にある。

例えば
$\begin{cases} -1 \leq s \leq 0 \\ \dfrac{1}{2} \leq t \leq 1 \end{cases}$ のとき

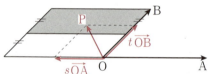

P は図の灰色部分にある。

(2) $\begin{cases} s \geq 0 \\ t \geq 0 \\ s+t \leq 1 \end{cases}$ のとき

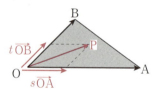

P は △OAB の周および内部にある。

例えば
$\begin{cases} s \geq 0 \\ t \geq 0 \\ 3s+2t \leq 1 \end{cases}$ のとき

$$\overrightarrow{OP} = \underset{\underset{u}{\parallel}}{3s}\left(\underset{\underset{\overrightarrow{OC}}{\parallel}}{\dfrac{1}{3}\overrightarrow{OA}}\right) + \underset{\underset{v}{\parallel}}{2t}\left(\underset{\underset{\overrightarrow{OD}}{\parallel}}{\dfrac{1}{2}\overrightarrow{OB}}\right)$$ とおくと

$\begin{cases} u \geq 0 \\ v \geq 0 \\ u+v \leq 1 \end{cases}$

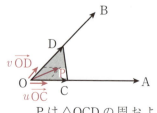

P は △OCD の周および内部にある。

64. 終点の存在範囲　189

例題 99　**4分・8点**

面積が1の△OABがある。$\overrightarrow{OP}=s\overrightarrow{OA}+t\overrightarrow{OB}$ (s, t：実数) とするとき，Pの存在する範囲の面積は

$0 \leq s \leq 1$, $0 \leq t \leq 1$ のとき，　ア　であり，

$-1 \leq s \leq 1$, $1 \leq t \leq 2$ のとき，　イ　である。

また，$s \geq 0$, $t \geq 0$, $2s+4t \leq 3$ のとき，$\dfrac{ウ}{エ}$ である。

解答

$0 \leq s \leq 1$, $0 \leq t \leq 1$ のとき，Pは OA，OBを2辺とする平行四辺形の周および内部にあるから，面積は

$2 \cdot 1 = \mathbf{2}$

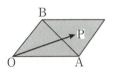

$-1 \leq s \leq 1$, $1 \leq t \leq 2$ のとき，Pは右図の灰色部分にある。面積は上の平行四辺形の2倍であるから

$2 \cdot 2 = \mathbf{4}$

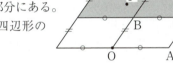

$2s+4t \leq 3$ のとき　$\dfrac{2}{3}s+\dfrac{4}{3}t \leq 1$

$\dfrac{2}{3}s=u$, $\dfrac{4}{3}t=v$, $\dfrac{3}{2}\overrightarrow{OA}=\overrightarrow{OC}$, $\dfrac{3}{4}\overrightarrow{OB}=\overrightarrow{OD}$

とおくと

$\overrightarrow{OP}=\dfrac{2}{3}s\left(\dfrac{3}{2}\overrightarrow{OA}\right)+\dfrac{4}{3}t\left(\dfrac{3}{4}\overrightarrow{OB}\right)=u\overrightarrow{OC}+v\overrightarrow{OD}$

$u \geq 0$, $t \geq 0$, $u+v \leq 1$ より，Pは△OCDの周および内部を動く。

OA：OC＝2：3，
OB：OD＝4：3 より

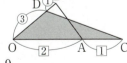

$\triangle OCD = \dfrac{3}{2} \cdot \dfrac{3}{4} \triangle OAB = \dfrac{9}{8} \triangle OAB$

← △OAB：△OCD
　＝OA・OB：OC・OD

よって，Pの存在する範囲の面積は $\dfrac{\mathbf{9}}{\mathbf{8}}$

STAGE 2　65　平面ベクトルの応用

■100　平面ベクトルの応用　■

(1) 内積の利用

(i) ベクトルの大きさ

$|\vec{a}|$, $|\vec{b}|$, $\vec{a}\cdot\vec{b}$ の値が与えられているとき，
$\vec{a}$, $\vec{b}$ で表されるベクトルの大きさを求めることができる。

$$\vec{p}=m\vec{a}+n\vec{b} \implies |\vec{p}|^2=|m\vec{a}+n\vec{b}|^2$$
$$=m^2|\vec{a}|^2+2mn\vec{a}\cdot\vec{b}+n^2|\vec{b}|^2$$

(ii) 垂直条件

$(m\vec{a}+n\vec{b}) \perp (x\vec{a}+y\vec{b})$
$$\implies (m\vec{a}+n\vec{b})\cdot(x\vec{a}+y\vec{b})=0$$

(2) ベクトル方程式

定点 $A(\vec{a})$, $B(\vec{b})$ と動点 $P(\vec{p})$ がある。
動点 P の描く図形とそのベクトル方程式は

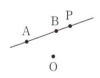

直線 AB $\implies$ $\overrightarrow{AP}=t\overrightarrow{AB}$
$\therefore$ $\overrightarrow{OP}=\overrightarrow{OA}+t\overrightarrow{AB}$
$\therefore$ $\vec{p}=\vec{a}+t(\vec{b}-\vec{a})$
$=(1-t)\vec{a}+t\vec{b}$

点 A を中心とする半径 r の円
$\implies$ $|\overrightarrow{AP}|=r$
$\therefore$ $|\vec{p}-\vec{a}|=r$

線分 AB を直径とする円
$\implies$ $\overrightarrow{AP}\cdot\overrightarrow{BP}=0$
$\therefore$ $(\vec{p}-\vec{a})\cdot(\vec{p}-\vec{b})=0$

65. 平面ベクトルの応用   191

> **例題 100** 8分・12点
>
> 平面上の二つのベクトル $\overrightarrow{OA}, \overrightarrow{OB}$ のなす角は $60°$ で $|\overrightarrow{OA}|=2$, $|\overrightarrow{OB}|=3$ である。このとき
> $$(\overrightarrow{OP}+3\overrightarrow{OA})\cdot(\overrightarrow{OP}-\overrightarrow{OA}-2\overrightarrow{OB})=0$$
> を満たす点 P が描く円を C として，円 C の中心を D とすると，$\overrightarrow{OD}=\boxed{ア}\overrightarrow{OA}+\overrightarrow{OB}$ であり，円 C の半径は $\sqrt{\boxed{イウ}}$ である。また，D から直線 AB に下ろした垂線と直線 AB との交点を H とすると，$\overrightarrow{OH}=\dfrac{\boxed{エオ}}{\boxed{カ}}\overrightarrow{OA}+\dfrac{\boxed{キ}}{\boxed{ク}}\overrightarrow{OB}$ である。

解答

$-3\overrightarrow{OA}=\overrightarrow{OE}$, $\overrightarrow{OA}+2\overrightarrow{OB}=\overrightarrow{OF}$

とおくと，与式より

$(\overrightarrow{OP}-\overrightarrow{OE})\cdot(\overrightarrow{OP}-\overrightarrow{OF})=0$ ∴ $\overrightarrow{EP}\cdot\overrightarrow{FP}=0$

よって，P は線分 EF を直径の両端とする円を描く。

∴ $\overrightarrow{OD}=\dfrac{1}{2}(\overrightarrow{OE}+\overrightarrow{OF})$

$\qquad =-\overrightarrow{OA}+\overrightarrow{OB}$

← $(\vec{p}-\vec{a})\cdot(\vec{p}-\vec{b})=0$ の形にする。

$\overrightarrow{OA}=\vec{a}$, $\overrightarrow{OB}=\vec{b}$ とおくと，$|\vec{a}|=2$, $|\vec{b}|=3$ であり

$\vec{a}\cdot\vec{b}=2\cdot 3\cdot\cos 60°=3$

∴ $|\overrightarrow{DE}|^2=|\overrightarrow{OE}-\overrightarrow{OD}|^2$

$\qquad =|-2\vec{a}-\vec{b}|^2=4|\vec{a}|^2+4\vec{a}\cdot\vec{b}+|\vec{b}|^2$

$\qquad =16+12+9=37$

∴ 半径は $\sqrt{37}$

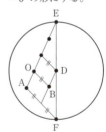

また，$\overrightarrow{OH}=\overrightarrow{OA}+t\overrightarrow{AB}=(1-t)\vec{a}+t\vec{b}$ とおくと

$\overrightarrow{DH}=\overrightarrow{OH}-\overrightarrow{OD}=(2-t)\vec{a}+(t-1)\vec{b}$

$\overrightarrow{DH}\perp\overrightarrow{AB}$ より

$\overrightarrow{DH}\cdot\overrightarrow{AB}=\{(2-t)\vec{a}+(t-1)\vec{b}\}\cdot(\vec{b}-\vec{a})=0$

$-(2-t)|\vec{a}|^2+(3-2t)\vec{a}\cdot\vec{b}+(t-1)|\vec{b}|^2=0$

$4(t-2)+3(3-2t)+9(t-1)=0$

∴ $t=\dfrac{8}{7}$

よって $\overrightarrow{OH}=-\dfrac{1}{7}\overrightarrow{OA}+\dfrac{8}{7}\overrightarrow{OB}$

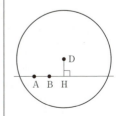

STAGE 2 66 ベクトルの空間図形への応用

■ 101 ベクトルの空間図形への応用 ■

(1) 実数倍，分点公式，始点変更

OP : PA = $m : n$ とすると

$$\overrightarrow{OP} = \frac{m}{m+n}\overrightarrow{OA}$$

BQ : QC = $m : n$ とすると

$$\overrightarrow{OQ} = \frac{n\overrightarrow{OB} + m\overrightarrow{OC}}{m+n}$$

$$\overrightarrow{PQ} = \overrightarrow{OQ} - \overrightarrow{OP}$$

$$= \frac{-m}{m+n}\overrightarrow{OA} + \frac{n}{m+n}\overrightarrow{OB} + \frac{m}{m+n}\overrightarrow{OC}$$

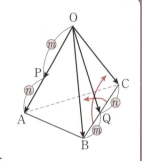

(2) 四面体 OABC において，$\overrightarrow{OP} = l\overrightarrow{OA} + m\overrightarrow{OB} + n\overrightarrow{OC}$ とするとき

 (i) P が平面 OBC 上にある
 $\iff l = 0$
 ($\overrightarrow{OP} = m\overrightarrow{OB} + n\overrightarrow{OC}$ の形で表される)

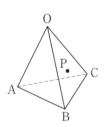

 (ii) P が平面 ABC 上にある
 $\iff l + m + n = 1$

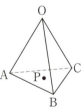

P が平面 ABC 上にあるとき
$$\overrightarrow{AP} = m\overrightarrow{AB} + n\overrightarrow{AC}$$
と表せる。O を始点とするベクトルで表すと
$$\overrightarrow{OP} - \overrightarrow{OA} = m(\overrightarrow{OB} - \overrightarrow{OA}) + n(\overrightarrow{OC} - \overrightarrow{OA})$$
$$\therefore \quad \overrightarrow{OP} = (1 - m - n)\overrightarrow{OA} + m\overrightarrow{OB} + n\overrightarrow{OC}$$
$1 - m - n = l$ とおくと $\overrightarrow{OP} = l\overrightarrow{OA} + m\overrightarrow{OB} + n\overrightarrow{OC}$ ($l + m + n = 1$)

66. ベクトルの空間図形への応用   193

例題 101 8分・12点

四面体 OPQR において，$\overrightarrow{OP}=\vec{p}$，$\overrightarrow{OQ}=\vec{q}$，$\overrightarrow{OR}=\vec{r}$ とおく。

$0<a<1$ として，線分 OP，QR を $a:(1-a)$ に内分する点をそれぞれ S，T とすると，$\overrightarrow{OS}=\boxed{ア}\vec{p}$，$\overrightarrow{OT}=(\boxed{イ}-\boxed{ウ})\vec{q}+\boxed{エ}\vec{r}$ である。線分 OQ，PR の中点をそれぞれ U，V とし，線分 UV を $a:(1-a)$ に内分する点を M とすると

$$\overrightarrow{OM}=\frac{1}{\boxed{オ}}\{\boxed{カ}\vec{p}+(\boxed{キ}-\boxed{ク})\vec{q}+\boxed{ケ}\vec{r}\}$$

である。よって，M は線分 ST 上にあり，SM：ST=1：$\boxed{コ}$ である。直線 OM が平面 PQR と交わる点を N とする。このとき

$$\overrightarrow{ON}=\frac{\boxed{サ}}{\boxed{シ}+\boxed{ス}}\overrightarrow{OM}$$

である。

解答

OS：SP=$a:1-a$ より $\overrightarrow{OS}=a\vec{p}$

QT：TR=$a:1-a$ より
$\overrightarrow{OT}=(1-a)\vec{q}+a\vec{r}$

UM：MV=$a:1-a$ より
$\overrightarrow{OM}=a\overrightarrow{OV}+(1-a)\overrightarrow{OU}$

$\quad =a\cdot\frac{1}{2}(\vec{p}+\vec{r})+(1-a)\frac{1}{2}\vec{q}$

$\quad =\frac{1}{2}\{a\vec{p}+(1-a)\vec{q}+a\vec{r}\}$

一方，$\overrightarrow{OS}+\overrightarrow{OT}=a\vec{p}+(1-a)\vec{q}+a\vec{r}$ であるから

$\overrightarrow{OM}=\frac{1}{2}(\overrightarrow{OS}+\overrightarrow{OT})$

よって，M は ST の中点
∴ SM：ST=1：2

また，$\overrightarrow{ON}=t\overrightarrow{OM}$ とおくと

$\overrightarrow{ON}=\frac{t}{2}(a\vec{p}+(1-a)\vec{q}+a\vec{r})$

N は平面 PQR 上にあるから

$\frac{t}{2}a+\frac{t}{2}(1-a)+\frac{t}{2}a=1$ ∴ $t=\frac{2}{a+1}$

つまり $\overrightarrow{ON}=\frac{2}{a+1}\overrightarrow{OM}$

← 実数倍

← 分点公式

← 分点公式

← $\overrightarrow{ON}=l\overrightarrow{OP}+m\overrightarrow{OQ}+n\overrightarrow{OR}$
とすると，N が平面 PQR 上にあるとき，
$l+m+n=1$

STAGE 2 | 67 空間ベクトルの応用

■ **102** 空間ベクトルの応用 ■

OA=OB=OC=2
∠AOB=∠AOC=60°, ∠BOC=90°
の四面体 OABC がある。
$\vec{OA}=\vec{a}$, $\vec{OB}=\vec{b}$, $\vec{OC}=\vec{c}$ とする。

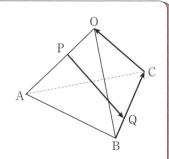

まず，内積を求める。
$\vec{a}\cdot\vec{b}=\vec{c}\cdot\vec{a}=2\cdot 2\cdot\cos 60°=2$
$\vec{b}\cdot\vec{c}=2\cdot 2\cdot\cos 90°=0$

すると，$\vec{a}, \vec{b}, \vec{c}$ で表されるベクトルの大きさや2つのベクトルの内積の値を $|\vec{a}|, |\vec{b}|, |\vec{c}|, \vec{a}\cdot\vec{b}, \vec{b}\cdot\vec{c}, \vec{c}\cdot\vec{a}$ の値から求めることができる。

例えば，辺 OA，辺 BC 上にそれぞれ点 P, Q を
OP : PA=1 : 2, BQ : QC=1 : 2
となるようにとる。

$\vec{PQ}=\vec{OQ}-\vec{OP}=\dfrac{2\vec{b}+\vec{c}}{3}-\dfrac{1}{3}\vec{a}=\dfrac{1}{3}(2\vec{b}+\vec{c}-\vec{a})$

$|\vec{PQ}|^2=\dfrac{1}{9}|2\vec{b}+\vec{c}-\vec{a}|^2$

$=\dfrac{1}{9}(4|\vec{b}|^2+|\vec{c}|^2+|\vec{a}|^2+4\vec{b}\cdot\vec{c}-4\vec{a}\cdot\vec{b}-2\vec{c}\cdot\vec{a})$

$=\dfrac{1}{9}(4\cdot 2^2+2^2+2^2+4\cdot 0-4\cdot 2-2\cdot 2)$

$=\dfrac{12}{9}$ ∴ $|\vec{PQ}|=\dfrac{2}{3}\sqrt{3}$

また

$\vec{PQ}\cdot\vec{BC}=\dfrac{1}{3}(2\vec{b}+\vec{c}-\vec{a})\cdot(\vec{c}-\vec{b})$

$=\dfrac{1}{3}(2\vec{b}\cdot\vec{c}-2|\vec{b}|^2+|\vec{c}|^2-\vec{b}\cdot\vec{c}-\vec{c}\cdot\vec{a}+\vec{a}\cdot\vec{b})$

$=\dfrac{1}{3}(0-2\cdot 2^2+2^2+0-2+2)=-\dfrac{4}{3}$

67. 空間ベクトルの応用　**195**

例題 102 | 6分・10点

　各辺の長さが1である正四面体 OABC において，線分 AB の中点を P，線分 OB を $2:1$ に内分する点を Q，線分 OC を $1:3$ に内分する点を R とする。$\overrightarrow{OA}=\vec{a}$, $\overrightarrow{OB}=\vec{b}$, $\overrightarrow{OC}=\vec{c}$ とおくと，$\vec{a}\cdot\vec{b}=\vec{b}\cdot\vec{c}=\vec{c}\cdot\vec{a}=\dfrac{\boxed{\text{ア}}}{\boxed{\text{イ}}}$ であり，$\overrightarrow{PQ}=\dfrac{\boxed{\text{ウエ}}}{\boxed{\text{オ}}}\vec{a}+\dfrac{\boxed{\text{カ}}}{\boxed{\text{キ}}}\vec{b}$，$\overrightarrow{PR}=\dfrac{\boxed{\text{クケ}}}{\boxed{\text{コ}}}\vec{a}-\dfrac{\boxed{\text{サ}}}{\boxed{\text{シ}}}\vec{b}+\dfrac{\boxed{\text{ス}}}{\boxed{\text{セ}}}\vec{c}$ であるから，$\overrightarrow{PQ}\cdot\overrightarrow{PR}=\dfrac{\boxed{\text{ソ}}}{\boxed{\text{タチ}}}$，$|\overrightarrow{PQ}|=\dfrac{\sqrt{\boxed{\text{ツ}}}}{\boxed{\text{テ}}}$ である。

解答

$\vec{a}\cdot\vec{b}=\vec{b}\cdot\vec{c}=\vec{c}\cdot\vec{a}$

$\qquad=1\cdot 1\cdot\cos 60°=\dfrac{1}{2}$

$\overrightarrow{PQ}=\overrightarrow{OQ}-\overrightarrow{OP}$

$\qquad=\dfrac{2}{3}\vec{b}-\dfrac{\vec{a}+\vec{b}}{2}$

$\qquad=-\dfrac{1}{2}\vec{a}+\dfrac{1}{6}\vec{b}$

$\overrightarrow{PR}=\overrightarrow{OR}-\overrightarrow{OP}$

$\qquad=\dfrac{1}{4}\vec{c}-\dfrac{\vec{a}+\vec{b}}{2}=-\dfrac{1}{2}\vec{a}-\dfrac{1}{2}\vec{b}+\dfrac{1}{4}\vec{c}$

$\overrightarrow{PQ}\cdot\overrightarrow{PR}=\left(-\dfrac{1}{2}\vec{a}+\dfrac{1}{6}\vec{b}\right)\cdot\left(-\dfrac{1}{2}\vec{a}-\dfrac{1}{2}\vec{b}+\dfrac{1}{4}\vec{c}\right)$

$\qquad=\dfrac{1}{24}(-3\vec{a}+\vec{b})\cdot(-2\vec{a}-2\vec{b}+\vec{c})$

$\qquad=\dfrac{1}{24}(6|\vec{a}|^2+4\vec{a}\cdot\vec{b}-3\vec{a}\cdot\vec{c}-2|\vec{b}|^2+\vec{b}\cdot\vec{c})$

$\qquad=\dfrac{5}{24}$

$|\overrightarrow{PQ}|^2=\left|\dfrac{-3\vec{a}+\vec{b}}{6}\right|^2=\dfrac{1}{36}(9|\vec{a}|^2-6\vec{a}\cdot\vec{b}+|\vec{b}|^2)$

$\qquad=\dfrac{7}{36}$

$\therefore\quad |\overrightarrow{PQ}|=\dfrac{\sqrt{7}}{6}$

◀ 2つのベクトルのなす角度はいずれも $60°$

◀ 始点を O に直す。

◀ $|\vec{a}|=|\vec{b}|=1$
$\vec{a}\cdot\vec{b}=\vec{b}\cdot\vec{c}$
$\qquad=\vec{c}\cdot\vec{a}$
$\qquad=\dfrac{1}{2}$

◀ 大きさは2乗して展開。

STAGE 2 68 空間座標とベクトル

■ 103　空間座標とベクトル ■

直線

2点 $A(x_1, y_1, z_1)$, $B(x_2, y_2, z_2)$ を通る直線を l として，l 上に点 P をとる。
$\vec{AB}=(x_2-x_1, y_2-y_1, z_2-z_1)=(a, b, c)$ とすると

$$\vec{OP}=\vec{OA}+t\vec{AB}$$
$$=(x_1, y_1, z_1)+t(a, b, c)$$
$$=(x_1+at, y_1+bt, z_1+ct)$$
$$\therefore \quad P(x_1+at, y_1+bt, z_1+ct) \quad \cdots\cdots(*)$$

・$\vec{OP}\perp\vec{AB}$ のとき
$$\vec{AB}\cdot\vec{OP}=a(x_1+at)+b(y_1+bt)+c(z_1+ct)=0$$
$$\therefore \quad t=-\frac{ax_1+by_1+cz_1}{a^2+b^2+c^2}$$

これを $(*)$ に代入すると，$OP\perp AB$ となるときの P の座標が求められる。

・P が xy 平面上にあるとき
$$z_1+ct=0 \qquad \therefore \quad t=-\frac{z_1}{c}$$

これを $(*)$ に代入すると，P が xy 平面上にあるときの P の座標が求められる。

(注)　$c=0$ のとき

$z_1=z_2$ から 2 点 A，B は平面 $z=z_1$ 上にあり，l は xy 平面と平行である。

例題 103　4分・8点

Oを原点とする座標空間に3点 A$(-1, -2, 0)$, B$(0, 2, 4)$, C$(3, 0, -1)$がある。$\vec{AD}=s\vec{AB}+t\vec{AC}$ $(s, t：実数)$とするとき
$\vec{OD}=(s+\boxed{ア}t-\boxed{イ}, \boxed{ウ}s+\boxed{エ}t-\boxed{オ}, \boxed{カ}s-t)$
である。Dがz軸上の点であるとき，Dの座標は$\left(0, 0, \dfrac{\boxed{キク}}{\boxed{ケ}}\right)$である。
さらに直線ADと直線BCの交点をEとするとき，Eの座標は，
$\left(\dfrac{\boxed{コ}}{\boxed{サ}}, \dfrac{\boxed{シ}}{\boxed{ス}}, \dfrac{\boxed{セソ}}{\boxed{タ}}\right)$である。

解答

$\vec{AB}=(1, 4, 4)$, $\vec{AC}=(4, 2, -1)$ より
$\vec{OD}=\vec{OA}+\vec{AD}=\vec{OA}+s\vec{AB}+t\vec{AC}$
$\quad=(-1, -2, 0)+s(1, 4, 4)+t(4, 2, -1)$
$\quad=(s+4t-1, 4s+2t-2, 4s-t)$

← $\vec{AB}=\vec{OB}-\vec{OA}$
$\vec{AC}=\vec{OC}-\vec{OA}$

Dがz軸上の点であるとき
$\begin{cases}s+4t-1=0\\4s+2t-2=0\end{cases}$　∴　$s=\dfrac{3}{7}$, $t=\dfrac{1}{7}$

← x座標とy座標が0

このとき
$4s-t=4\cdot\dfrac{3}{7}-\dfrac{1}{7}=\dfrac{11}{7}$

よって，$\vec{OD}=\left(0, 0, \dfrac{11}{7}\right)$ より　D$\left(0, 0, \dfrac{11}{7}\right)$

$\vec{AD}=\dfrac{3}{7}\vec{AB}+\dfrac{1}{7}\vec{AC}=\dfrac{4}{7}\cdot\dfrac{3\vec{AB}+\vec{AC}}{4}$

← 分点公式の形を作る。

これより，$\vec{AE}=\dfrac{3\vec{AB}+\vec{AC}}{4}$，$\vec{AD}=\dfrac{4}{7}\vec{AE}$　とおけて，Eは線分BCを$1:3$に内分する点であることがわかる。

$\vec{OE}=\vec{OA}+\vec{AE}=\vec{OA}+\dfrac{3\vec{AB}+\vec{AC}}{4}$
$\quad=(-1, -2, 0)+\dfrac{3}{4}(1, 4, 4)+\dfrac{1}{4}(4, 2, -1)$
$\quad=\left(\dfrac{3}{4}, \dfrac{3}{2}, \dfrac{11}{4}\right)$

より　E$\left(\dfrac{3}{4}, \dfrac{3}{2}, \dfrac{11}{4}\right)$

← $\vec{OE}=\dfrac{3}{4}\vec{OB}+\dfrac{1}{4}\vec{OC}$
で求めてもよい。

STAGE 2 類題

類題 98　　（10分・15点）

(1) △OAB において，辺 OA を 2：3 に内分する点を C，辺 OB を 2：1 に内分する点を D とする。線分 AD と BC との交点を P，直線 OP と辺 AB との交点を Q とすると

$$\overrightarrow{OP} = \frac{\boxed{ア}}{\boxed{イウ}} \overrightarrow{OA} + \frac{\boxed{エ}}{\boxed{オカ}} \overrightarrow{OB}$$

$$\overrightarrow{OQ} = \frac{\boxed{キ}}{\boxed{ク}} \overrightarrow{OA} + \frac{\boxed{ケ}}{\boxed{コ}} \overrightarrow{OB}$$

であり，$\dfrac{OP}{OQ} = \dfrac{\boxed{サ}}{\boxed{シス}}$，$\dfrac{QB}{AQ} = \dfrac{\boxed{セ}}{\boxed{ソ}}$ である。

(2) a を $0 < a < 1$ の定数とする。平行四辺形 ABCD において，辺 AB の中点を E，辺 AD を $a : (1-a)$ に内分する点を F，BF と DE との交点を P とする。このとき

$$\overrightarrow{BF} = \boxed{タ}\ \overrightarrow{AD} - \overrightarrow{AB}$$

$$\overrightarrow{DE} = \frac{\boxed{チ}}{\boxed{ツ}} \overrightarrow{AB} - \overrightarrow{AD}$$

$$\overrightarrow{AP} = \frac{\boxed{テ} - a}{\boxed{ト} - a} \overrightarrow{AB} + \frac{\boxed{ナ}}{\boxed{ニ} - a} \overrightarrow{AD}$$

と表される。直線 AP と直線 BC との交点を Q とすると，AP：PQ＝1：3 となるときの a の値は $a = \dfrac{\boxed{ヌ}}{\boxed{ネ}}$ である。

類題 99　　　　　　　　　　　　　　　　（6分・10点）

1辺の長さが1の正六角形 ABCDEF がある。

実数 s, t を用いて $\vec{AP}=s\vec{AB}+t\vec{AF}$ と表すとき，P の存在する範囲の面積は

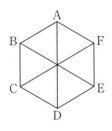

$0 \leqq s \leqq 1$, $0 \leqq t \leqq 1$ のとき　　$\dfrac{\sqrt{\boxed{ア}}}{\boxed{イ}}$

$s \geqq 0$, $t \geqq 0$, $s+t \leqq 1$ のとき　　$\dfrac{\sqrt{\boxed{ウ}}}{\boxed{エ}}$

である。

また，実数 s, t を用いて $\vec{AQ}=s\vec{AC}+t\vec{AF}$ と表すとき，Q の存在する範囲の面積は

$\dfrac{1}{3} \leqq s \leqq 1$, $0 \leqq t \leqq 1$ のとき　　$\dfrac{\boxed{オ}\sqrt{\boxed{カ}}}{\boxed{キ}}$

$s \geqq 0$, $t \geqq 0$　$2s+t \leqq 1$ のとき　　$\dfrac{\sqrt{\boxed{ク}}}{\boxed{ケ}}$

である。

200 §7 ベクトル

類題 100 （6分・8点）

(1) OA＝3, OB＝2, ∠AOB＝120° の三角形がある。辺 AB を 1：3 に内分する点を C として，C を通り直線 OA に平行な直線上の点を P とすると，実数 t を用いて，$\overrightarrow{CP}=t\overrightarrow{OA}$ と表せる。これより，$\overrightarrow{OP}=\left(\dfrac{\boxed{ア}}{\boxed{イ}}+t\right)\overrightarrow{OA}+\dfrac{\boxed{ウ}}{\boxed{エ}}\overrightarrow{OB}$ と表せる。OP と CP が垂直になるとき，$t=\dfrac{\boxed{オカ}}{\boxed{キ}}$ であるから

$\overrightarrow{OP}=\dfrac{\boxed{ク}}{\boxed{ケコ}}\overrightarrow{OA}+\dfrac{\boxed{サ}}{\boxed{シ}}\overrightarrow{OB}$ である。

また，このとき $|\overrightarrow{OP}|=\dfrac{\sqrt{\boxed{ス}}}{\boxed{セ}}$ である。

(2) 平面上の異なる 2 定点 M，N をとり，線分 MN の中点を O とする。さらに，この平面上に等式 $|\overrightarrow{OX}-\overrightarrow{ON}|=2|\overrightarrow{OX}-\overrightarrow{OM}|$ を満たす動点 X を考える。このとき $|\overrightarrow{OX}|^2-\dfrac{\boxed{ソタ}}{\boxed{チ}}\overrightarrow{OX}\cdot\overrightarrow{OM}+|\overrightarrow{OM}|^2=0$ であるから，これを満たす点 X 全体の描く図形は半径 $\dfrac{\boxed{ツ}}{\boxed{テ}}|\overrightarrow{OM}|$ の円であり，その中心を A とするとき，

$\overrightarrow{OA}=\dfrac{\boxed{ト}}{\boxed{ナ}}\overrightarrow{OM}$である。

類題 101 （4分・8点）

四面体 OABC において，$\overrightarrow{OA}=\vec{a}$, $\overrightarrow{OB}=\vec{b}$, $\overrightarrow{OC}=\vec{c}$ とする。辺 OA を 3：2 に内分する点を P，辺 BC を 4：3 に内分する点を Q とする。このとき

$$\overrightarrow{PQ}=\dfrac{\boxed{アイ}}{\boxed{ウ}}\vec{a}+\dfrac{\boxed{エ}}{\boxed{オ}}\vec{b}+\dfrac{\boxed{カ}}{\boxed{キ}}\vec{c}$$

である。線分 PQ の中点を R とし，直線 AR が △OBC の定める平面と交わる点を S とする。このとき，AR：RS＝$\boxed{ク}$：$\boxed{ケ}$ である。

類題 102　　　　　　　　　　　　　　　　　　　　　（8分・12点）

右図のように向かい合う面が平行である六面体 OABC－DEFG がある。ただし，面 OABC，CBFG は一辺の長さが 1 の正方形であり，面 OCGD は $\angle COD=60°$ のひし形である。このとき

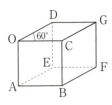

$$\vec{OA}\cdot\vec{OC}=\boxed{\text{ア}}, \quad \vec{OC}\cdot\vec{OD}=\frac{1}{\boxed{\text{イ}}}$$

である。

線分 BE を 2:1 に内分する点を P，線分 GE の中点を Q とすると

$$\vec{PQ}=\frac{\boxed{\text{ウエ}}}{\boxed{\text{オ}}}\vec{OA}+\frac{\boxed{\text{カ}}}{\boxed{\text{キ}}}\vec{OC}+\frac{\boxed{\text{ク}}}{\boxed{\text{ケ}}}\vec{OD}$$

であるから

$$|\vec{PQ}|=\frac{\boxed{\text{コ}}}{\boxed{\text{サ}}}$$

である。

類題 103　　　　　　　　　　　　　　　　　　　　　（6分・10点）

点 O を原点とする座標空間に 4 点 A(2, 0, 2)，B(−1, −1, −1)，C(2, 0, 1)，D(1, 1, 2) がある。線分 AB を 1:3 に内分する点を E，線分 CD を 1:3 に内分する点を F，線分 EF を $a:1-a$ $(0<a<1)$ に内分する点を G とする。

$$\vec{OG}=\left(\frac{\boxed{\text{ア}}a+\boxed{\text{イ}}}{\boxed{\text{ウ}}}, \ \frac{\boxed{\text{エ}}a-\boxed{\text{オ}}}{\boxed{\text{カ}}}, \ \frac{\boxed{\text{キ}}}{\boxed{\text{ク}}}\right)$$

と表される。直線 OG と直線 AD が交わるときの a の値と交点 H の座標を求めよう。点 H は直線 AD 上にあるから，実数 s を用いて $\vec{AH}=s\vec{AD}$ と表され，H は直線 OG 上にあるから，実数 t を用いて $\vec{OH}=t\vec{OG}$ と表される。よって

$$a=\frac{\boxed{\text{ケ}}}{\boxed{\text{コ}}}, \quad s=\frac{\boxed{\text{サシ}}}{\boxed{\text{ス}}}, \quad t=\frac{\boxed{\text{セ}}}{\boxed{\text{ソ}}}$$

である。

したがって，点 H の座標は $\left(\dfrac{\boxed{\text{タチ}}}{\boxed{\text{ツ}}}, \ \dfrac{\boxed{\text{テト}}}{\boxed{\text{ナ}}}, \ \boxed{\text{ニ}}\right)$ であり，点 H は線分 AD を 1:$\boxed{\text{ヌ}}$ に外分している。

総合演習問題

§1 いろいろな式

1 (15分・20点)

k を実数として,x の整式 $P(x)$ を
$$P(x)=x^3+kx^2+5(k-2)x+3(2k-1)$$
とする。

k の値にかかわらず,$P(-\boxed{ア})=0$ であるから,因数定理により,$P(x)$ は $x+\boxed{ア}$ で割り切れる。

このことに注目して,$P(x)$ を因数分解すると
$$P(x)=(x+\boxed{ア})\{x^2+(k-\boxed{イ})x+\boxed{ウ}k-\boxed{エ}\}$$
となる。

(1) 3次方程式 $P(x)=0$ の異なる実数解の個数は最大 $\boxed{オ}$ 個である。また,方程式 $P(x)=0$ がちょうど2個の実数解をもつときの k の値は小さい順に
$k=\boxed{カ}$,$\boxed{キク}$,$\boxed{ケコ}$ であり

$k=\boxed{カ}$ のときの実数解は
$\quad x=-\boxed{ア}$,$\boxed{サ}$

$k=\boxed{キク}$ のときの実数解は
$\quad x=-\boxed{ア}$,$\boxed{シス}$

$k=\boxed{ケコ}$ のときの実数解は
$\quad x=-\boxed{ア}$,$\boxed{セソタ}$

である。

(次ページに続く。)

3次方程式 $P(x)=0$ が虚数解 α, β をもつときを考える。
このとき，k の値の範囲は

$$\boxed{\text{チ}}<k<\boxed{\text{ツテ}}$$

である。

(2) α, β のうち，虚部が正であるものを α とする。

α の実部は $\boxed{\text{ト}}$，虚部は $\boxed{\text{ナ}}$ で表すことができる。

k が $\boxed{\text{チ}}<k<\boxed{\text{ツテ}}$ の範囲を動くとき，α の虚部の最大値は $\boxed{\text{ニ}}$ である。

$\boxed{\text{ト}}$, $\boxed{\text{ナ}}$ の解答群

⓪ $\alpha+\beta$	① $\dfrac{\alpha+\beta}{2}$	② $\alpha-\beta$
③ $\dfrac{\alpha-\beta}{2}$	④ $\dfrac{\alpha-\beta}{2i}$	⑤ $\alpha\beta$

(3) 虚数解の実部が -1 であるとする。このときの k の値と虚数解の虚部を求めよ。

$$k=\boxed{\text{ヌ}}, \quad \text{虚数解の虚部は } \pm\boxed{\text{ネ}}\sqrt{\boxed{\text{ノ}}}$$

204 総合演習問題

§2 図形と方程式

2　　　　　　　　　　　　　　　　　　　　　　　　（12分・18点）

太郎さんと花子さんは，平面上の点の軌跡に関する**問題**について話している。二人の会話を読んで，下の問いに答えよ。

> **問題**　$a>0$ とする。座標平面上に 3 点 A$(6, 0)$，B$(-1, 0)$，C$(0, 2)$が
> ある。このとき
> $$AP^2+2BP^2-2CP^2=a \qquad\qquad ……①$$
> を満たす点 P の表す図形 K を求めよ。

太郎：座標平面上で，3 点 A，B，C の位置をとってみるね。

花子：点 P の描く図形を求めるときは，P の座標を P(x, y)とおいて，①を x，y の式で表してみるんだね。

太郎：AP^2 を x，y の式で表すと
$$AP^2=x^2+y^2-\boxed{アイ}x+\boxed{ウエ}$$
となるね。

花子：BP^2，CP^2 も x，y の式で表して，①に代入して整理すると
$$x^2+y^2-\boxed{オ}x+\boxed{カ}y+\boxed{キク}=a \qquad\qquad ……②$$
となるよ。

太郎：図形 K は円だね。②から，中心と半径を求めると，中心の座標は
$(\boxed{ケ}, \boxed{コサ})$，半径は $\sqrt{a+\boxed{シ}}$ になるね。

---

(1)　$\boxed{アイ}$ 〜 $\boxed{シ}$ に当てはまる数を求めよ。

（次ページに続く。）

円 K について，次の問いに答えよ。

(2) 点 C が円 K の内部にあるような，a の値の範囲を求めよ。
$$a > \boxed{スセ}$$

(3) $a=11$ とする。
点 P が円 K 上を動くとき，線分 CP の長さの最大値は $\boxed{ソ}\sqrt{\boxed{タチ}}$ であり，このときの P の座標は（$\boxed{ツ}$，$\boxed{テト}$）である。

206　総合演習問題

§3　三角関数

3　　　　　　　　　　　　　　　　　　　　　　　　　　（15分・20点）

関数 $f(x) = \left(\sqrt{3}\cos\dfrac{3}{4}x - \sin\dfrac{3}{4}x\right)^2$ について考えよう。

(1)　　　$\sqrt{3}\cos\dfrac{3}{4}x - \sin\dfrac{3}{4}x = \boxed{ア}\sin\left(\dfrac{3}{4}x + \boxed{イ}\right)$

であるから

$$f(x) = \boxed{ウ}\sin^2\left(\dfrac{3}{4}x + \boxed{イ}\right)$$

である。さらに，2倍角の公式により

$$f(x) = -\boxed{エ}\cos\left(\dfrac{\boxed{オ}}{\boxed{カ}}x + \boxed{キ}\right) + \boxed{ク} \qquad\qquad \cdots\cdots①$$

と表される。

$\boxed{イ}$，$\boxed{キ}$ の解答群

⓪ $\dfrac{\pi}{6}$	① $\dfrac{\pi}{4}$	② $\dfrac{\pi}{3}$	③ $\dfrac{2}{3}\pi$	④ $\dfrac{3}{4}\pi$
⑤ $\dfrac{5}{6}\pi$	⑥ $\dfrac{7}{6}\pi$	⑦ $\dfrac{5}{4}\pi$	⑧ $\dfrac{4}{3}\pi$	

(2)　一般に，等式 $-\cos\theta = \boxed{ケ}$ が成り立つ。

このことと①により，$f(x)$ は

$$f(x) = \boxed{エ}\sin\dfrac{\boxed{オ}}{\boxed{カ}}\left(x + \boxed{コ}\right) + \boxed{ク} \qquad\qquad \cdots\cdots②$$

と変形できる。

$\boxed{ケ}$ の解答群

⓪ $\sin(\theta - \pi)$	① $\sin\left(\theta - \dfrac{\pi}{2}\right)$	② $\sin\theta$	③ $\sin\left(\theta + \dfrac{\pi}{2}\right)$

$\boxed{コ}$ の解答群

⓪ $\dfrac{\pi}{9}$	① $\dfrac{\pi}{8}$	② $\dfrac{\pi}{6}$	③ $\dfrac{2}{3}\pi$	④ $\dfrac{5}{8}\pi$
⑤ $\dfrac{5}{6}\pi$	⑥ $\dfrac{7}{6}\pi$	⑦ $\dfrac{5}{9}\pi$	⑧ $\dfrac{4}{3}\pi$	

（次ページに続く。）

(3) ②により,関数 $y=f(x)$ のグラフは,$y=\boxed{エ}\sin\dfrac{\boxed{オ}}{\boxed{カ}}x$ のグラフを x 軸方向に $-\boxed{コ}$,y 軸方向に $\boxed{ク}$ だけ平行移動したものであり,$y=f(x)$ のグラフの概形は $\boxed{サ}$ である。

また,$f(x)$ の正の周期のうち最小のものは $\dfrac{\boxed{シ}}{\boxed{ス}}\pi$ である。

$\boxed{サ}$ については,最も適当なものを,次の⓪〜③のうちから一つ選べ。

⓪ 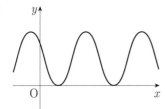   ①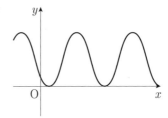

② 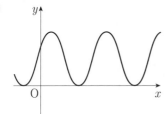   ③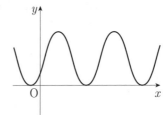

(4) $0\leqq x\leqq 2\pi$ の範囲で,$f(x)=1$ を満たす x の値は $\boxed{セ}$ 個ある。その中で最小のものは $\dfrac{\boxed{ソ}}{\boxed{タ}}\pi$ である。

208   総合演習問題

§4 指数・対数関数

4   （15分・20点）

　ある日，太郎さんと花子さんのクラスでは，数学の授業で先生から次の**問題**が出題された。

問題 A　不等式 $x^{\log_2 x} \geqq \dfrac{x^3}{\sqrt[4]{32}}$ ……① の解を求めよ。

　問題 A について，太郎さんと花子さんは次のような会話をした。

太郎：式が難しいね。底と指数の両方に x が含まれているから，どうしたらいいかわからないよ。

花子：この前の授業で，先生が対数をとって，指数を下ろすような問題の説明をしてくださったよね。これも両辺の対数をとればいいんじゃないのかな。

太郎：そうか。対数の底は 2 がよさそうだね。

花子：そうすると $(\log_2 x)^2$ が出てくるから，置き換えた方がよさそうだね。

---

(1)　$\log_2 \sqrt[4]{32} = \dfrac{\boxed{ア}}{\boxed{イ}}$ であるから，$t = \log_2 x$ とおくと，不等式①は

$$\boxed{ウ}\, t^2 - \boxed{エオ}\, t + \boxed{カ} \geqq 0$$

と表される。よって

$$t \leqq \dfrac{\boxed{キ}}{\boxed{ク}}, \qquad \dfrac{\boxed{ケ}}{\boxed{コ}} \leqq t$$

である。したがって，真数条件も考えて①の解は

$$\boxed{サ} < x \leqq \boxed{シ}, \qquad \boxed{ス} \leqq x$$

である。

$\boxed{サ} \sim \boxed{ス}$ の解答群

⓪ 0	① $\dfrac{1}{8}$	② $\dfrac{1}{4}$	③ $\dfrac{1}{2}$	④ 2
⑤ 4	⑥ $\sqrt{2}$	⑦ $2\sqrt{2}$	⑧ $3\sqrt{2}$	⑨ $4\sqrt{2}$

（次ページに続く。）

問題 A には，次のような続きの**問題 B** があった。

問題 B　c を正の定数として，不等式 $x^{\log_2 x} \geqq \dfrac{x^3}{c}$ ……② を考える。$x > 1$ の範囲でつねに②が成り立つような c の値の範囲を求めよ。

問題 B について，太郎さんと花子さんは次のような会話をした。

> 太郎：置き換えるところまでは**問題 A** と同じだよね。
> 花子：そうだね。置き換えた文字のとり得る値の範囲も考えないといけないね。
> 太郎：その後は，2 次不等式と同じように考えればいいね。

(2)　$t = \log_2 x$ とおく。$x > 1$ のとき，t のとり得る値の範囲は　$\boxed{}$　である。

$\boxed{}$ の解答群

⓪　正の実数全体	①　負の実数全体
②　実数全体	③　1 より大きい実数全体

(3)　$x > 1$ の範囲で②が常に成り立つための必要十分条件は，$\log_2 c \geqq \dfrac{\boxed{}}{\boxed{}}$ である。すなわち，$c \geqq \sqrt[\boxed{}]{\boxed{}}$ である。

210　総合演習問題

§5　微分・積分の考え

5　　　　　　　　　　　　　　　　　　　　　　　（18分・20点）

関数 $f(x)=-x^3+4x^2+3x-9$ について考える。

(1)　関数 $f(x)$ の増減を調べよう。$f(x)$ の導関数は

$$f'(x)=-\boxed{ア}x^2+\boxed{イ}x+\boxed{ウ}$$

であり，$f(x)$ は $x=-\dfrac{\boxed{エ}}{\boxed{オ}}$ で $\boxed{カ}$ をとり，$x=\boxed{キ}$ で $\boxed{ク}$ をとる。

$0\leqq x\leqq 4$ における $f(x)$ の最大値は $\boxed{ケ}$ であり，最小値は $-\boxed{コ}$ である。
また，方程式 $f(x)=k$ が正の解を二つもつような定数 k の値の範囲は
$-\boxed{サ}<k<\boxed{シ}$ である。

$\boxed{カ}$，$\boxed{ク}$ の解答群

⓪ 極大値	① 極小値

(2)　曲線 $y=f(x)$ 上の点 $(0,\ f(0))$ における接線を l とすると，l の方程式は
$$y=\boxed{ス}x-\boxed{セ}$$
である。

また，$g(x)=x^2+px+q$ とし，放物線 $y=g(x)$ を C とする。C は点 $(a,\ g(a))$
で l と接しているとする。

このとき，p，q は a を用いて
$$p=\boxed{ソ}-\boxed{タ}a,\qquad q=a^2-\boxed{チ}$$
で表される。

（次ページに続く。）

総合演習問題　　*211*

(3) (2)の放物線 C は x 軸と 2 点 $(\alpha,\ 0)$, $(\beta,\ 0)$ で交わるとする。

　$0<\alpha<2<\beta$ であるような a の値の範囲は

$$\boxed{\text{ツ}}<a<\boxed{\text{テ}}+\sqrt{\boxed{\text{ト}}}$$

である。このとき，放物線 C の $0\leqq x\leqq\alpha$ の部分と x 軸および y 軸で囲まれた図形の面積を S とする。また，C の $\alpha\leqq x\leqq 2$ の部分と x 軸および直線 $x=2$ で囲まれた図形の面積を T とする。このとき，$\displaystyle\int_0^2 g(x)\,dx=\boxed{\text{ナ}}$ が成り立つ。

したがって，$S=T$ となる a の値を求めると，$a=\dfrac{\boxed{\text{ニ}}+\sqrt{\boxed{\text{ヌネ}}}}{\boxed{\text{ノ}}}$ である。

$\boxed{\text{ナ}}$ の解答群

⓪　$S+T$	①　$\dfrac{S+T}{2}$	②　$2S+T$	③　$S+2T$
④　$S-T$	⑤　$T-S$	⑥　$2S-T$	⑦　$2T-S$

212　総合演習問題

§6 数　列

6　(15分・20点)

次のような分数の数列を考える。この数列は，第 n 番目の区画には，分母が 2^n，分子が1から始まる奇数である分数を，2^{n-1} 個含むように区画分けされている。

$$\frac{1}{2} \middle| \frac{1}{2^2}, \frac{3}{2^2} \middle| \frac{1}{2^3}, \frac{3}{2^3}, \frac{5}{2^3}, \frac{7}{2^3} \middle| \frac{1}{2^4}, \cdots\cdots$$

太郎さんと花子さんは，この数列について話している。二人の会話を読んで次の問いに答えよ。

太郎：群数列だね。

花子：第1，2，3，…番目の区画は，上のようになっているけど……。

太郎：第 n 番目の区画について考えてみよう。

花子：第 n 番目の区画には 2^{n-1} 個の分数が含まれているから，第 n 番目の区画の最初の数は $\dfrac{1}{2^{\boxed{ア}}}$，最後の数は $\dfrac{2^{\boxed{イ}}-1}{2^{\boxed{ア}}}$ になるね。

太郎：そうだね。

---

(1) $\boxed{\text{ア}}$，$\boxed{\text{イ}}$ に当てはまるものを，次の⓪～④のうちから一つずつ選べ。ただし，同じものを選んでもよい。

⓪ $n-2$	① $n-1$	② n	③ $n+1$	④ $n+2$

花子：第 n 番目の区画に含まれる数の和 S_n はどうなるかな。

太郎：第 n 番目の区画は等差数列になっているから

$$S_n = \boxed{\text{ウ}}$$

だね。

花子：なるほどね。

---

(2) $\boxed{\text{ウ}}$ に当てはまるものを，次の⓪～③のうちから一つ選べ。

⓪ $\dfrac{n^2-n+2}{4}$	① $\dfrac{n^2-n+2}{2}$	② 2^{n-2}	③ 2^{n-1}

（次ページに続く。）

太郎：次は，具体的に考えてみよう。
花子：第7番目の区画を考えるよ。

(3)

(i) 第7番目の区画に含まれる20番目の数は $\dfrac{\boxed{エオ}}{2^{\boxed{カ}}}$ であり，この区画の中で

$\dfrac{1}{2^{\boxed{カ}}}$ から $\dfrac{\boxed{エオ}}{2^{\boxed{カ}}}$ までの数の和は $\dfrac{\boxed{キク}}{\boxed{ケ}}$ である。

(ii) $\dfrac{\boxed{エオ}}{2^{\boxed{カ}}}$ は，初項 $\dfrac{1}{2}$ から数えて第 $\boxed{コサ}$ 項であり，$\dfrac{1}{2}$ から $\dfrac{\boxed{エオ}}{2^{\boxed{カ}}}$ まで

の項の総和は $\dfrac{\boxed{シスセ}}{\boxed{ソ}}$ である。

(4) 第 n 番目の区画に含まれる n 番目の数を a_n とする。このとき

$$\sum_{k=1}^{n} a_k = \boxed{タ} - \dfrac{\boxed{チ}\,n + \boxed{ツ}}{2^n}$$

である。

214 総合演習問題

§7 ベクトル

7　　　　　　　　　　　　　　　　　　　　（15分・20点）

平面上に，三角形 ABC と点 P があり

$$(2-5a)\overrightarrow{PA}+(1-a)\overrightarrow{PB}+6a\overrightarrow{PC}=\vec{0} \qquad \cdots\cdots①$$

を満たしている。

太郎さんと花子さんは，実数 a の値と点 P の位置について話している。二人の会話を読んで，下の問いに答えよ。

太郎：点 A を始点とするベクトルで表してみると

$$\overrightarrow{PA}=-\boxed{\ ア\ }$$
$$\overrightarrow{PB}=\boxed{\ イ\ }-\boxed{\ ウ\ }$$
$$\overrightarrow{PC}=\boxed{\ エ\ }-\boxed{\ オ\ }$$

となるね。

花子：①から $\overrightarrow{AP}$ を $\overrightarrow{AB}$ と $\overrightarrow{AC}$ で表すと

$$\overrightarrow{AP}=\frac{\boxed{\ カ\ }-\boxed{\ キ\ }}{\boxed{\ ク\ }}\overrightarrow{AB}+\boxed{\ ケコ\ }\overrightarrow{AC} \qquad \cdots\cdots②$$

と表されるね。

太郎：a の値が変わると，点 P はある直線上を動くということだね。

花子：②を変形して，a について整理すると

$$\overrightarrow{AP}=\frac{\boxed{\ サ\ }}{\boxed{\ シ\ }}\overrightarrow{AB}+a\left(\boxed{\ ス\ }\overrightarrow{AC}-\frac{\boxed{\ セ\ }}{\boxed{\ ソ\ }}\overrightarrow{AB}\right)$$

となるから，2 点 D，E を

$$\overrightarrow{AD}=\frac{\boxed{\ サ\ }}{\boxed{\ シ\ }}\overrightarrow{AB}, \quad \overrightarrow{AE}=\boxed{\ ス\ }\overrightarrow{AC}-\frac{\boxed{\ セ\ }}{\boxed{\ ソ\ }}\overrightarrow{AB}$$

を満たす点とすると，点 P の描く図形は，点 D を通り，$\overrightarrow{AE}$ に平行な直線になるね。

---

(1) $\boxed{\ ア\ }$〜$\boxed{\ オ\ }$ に当てはまるものを，次の⓪〜②のうちから一つずつ選べ。ただし，同じものを繰り返し選んでもよい。

　⓪ $\overrightarrow{AB}$　　　　　　① $\overrightarrow{AC}$　　　　　　② $\overrightarrow{AP}$

(2) $\boxed{\ カ\ }$〜$\boxed{\ ケコ\ }$ に当てはまる数または文字を答えよ。

(3) $\boxed{\ サ\ }$〜$\boxed{\ ソ\ }$ に当てはまる数を答えよ。

（次ページに続く。）

総合演習問題　　*215*

二人はさらに，点 P に条件を追加したときの線分比の値について考えている。

太郎：点 P が直線 BC 上にある場合，$\dfrac{\text{BP}}{\text{BC}}$ の値を考えてみよう。

花子：まず a の値を求めてみると，a の値は $a=\dfrac{\boxed{\text{タ}}}{\boxed{\text{チ}}}$ になるね。

太郎：そうだね。このとき $\dfrac{\text{BP}}{\text{BC}}=\dfrac{\boxed{\text{ツ}}}{\boxed{\text{テ}}}$ だね。

花子：じゃあ，$\overrightarrow{\text{AP}}$ と $\overrightarrow{\text{BC}}$ が平行になる場合は，$\dfrac{\text{AP}}{\text{BC}}$ の値はどうなるのかな。

太郎：このとき，a の値は $a=\dfrac{\boxed{\text{トナ}}}{\boxed{\text{ニ}}}$ になるね。

花子：なるほど。そうすると……，わかった。$\dfrac{\text{AP}}{\text{BC}}=\dfrac{\boxed{\text{ヌ}}}{\boxed{\text{ネ}}}$ となるね。

---

(4)　$\boxed{\text{タ}}\sim\boxed{\text{ネ}}$ に当てはまる数を求めよ。

(5)　三角形 ABC において

$$\text{AB}=3,\quad \text{AC}=2,\quad \angle\text{BAC}=120°$$

とする。

このとき，$\overrightarrow{\text{AB}}\cdot\overrightarrow{\text{AC}}=\boxed{\text{ノハ}}$ であり，$\overrightarrow{\text{AP}}$ と $\overrightarrow{\text{BC}}$ が垂直になるような a の値は $a=\dfrac{\boxed{\text{ヒ}}}{\boxed{\text{フ}}}$ である。

短期攻略 大学入学共通テスト 数学Ⅱ・B [基礎編]

著　　者	吉川　浩之
	榎　　明夫
発　行　者	山﨑　良子
印刷・製本	株式会社日本制作センター
発　行　所	駿台文庫株式会社

〒101-0062　東京都千代田区神田駿河台1-7-4
　　　　　　　　　　　　　　　小畑ビル内
　　　　　　　TEL. 編集 03(5259)3302
　　　　　　　　　　販売 03(5259)3301
　　　　　　　　　　　　《② - 304pp.》

©Hiroyuki Yoshikawa and Akio Enoki 2020
落丁・乱丁がございましたら、送料小社負担にてお取
替えいたします。
ISBN978-4-7961-2336-5　　Printed in Japan

駿台文庫 Web サイト
https://www.sundaibunko.jp

駿台受験シリーズ

短期攻略
大学入学 共通テスト
数学II・B
基礎編

解答・解説編

類題の答　　*1*

類題の答

類題　1

ア , イウ , エ , オ	8, 12, 6, 1	カキ , ク	27, 8

ケ , コ , サ　3, 3, 9

シ , ス , セ , ソ , タ , チ　2, 2, 2, 4, 2, 4

ツテト　-96　　ナニヌ , ネ　280, 4　　ノハヒフヘホ　-26880

(1)　(i)　（与式）$=8x^3-12x^2+6x-1$

(ii)　（与式）$=27x^3+8$

(iii)　（与式）$=(x+3)(x^2-3x+9)$

(iv)　（与式）$=(x^3+8)(x^3-8)$　　　　　　　　　　←　$(x^3)^2-8^2$

$\qquad\qquad =(x+2)(x^2-2x+4)(x-2)(x^2+2x+4)$

$\qquad\qquad =(x+2)(x-2)(x^2+2x+4)(x^2-2x+4)$

(2)　x^3y の項は　$_4C_1(2x)^3(-3y)=-96x^3y$ より　-96

$\qquad z$ についての 3 次の項は

$$_7C_3(2x-3y)^4(2z)^3=280(2x-3y)^4z^3$$

$\qquad$ であるから，x^3yz^3 の係数は　　　　　　　$\dfrac{7!}{3!1!3!}\cdot 2^3\cdot(-3)\cdot 2^3$

$$280\cdot(-96)=-26880$$　　　　　　　　　　　として求めることもできる。

類題　2

ア , イ	2, 4	ウエ , オ	-8, 1	カ , キ	5, 6

ク , ケ　3, 2　　コサ　-2

(1)　割り算を実行すると

$$
\begin{array}{r}
x^2+2x\qquad\quad -4 \\
x^2-2x-a\,\overline{)\,x^4\qquad\ -(a+8)x^2-2ax+4a+1} \\
\underline{x^4-2x^3\qquad\ -ax^2} \\
2x^3\quad -8x^2-2ax \\
\underline{2x^3\quad -4x^2-2ax} \\
-4x^2\qquad\quad +4a+1 \\
\underline{-4x^2\ +8x+4a} \\
-8x\qquad +1
\end{array}
$$

$\qquad$ 商は　x^2+2x-4，余りは　$-8x+1$

2 類題の答

(2) 割り算を実行すると

$$
\begin{array}{r}
x^2 \qquad +2x \qquad -a \\
x^2-ax+1\,\overline{\smash{\big)}\,x^4-(a-2)x^3-(3a-1)x^2+(2a^2+5a+8)x+a^2+2a+2} \\
\underline{x^4 \quad -ax^3 \qquad +x^2} \\
2x^3 \quad -3ax^2+(2a^2+5a+8)x \\
\underline{2x^3 \quad -2ax^2 \qquad +2x} \\
-ax^2+(2a^2+5a+6)x+a^2+2a+2 \\
\underline{-ax^2 \qquad +a^2x \qquad -a} \\
(a^2+5a+6)x+a^2+3a+2
\end{array}
$$

となるので

$$p=a^2+5a+6, \quad q=a^2+3a+2$$

である。とくに，A が B で割り切れるとき

$$
\begin{cases}
p=(a+2)(a+3)=0 \\
q=(a+2)(a+1)=0
\end{cases}
$$

ゆえに $a=-2$

類題 3

ア	2	イウ	-2	エオ	-6	カ	5	キク	-2	ケ	3

(1)
$$
\begin{aligned}
A^2 &= (x^2+ax+b)^2 \\
&= x^4+2ax^3+(a^2+2b)x^2+2abx+b^2 \\
B^2 &= (x^2+x+1)^2 \\
&= x^4+2x^3+3x^2+2x+1
\end{aligned}
$$

であるから，与式の両辺の係数を比べると

$$
\begin{cases}
2a+2=6 \\
a^2+2b+3=3 \\
2ab+2=c \\
b^2+1=d
\end{cases}
\therefore
\begin{cases}
a=2 \\
b=-2 \\
c=-6 \\
d=5
\end{cases}
$$

← 係数比較。

(2) 両辺に $(2x+1)(x-3)$ をかけて

$$
\begin{aligned}
4x+9 &= a(x-3)+b(2x+1) \\
&= (a+2b)x+(b-3a)
\end{aligned}
$$

両辺の係数を比べて

$$
\begin{cases}
a+2b=4 \\
b-3a=9
\end{cases}
\therefore
\begin{cases}
a=-2 \\
b=3
\end{cases}
$$

← 係数比較。

類題の答　3

類題 4

$$\boxed{アイ}+\boxed{ウ}\sqrt{3}\,i \quad -2+2\sqrt{3}\,i \qquad \boxed{エオ} \quad -8$$

$$\boxed{カキ}-\boxed{ク}\sqrt{3}\,i \quad -8-8\sqrt{3}\,i \qquad \boxed{ケ} \quad 1 \qquad \frac{\boxed{コ}}{\boxed{サ}} \quad \frac{1}{2} \qquad \frac{\boxed{シ}}{\boxed{ス}} \quad \frac{1}{2}$$

(1) $(1+\sqrt{3}\,i)^2 = 1+2\sqrt{3}\,i+3i^2 = -2+2\sqrt{3}\,i$　　　　← $i^2=-1$

$(1+\sqrt{3}\,i)^3 = (-2+2\sqrt{3}\,i)(1+\sqrt{3}\,i) = -2+6i^2 = -8$

$(1+\sqrt{3}\,i)^4 = \{(1+\sqrt{3}\,i)^2\}^2 = (-2+2\sqrt{3}\,i)^2$　　　← $(1+\sqrt{3}\,i)^3(1+\sqrt{3}\,i)$

$\qquad = 4-8\sqrt{3}\,i+12i^2 = -8-8\sqrt{3}\,i$　　　　　　　　$= -8(1+\sqrt{3}\,i)$

(2) $(与式) = \dfrac{(5+2i)(3+3i)+(5-2i)(3-3i)}{(3-3i)(3+3i)}$　　　← 通分。

$\qquad = \dfrac{15+21i+6i^2+15-21i+6i^2}{9-9i^2} = \dfrac{18}{18} = 1$

(3) 与式を変形して　　　　　　　　　　　　　　　　　　　← i について整理する。

$\qquad x^2+(y+2)x+y-2+(x+y-1)i = 0$

$x,\ y$ は実数，i は虚数であるから

$\qquad \begin{cases} x^2+(y+2)x+y-2=0 & \cdots\cdots ① \\ x+y-1=0 & \cdots\cdots ② \end{cases}$

②より $y=-x+1$，これを①へ代入して

$\qquad x^2+(-x+3)x-x-1=0 \quad \therefore\quad x=\dfrac{1}{2}$

よって　$x=\dfrac{1}{2}$，$y=\dfrac{1}{2}$

類題 5

$$\frac{\boxed{ア}\pm\sqrt{\boxed{イウ}}\,i}{\boxed{エ}} \quad \frac{1\pm\sqrt{15}\,i}{4} \qquad \frac{\boxed{オ}}{\boxed{カ}} \quad \frac{1}{2} \qquad \frac{\boxed{キクケ}}{\boxed{コサ}} \quad \frac{-64}{27}$$

$$\boxed{シ} \quad 1 \qquad \boxed{ス} \quad 1$$

(1) 解の公式を用いて

$\qquad x = \dfrac{1\pm\sqrt{-15}}{4} = \dfrac{1\pm\sqrt{15}\,i}{4}$　　　　　　　← $\sqrt{-1}=i$

(2) 解と係数の関係より

$\qquad \alpha+\beta = \dfrac{2}{3}$，$\alpha\beta = \dfrac{4}{3}$

であるから

$\qquad \dfrac{1}{\alpha}+\dfrac{1}{\beta} = \dfrac{\alpha+\beta}{\alpha\beta} = \dfrac{\dfrac{2}{3}}{\dfrac{4}{3}} = \dfrac{1}{2}$

類題の答

4　類題の答

$$\alpha^3 + \beta^3 = (\alpha + \beta)^3 - 3\alpha\beta(\alpha + \beta)$$
$$= \left(\frac{2}{3}\right)^3 - 3 \cdot \frac{4}{3} \cdot \frac{2}{3} = -\frac{64}{27}$$

(3) 2次方程式 $x^2 - ax + b = 0$ の二つの解が $\alpha,\ \beta$ であるから，解と係数の関係より

$$\alpha + \beta = a, \quad \alpha\beta = b \qquad\qquad \cdots\cdots ①$$

また，2次方程式 $x^2 + bx + a = 0$ の二つの解が $\alpha - 1,\ \beta - 1$ であるから

$$\begin{cases} (\alpha - 1) + (\beta - 1) = -b \\ (\alpha - 1)(\beta - 1) = a \end{cases}$$

$$\therefore \quad \begin{cases} \alpha + \beta - 2 = -b \\ \alpha\beta - (\alpha + \beta) + 1 = a \end{cases}$$

この式に①を代入して

$$\begin{cases} a - 2 = -b \\ b - a + 1 = a \end{cases}$$

$$\begin{cases} a + b = 2 \\ 2a - b = 1 \end{cases}$$

$$\therefore \quad a = 1, \quad b = 1$$

類題　6

| ア , イ | 1, 7 | ウ | ⓪ | $\dfrac{エ}{オ} a^2 - a - ヵ$ | $\dfrac{1}{4} a^2 - a - 1$ |

$$\dfrac{キク}{ケ} a - コ \qquad \dfrac{-1}{2} a - 1$$

(1) 2次方程式が虚数解をもつための条件は $D < 0$ であるから

$$D/4 = a^2 - (2a + 6) < 0$$
$$a^2 - 2a - 6 < 0$$
$$1 - \sqrt{7} < a < 1 + \sqrt{7}$$
$$\therefore \quad p = 1 - \sqrt{7}, \quad q = 1 + \sqrt{7} \quad (⓪)$$

← D は判別式。

(2) 2次方程式が重解をもつための条件は $D = 0$ であるから

$$D = (a + 2)^2 - 4(2a + b + 2) = 0$$
$$a^2 - 4a - 4b - 4 = 0$$
$$\therefore \quad b = \frac{1}{4} a^2 - a - 1$$

このとき重解は

$$x = -\frac{a + 2}{2} = -\frac{1}{2} a - 1$$

$ax^2 + bx + c = 0$ が重解をもつとき，重解は $-\dfrac{b}{2a}$

類題の答　5

類題　7

$\boxed{\text{ア}}$　5　　$\boxed{\text{イウ}}$　-9　　$\boxed{\text{エオカ}}$　-14
$ab-\boxed{\text{キ}}a-\boxed{\text{ク}}b+\boxed{\text{ケ}}$　$ab-3a-2b+6$　　$\boxed{\text{コ}}$　2　　$\boxed{\text{サ}}$　3
$\boxed{\text{シス}}$　-2　　$\boxed{\text{セ}}$　1

(1)　$f(x)$は $x+2$ で割り切れるので

$$f(-2)=-24+4a-2b+c=0$$

← 因数定理。

$$\therefore\quad 4a-2b+c=24 \qquad\qquad \cdots\cdots ①$$

$f(x)$ を $x+1$，$x-2$ で割ったときの余りは，それぞれ，-3，12 であるから

$$\begin{cases} f(-1)=-3+a-b+c=-3 \\ f(2)=24+4a+2b+c=12 \end{cases}$$

← 剰余の定理。

$$\therefore\quad \begin{cases} a-b+c=0 \\ 4a+2b+c=-12 \end{cases} \qquad \cdots\cdots ②$$

①，②より　$a=5,\ b=-9,\ c=-14$

(2)　$x-1$ で割った余りは

$$P(1)=ab-3a-2b+6$$
$$=(a-2)(b-3)$$

$P(x)$ が $x-1$ で割り切れるならば，$P(1)=0$ より

　　$a=2$ または $b=3$

$x+1$ で割った余りは

$$P(-1)=ab-a+2b-2$$
$$=(a+2)(b-1)$$

$P(x)$ が $x+1$ で割り切れるならば，$P(-1)=0$ より

　　$a=-2$ または $b=1$

類題　8

$\boxed{\text{ア}}$　1　　$\boxed{\text{イウ}}\pm\sqrt{\boxed{\text{エ}}}\,i$　$-2\pm\sqrt{2}\,i$　　$\boxed{\text{オ}},\ \boxed{\text{カ}}$　1, 2
$\boxed{\text{キク}}\pm\sqrt{\boxed{\text{ケ}}}\,i$　$-1\pm\sqrt{5}\,i$　　$\boxed{\text{コサ}}$　-3　　$\boxed{\text{シ}}$　5
$\dfrac{\boxed{\text{スセ}}\pm\boxed{\text{ソ}}\sqrt{\boxed{\text{タ}}}}{2}$　$\dfrac{-5\pm3\sqrt{5}}{2}$　　$\dfrac{\boxed{\text{チ}}\pm\sqrt{\boxed{\text{ツテ}}}}{2}$　$\dfrac{5\pm\sqrt{29}}{2}$

(1)　$$x(x+1)(x+2)=1\cdot2\cdot3$$
$$x^3+3x^2+2x-6=0$$
$$(x-1)(x^2+4x+6)=0$$
$$x=1,\ -2\pm\sqrt{2}\,i$$

← $x=1$ が方程式を満たす。

$$
\begin{array}{rrrr|r}
1 & 3 & 2 & -6 & \underline{1} \\
  & 1 & 4 & 6 & \\
\hline
1 & 4 & 6 & 0 &
\end{array}
$$

6　類題の答

(2)　$P(x)=x^4-x^3+2x^2-14x+12$ とおく。

　　$P(1)=0$ より

　　　$P(x)=(x-1)(x^3+2x-12)$

　　$Q(x)=x^3+2x-12$ とおく。

　　$Q(2)=0$ より

　　　$Q(x)=(x-2)(x^2+2x+6)$

　　よって，$P(x)=0$ の解は

　　　$x=1,\ 2,\ -1\pm\sqrt{5}\,i$

← 12 の約数を代入する。
　　$\pm1,\ \pm2,\ \pm3$ など。

←
$$\begin{array}{rrrr|r}
1 & -1 & 2 & -14 & 12 \\
 & 1 & 0 & 2 & -12 \\ \hline
1 & 0 & 2 & -12 & 0
\end{array}\ 1$$

←
$$\begin{array}{rrr|r}
1 & 0 & 2 & -12 \\
 & 2 & 4 & 12 \\ \hline
1 & 2 & 6 & 0
\end{array}\ 2$$

(3)　$(x^2+a)^2-(bx-2)^2$

　　$=x^4+(2a-b^2)x^2+4bx+(a^2-4)$

　係数を比べて

$$\begin{cases} 2a-b^2=-31 \\ 4b=20 \\ a^2-4=5 \end{cases} \qquad \therefore\quad a=-3,\ b=5$$

　よって

　　$(x^2-3)^2-(5x-2)^2=0$

　　$(x^2+5x-5)(x^2-5x-1)=0$

　　$x=\dfrac{-5\pm3\sqrt{5}}{2},\ \dfrac{5\pm\sqrt{29}}{2}$

類題　9

$\boxed{ア}+\boxed{イ}\sqrt{\boxed{ウ}}$　$5+2\sqrt{6}$　$\sqrt{\boxed{エ}}$　$\sqrt{6}$　$\pm\sqrt{\boxed{オ}}$　$\pm\sqrt{2}$　$\boxed{カ}$　2

$\boxed{キ}$　3　$\dfrac{\boxed{ク}}{\boxed{ケ}}$　$\dfrac{2}{7}$

(1)　(与式)$=xy+\dfrac{6}{xy}+5\geqq2\sqrt{xy\cdot\dfrac{6}{xy}}+5=5+2\sqrt{6}$

　　$xy=\dfrac{6}{xy}>0$ すなわち $xy=\sqrt{6}$ のとき最小値 $5+2\sqrt{6}$

← 展開してから，相加平均と相乗平均の関係を使う。

(2)　(与式)$=x^2+\dfrac{4}{x^2}-2\geqq2\sqrt{x^2\cdot\dfrac{4}{x^2}}-2=2$

　　$x^2=\dfrac{4}{x^2}$ すなわち $x^2=2$　$\therefore$　$x=\pm\sqrt{2}$ のとき最小値 2

(3)　(与式)$=\dfrac{2}{x+\dfrac{9}{x}+1}$ であり，$x+\dfrac{9}{x}+1\geqq2\sqrt{x\cdot\dfrac{9}{x}}+1=7$

　　$x=\dfrac{9}{x}>0$ すなわち $x=3$ のとき最大値 $\dfrac{2}{7}$

← 分子，分母を x で割り，分母に相加平均と相乗平均の関係を使う。

類題の答　7

類題　10

$x^2-\boxed{\text{ア}}\,x+\boxed{\text{イ}}$　x^2-2x+3　$\boxed{\text{ウ}}\,x-\boxed{\text{エ}}$　$7x-1$　$\boxed{\text{オ}}$　1
$\boxed{\text{カ}}+\boxed{\text{キ}}\sqrt{17}$　$4+2\sqrt{17}$

(1)　割り算を実行すると

$$
\begin{array}{r}
x^2-2x+3 \\
x^2+x-3\overline{\smash{)}\,x^4-x^3-2x^2+16x-10} \\
\underline{x^4+x^3-3x^2} \\
-2x^3+x^2+16x \\
\underline{-2x^3-2x^2+6x} \\
3x^2+10x-10 \\
\underline{3x^2+3x-9} \\
7x-1
\end{array}
$$

商は　x^2-2x+3，余りは　$7x-1$

(2)　$x=\dfrac{-1+\sqrt{17}}{2}$ のとき

$$(2x+1)^2=(\sqrt{17})^2 \quad \therefore \quad x^2+x=4 \qquad \cdots\cdots① \qquad \Leftarrow 4x^2+4x+1=17$$

ゆえに　$A=1$

また，(1)より

$$B=A(x^2-2x+3)+7x-1$$

と変形できるので，この式に①を代入して　　　　　$\Leftarrow ① \Longleftrightarrow x^2=-x+4$

$$B=1\cdot(-3x+7)+7x-1=4x+6$$
$$=4\cdot\frac{-1+\sqrt{17}}{2}+6=4+2\sqrt{17}$$

類題　11

$\boxed{\text{ア}}$　2　　$\boxed{\text{イ}}$，$\boxed{\text{ウエオ}}$　3，127　　$\boxed{\text{カキ}}$，$\boxed{\text{クケ}}$　-7，37
$\boxed{\text{コ}}$　9　　$\boxed{\text{サシス}}$　100

条件(A)より

$$f(x)=(x^2-4x+3)\,g_1(x)+65x-68 \qquad \Leftarrow 商を g_1(x) とする。$$
$$=(x-1)(x-3)\,g_1(x)+65x-68$$

とおけるので

$$f(1)=-3,\ f(3)=127 \qquad\qquad \cdots\cdots①$$

である。同様に，条件(B)より

$$f(x)=(x^2+6x-7)\,g_2(x)-5x+a \qquad \Leftarrow 商を g_2(x) とする。$$
$$=(x-1)(x+7)\,g_2(x)-5x+a$$

8　類題の答

とおけるので
$$f(1)=a-5$$
これと①より　$a=2$　であり，このとき
$$f(-7)=37 \qquad \cdots\cdots②$$
　$f(x)$ を　$x^2+4x-21=(x-3)(x+7)$　で割ったときの商を
$h(x)$ とすると
$$f(x)=(x-3)(x+7)h(x)+bx+c$$
とおける。この式と①，②より
$$\begin{cases} f(3)=3b+c=127 \\ f(-7)=-7b+c=37 \end{cases}$$
したがって　$b=9$，$c=100$

類題 12

| アイ | -2 | ウ | 1 | エ | 3 | オ | 0 | カ | 6 | キク | 20 |

　右辺を展開して両辺の係数を比較する。
$$\begin{aligned} (右辺) &= (x-\alpha)(x-\beta)(x-\gamma) \\ &= \{x^2-(\alpha+\beta)x+\alpha\beta\}(x-\gamma) \\ &= x^3-(\alpha+\beta+\gamma)x^2+(\alpha\beta+\beta\gamma+\gamma\alpha)x-\alpha\beta\gamma \end{aligned}$$
よって
$$\begin{cases} \alpha+\beta+\gamma=2 & \cdots\cdots① \\ \alpha\beta+\beta\gamma+\gamma\alpha=n & \cdots\cdots② \\ \alpha\beta\gamma=-6 & \cdots\cdots③ \end{cases}$$

◀ 解と係数の関係。

$\alpha\leqq\beta\leqq\gamma$ とすると，①，③より
$$\alpha<0<\beta\leqq\gamma \qquad \cdots\cdots④$$

◀ α，β，γ のうち2つが正，1つが負。

③，④より，α は $6=2\cdot3$ の負の約数であるから
$$\alpha=-1,\ -2,\ -3,\ -6$$
　・$\alpha=-1$ のとき
$$\beta+\gamma=3,\ \beta\gamma=6\ \ \cdots\cdots不適$$

◀ β，γ は正の整数。

　・$\alpha=-2$ のとき
$$\beta+\gamma=4,\ \beta\gamma=3 \qquad \therefore\ \ \beta=1,\ \gamma=3$$
　・$\alpha=-3$ のとき
$$\beta+\gamma=5,\ \beta\gamma=2\ \ \cdots\cdots不適$$
　・$\alpha=-6$ のとき
$$\beta+\gamma=8,\ \beta\gamma=1\ \ \cdots\cdots不適$$
　よって，$\alpha=-2$，$\beta=1$，$\gamma=3$ であり，②より　$n=-5$

このとき，-2，$1+3i$，$1-3i$ を解とする 3 次方程式 (の 1 つ) は
$$(x+2)\{x-(1+3i)\}\{x-(1-3i)\}=0$$
$$(x+2)(x^2-2x+10)=0$$
$$x^3+6x+20=0$$
よって $p=0$, $q=6$, $r=20$

類題 13

　ア $\sqrt{\text{イ}}$　$3\sqrt{5}$　　$\dfrac{\text{ウエ}}{\text{オ}}$　$\dfrac{-3}{4}$　　(カ, キ) (3, 2)　ク 4　ケ 0

(1)　$AB=\sqrt{(5-2)^2+(-2-4)^2}=3\sqrt{5}$
　　　A，B から等距離にある y 軸上の点を $P(0, p)$ とすると，
　　$AP=BP$ より
　　　$\sqrt{(-2)^2+(p-4)^2}=\sqrt{(-5)^2+(p+2)^2}$
　　　$\therefore\ p^2-8p+20=p^2+4p+29$　$\therefore\ p=-\dfrac{3}{4}$

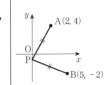

(2)　線分 AB を 1 : 2 に内分する点の座標は
$$\left(\dfrac{2\cdot2+1\cdot5}{1+2},\ \dfrac{2\cdot4+1\cdot(-2)}{1+2}\right)=(3,\ 2)$$
　　　線分 AC を 3 : 1 に外分する点が B のとき
$$\left(\dfrac{-1\cdot2+3p}{3-1},\ \dfrac{-1\cdot4+3q}{3-1}\right)=(5,\ -2)$$
　　　$\therefore\ p=4$, $q=0$

類題 14

　ア, イウ　2, 2a　　エ, オ, カ, キ, ク　2, 2, 2, 2, 5

直線 AB の方程式は
$$y-4=\dfrac{a^2-4}{a+2}(x+2)\quad\therefore\ y=(a-2)x+2a$$
線分 AB の中点は $\left(\dfrac{a-2}{2},\ \dfrac{a^2+4}{2}\right)$ であるから，線分 AB の垂直二等分線の方程式は，$a\neq2$ のとき
$$y-\dfrac{a^2+4}{2}=-\dfrac{1}{a-2}\left(x-\dfrac{a-2}{2}\right)$$
$$2(a-2)y-(a-2)(a^2+4)=-2x+(a-2)$$
$$\therefore\ \boldsymbol{2x+2(a-2)y-(a-2)(a^2+5)=0}$$

← 傾き $a-2$ の直線に垂直な直線の傾きは
$\quad-\dfrac{1}{a-2}$

これは $a=2$ のときも成り立つ。　　　　　　　　　　　　　　　← $a=2$ のときは，$x=0$

類題 15

$\boxed{\dfrac{アイ}{ウ}}\ \dfrac{-3}{5}$　　$\boxed{エ}\ 1$　　$\boxed{オカ},\boxed{キ}\ -1,\ 3$

$x^2+y^2+2ax-4ay+2a+3=0$ より
　　　$(x+a)^2+(y-2a)^2=5a^2-2a-3$
これが円を表す条件は
　　　$5a^2-2a-3>0$　　∴　$(5a+3)(a-1)>0$　　　　← $5a^2-2a-3=(半径)^2$
　　　∴　$a<-\dfrac{3}{5},\ 1<a$

また，円を表すとき，中心の y 座標は $2a$ であるから，x 軸と接する条件は
　　　$|2a|=\sqrt{5a^2-2a-3}$　　　　　　　　　　　　　　← |中心の y 座標|＝半径
2乗して整理すると
　　　$a^2-2a-3=0$　　∴　$a=\mathbf{-1,\ 3}$

類題 16

$\boxed{ア},\boxed{イウ}\ 4,16$　　$\boxed{エ},\boxed{オ},\boxed{カキ}\ 1,1,25$

(1) 中心の座標を $(p,\ 0)$，半径を r とすると，円の方程式は　　　　← 中心の y 座標は 0
$(x-p)^2+y^2=r^2$ と表される。　　　　　　　　　　　　　　　　← 円の方程式を
　2点 $(2,\ 2),(0,\ 4)$ を代入して　　　　　　　　　　　　　　　　$x^2+y^2+ax-b=0$
$\begin{cases}(2-p)^2+4=r^2\\p^2+16=r^2\end{cases}$　　　　　　　　　とおいて，2点の座標を代入してもよい。
　　　∴　$(2-p)^2+4=p^2+16$　　∴　$p=-2$　　∴　$r^2=20$
よって，円の方程式は　$(x+2)^2+y^2=20$
　　　∴　$x^2+y^2+4x-16=0$

(2) $A(4,\ 5),B(-4,\ 1),C(6,\ 1)$ とすると，AB の傾きは $\dfrac{1}{2}$，　　円の方程式を
AC の傾きは -2 である。よって，AB⊥AC であり，3点 A，　　$x^2+y^2+ax+by+c=0$
B，C を通る円は，BC が直径の円である。　　　　　　　　　　とおいて，3点の座標を代入し，$a,\ b,\ c$ を求めてもよい。
　したがって
　　　中心 $\left(\dfrac{-4+6}{2},\ 1\right)=(1,\ 1)$,　　半径 $\dfrac{1}{2}BC=5$
　よって，円の方程式は　$(x-1)^2+(y-1)^2=\mathbf{25}$

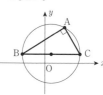

類題の答 *11*

類題 17

$\left(\dfrac{\boxed{アイ}}{\boxed{ウ}},\ \dfrac{\boxed{エ}}{\boxed{オ}}\right)$ $\left(\dfrac{-3}{5},\ \dfrac{6}{5}\right)$

A(1, 2), 求める点を A′(p, q) とすると，AA′ の傾きは

$\dfrac{q-2}{p-1}$，l の傾きは -2 であり

AA′⊥l より　$\dfrac{q-2}{p-1}(-2)=-1$　∴　$p=2q-3$

AA′ の中点 $\left(\dfrac{p+1}{2},\ \dfrac{q+2}{2}\right)$ が l 上にあることから

$2\left(\dfrac{p+1}{2}\right)+\dfrac{q+2}{2}-2=0$　∴　$q=-2p$

よって　$p=-\dfrac{3}{5}$, $q=\dfrac{6}{5}$　∴　$\left(-\dfrac{3}{5},\ \dfrac{6}{5}\right)$

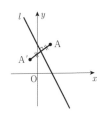

類題 18

$\boxed{ア}$, $\boxed{イ}$, $\boxed{ウ}$　3, 6, 9　　$(\boxed{エ},\ \boxed{オ})$　$(3,\ 3)$

P′の座標は(a, $a-3$)であるから，直線 OP′ の傾きは

$\dfrac{a-3}{a}$

よって，直線 PH の方程式は

$y-(3-a)=-\dfrac{a}{a-3}(x-a)$

∴　$ax+(a-3)y-6a+9=0$

これを a について整理すると

$(x+y-6)a-3(y-3)=0$

ここで

$\begin{cases} x+y-6=0 \\ y-3=0 \end{cases}$　とすると　$x=3$, $y=3$

よって，a の値にかかわらず，すなわち P のとり方によらず，直線 PH は (3, 3) を通る。

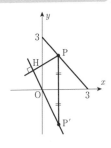

← a の恒等式。

類題 19

$\left(\boxed{ア},\dfrac{\boxed{イ}}{\boxed{ウ}}\right)$　$\left(1,\dfrac{9}{2}\right)$　$\dfrac{\boxed{エ}\sqrt{\boxed{オ}}}{\boxed{カ}}$　$\dfrac{3\sqrt{5}}{2}$　$\dfrac{x+\boxed{キ}}{\boxed{ク}}$　$\dfrac{x+1}{2}$　$\dfrac{y-\boxed{ケ}}{\boxed{コ}}$　$\dfrac{y-2}{2}$　$x^2+\boxed{サ}x+\boxed{シ}$　x^2+2x+3

(1) P$(x,\ y)$とする。AP：BP＝1：3 より

　　　$3\mathrm{AP}=\mathrm{BP}$　∴　$9\mathrm{AP}^2=\mathrm{BP}^2$

　　　$9\{(x-2)^2+(y-4)^2\}=(x-10)^2+y^2$

　　　$x^2+y^2-2x-9y+10=0$

　　　∴　$(x-1)^2+\left(y-\dfrac{9}{2}\right)^2=\dfrac{45}{4}$

　よって，Pの軌跡は中心$\left(1,\ \dfrac{9}{2}\right)$，半径$\dfrac{3\sqrt{5}}{2}$ の円。

(2) 線分 AP の中点が Q であるから

$$u=\dfrac{x+1}{2},\ \ v=\dfrac{y-2}{2} \quad\cdots\cdots①$$

　Q が $C:y=2x^2$ を動くとき

$$v=2u^2$$

　が成り立つ。①を代入すると

$$\dfrac{y-2}{2}=2\left(\dfrac{x+1}{2}\right)^2$$

　　　∴　$y=(x+1)^2+2=x^2+2x+3$

　よって，Pの軌跡は

　　　放物線 $y=x^2+2x+3$

← Pの座標を$(x,\ y)$とおいて，$x,\ y$が満たす方程式を求めればよい。

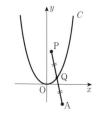

← Pの座標$(x,\ y)$が満たす方程式を求めればよい。

類題 20

$\dfrac{\boxed{ア}\pi+\sqrt{\boxed{イ}}}{\boxed{ウ}}$　$\dfrac{5\pi+\sqrt{3}}{3}$　$\boxed{エ},\ \boxed{オ}$　①，③（順不同）

(1) 領域は右図の網目部分（境界線を含む）。

　面積は，半径 2，中心角 150° の扇形と 2 辺の長さが 2, $\dfrac{2}{\sqrt{3}}$ と夾角が 30° の三角形を合わせたものであるから

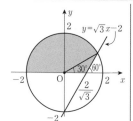

← $\tan 60°=\sqrt{3}$ より直線 $y=\sqrt{3}x-2$ と x 軸とのなす角は 60°，y 軸とのなす角は 30°。

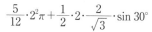

$$= \frac{5}{3}\pi + \frac{\sqrt{3}}{3} = \frac{5\pi + \sqrt{3}}{3}$$

(2) $x-2y+6=0$ から
$$y = \frac{1}{2}x + 3$$
$x^2+y^2-2x-6y=0$ から
$$(x-1)^2 + (y-3)^2 = 10$$
点$(0, 4)$を含む領域は右図の
網目部分であるから

$y > \frac{1}{2}x+3$ 　　　∴ $x-2y+6<0$ 　　(①) 　← 直線の上側。

$(x-1)^2+(y-3)^2 < 10$ 　∴ $x^2+y^2-2x-6y<0$ (③) 　← 円の内部。

類題 21

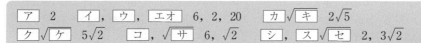

OP : AP $= \sqrt{2} : 1$ より　OP $= \sqrt{2}$AP
よって　OP$^2 = 2$AP^2
P(x, y)とおくと
$$OP^2 = x^2+y^2, \quad AP^2 = (x-3)^2 + (y-1)^2$$
代入して
$$x^2+y^2 = 2\{(x-3)^2 + (y-1)^2\}$$
展開して，整理すると
$$x^2+y^2-12x-4y+20=0$$
$$(x-6)^2+(y-2)^2 = 20$$

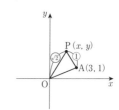

円Cの中心を D$(6, 2)$ とする。P が円Cを動くとき，OA を底辺とする △OAP の高さが最大になるのは，PD⊥OA のときである。したがって，△OAP の高さの最大値は
$$PD = (円 C の半径) = 2\sqrt{5}$$
OA $= \sqrt{3^2+1^2} = \sqrt{10}$ より，△OAP の面積の最大値は
$$\frac{1}{2} \cdot \sqrt{10} \cdot 2\sqrt{5} = 5\sqrt{2}$$

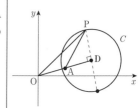

D を通り，OA に垂直な直線の方程式は
$$y = -3(x-6)+2$$
$$\therefore \quad y = -3x+20$$
この直線と円Cとの交点を求めると

$(x-6)^2+(-3x+18)^2=20$
$(x-6)^2+9(x-6)^2=20$
$(x-6)^2=2$
$x=6\pm\sqrt{2}$
$y=-3(6\pm\sqrt{2})+20=2\mp3\sqrt{2}$ （複号同順）
よって，Pの座標は
$(\mathbf{6+\sqrt{2}, 2-3\sqrt{2}})$ または $(\mathbf{6-\sqrt{2}, 2+3\sqrt{2}})$

← 展開して整理すると
$x^2-12x+34=0$

類題 22

(アイ, ウ) $(-1, 2)$　エオ/カ, キ $\dfrac{-1}{2}, 2$
ク, ケ/コ $0, \dfrac{3}{4}$

$l: ax-y+a+2=0$ から　$a(x+1)-(y-2)=0$
$\begin{cases} x+1=0 \\ y-2=0 \end{cases}$ とすると　$x=-1, y=2$

← aについて整理する。

よって，l は a の値にかかわらず点 $(\mathbf{-1, 2})$ を通る。
　　$C: x^2+y^2-4x-6y+8=0$ から　$(x-2)^2+(y-3)^2=5$
C は点 $(2, 3)$ を中心とする半径 $\sqrt{5}$ の円である。C の中心
と l との距離を d とすると
$$d=\dfrac{|2a-3+a+2|}{\sqrt{a^2+1}}=\dfrac{|3a-1|}{\sqrt{a^2+1}}$$
C と l が2点で交わる条件は　$d<\sqrt{5}$
　　∴　$|3a-1|<\sqrt{5}\sqrt{a^2+1}$
両辺を2乗して
　　$(3a-1)^2<5(a^2+1)$
　　$2a^2-3a-2<0$
　　$(2a+1)(a-2)<0$
　　∴　$\mathbf{-\dfrac{1}{2}<a<2}$

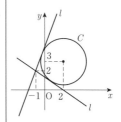

また，C と l が2点 A，B で交わり，AB$=4$ になるとき，
三平方の定理より
$$d^2+\left(\dfrac{1}{2}\text{AB}\right)^2=5$$
$$\dfrac{(3a-1)^2}{a^2+1}=1$$

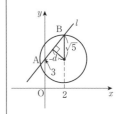

類題の答　*15*

$$4a^2-3a=0 \qquad \therefore \quad a=0, \ \frac{3}{4}$$

類題　23

| ア $x+$ イ y | $ax+by$ | ウエ $a+$ オ b | $-3a+4b$ | カ | 5 |

$($ キ ， ク $)$　$(1, 2)$　$\left(-\dfrac{ケコ}{サ}, \ -\dfrac{シ}{ス}\right)$　$\left(-\dfrac{11}{5}, \ -\dfrac{2}{5}\right)$

セ ， ソ 　$3, 4$　$\dfrac{|\,タ\,m+\,チ\,|}{\sqrt{m^2+\,ツ\,}}$　$\dfrac{|3m+4|}{\sqrt{m^2+1}}$　$\sqrt{\,テ\,}$　$\sqrt{5}$

$-\dfrac{ト}{ナ}$　$-\dfrac{1}{2}$　$-\dfrac{ニヌ}{ネ}$　$-\dfrac{11}{2}$　$\dfrac{ノ}{ハ}$　$\dfrac{5}{2}$　$\dfrac{ヒフ}{ヘ}$　$\dfrac{25}{2}$

(1)　円 $C:x^2+y^2=5$ 上の点 $\mathrm{P}(a, b)$ における接線 l の方程式は

$$ax+by=5$$

　　で表される。点 $\mathrm{A}(-3, 4)$ が l 上にあるから

$$-3a+4b=5 \qquad\qquad \cdots\cdots①$$

　　$\mathrm{P}(a, \ b)$ が C 上にあるから

$$a^2+b^2=5 \qquad\qquad \cdots\cdots②$$

　　①，②より a を消去すると

$$\left(\frac{4b-5}{3}\right)^2+b^2=5$$

$$5b^2-8b-4=0$$

$$(b-2)(5b+2)=0$$

$$\therefore \quad b=2, \ -\frac{2}{5}$$

$$\therefore \quad (a, \ b)=(1, \ 2), \left(-\frac{11}{5}, \ -\frac{2}{5}\right)$$

(2)　$\mathrm{A}(-3, 4)$ を通るから l の方程式を

$$y=m(x+3)+4$$

　　つまり

$$mx-y+3m+4=0$$

　　とおくと，C の中心 $(0, \ 0)$ との距離が半径 $\sqrt{5}$ に等しい
　　から

$$\frac{|3m+4|}{\sqrt{m^2+1}}=\sqrt{5}$$

$$(3m+4)^2=5(m^2+1)$$

$$4m^2+24m+11=0$$

◆ 接線の公式。

◆ 点と直線の距離公式。

類題の答

$(2m+11)(2m+1)=0$

∴ $m=-\dfrac{1}{2}, -\dfrac{11}{2}$

よって，l の方程式は

$y=-\dfrac{1}{2}x+\dfrac{5}{2}$ または $y=-\dfrac{11}{2}x-\dfrac{25}{2}$

類題 24

$(\boxed{アイ}, \boxed{ウ})$ $(-1, 0)$ $\left(\dfrac{\boxed{エ}}{\boxed{オ}}, \dfrac{\boxed{カ}}{\boxed{キ}}\right)$ $\left(\dfrac{4}{5}, \dfrac{3}{5}\right)$ $\dfrac{\boxed{ク}}{\boxed{ケ}}$ $\dfrac{3}{4}$

$\dfrac{\boxed{コ}}{\boxed{サ}}$ $\dfrac{3}{5}$ $\dfrac{\boxed{シ}}{\boxed{ス}}$ $\dfrac{3}{4}$ $-\dfrac{\boxed{セ}}{\boxed{ソタ}}$ $-\dfrac{9}{13}$

(1) $3y-x=1$ より $x=3y-1$

$x^2+y^2=1$ に代入して

$(3y-1)^2+y^2=1$

$5y^2-3y=0$ ∴ $y=0, \dfrac{3}{5}$

よって，C と直線 $3y-x=1$ との共有点の座標は

$(-1, 0), \left(\dfrac{4}{5}, \dfrac{3}{5}\right)$

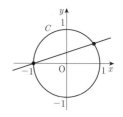

(2) l の方程式は $y=a\left(x-\dfrac{5}{3}\right)$

すなわち $ax-y-\dfrac{5}{3}a=0$

円 C の中心 $(0, 0)$ との距離を d とすると

$d=\dfrac{\left|-\dfrac{5}{3}a\right|}{\sqrt{a^2+1}}$

$d=1$ のとき，C と l が接するから

$\dfrac{\left|-\dfrac{5}{3}a\right|}{\sqrt{a^2+1}}=1$, $\dfrac{25}{9}a^2=a^2+1$

$a^2=\dfrac{9}{16}$ ∴ $a=\pm\dfrac{3}{4}$

← 点と直線の距離公式。

← $d=$（円 C の半径）
のとき，C と l が接する。

原点を通り l に垂直な直線 $y=-\dfrac{1}{a}x$ と l の交点が接点であるから

$ax+\dfrac{1}{a}x-\dfrac{5}{3}a=0$ ∴ $x=\dfrac{5a^2}{3(a^2+1)}$

$a^2=\dfrac{9}{16}$ より $x=\dfrac{3}{5}$

$D: \begin{cases} x^2+y^2 \leq 1 \\ y \leq \dfrac{1}{3}x+\dfrac{1}{3} \end{cases}$ は右図の斜線部分。

l と D が共有点をもつような a の最大値は l が C と第 4 象限で接するときで
$a=\dfrac{3}{4}$

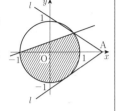

← $a=-\dfrac{3}{4}$ のとき
接点は D に含まれない。

最小値は l が点 $\left(\dfrac{4}{5},\ \dfrac{3}{5}\right)$ を通るときで

$\dfrac{3}{5}=a\left(\dfrac{4}{5}-\dfrac{5}{3}\right) \quad \therefore\ a=-\dfrac{9}{13}$

(別解)

(2) l の方程式は $y=a\left(x-\dfrac{5}{3}\right)$

$x^2+y^2=1$ に代入すると

$x^2+a^2\left(x-\dfrac{5}{3}\right)^2=1$

$(a^2+1)x^2-\dfrac{10}{3}a^2x+\dfrac{25}{9}a^2-1=0 \quad \cdots\cdots$①

C と l が接するとき，①は重解をもつから

(判別式)$=\left(\dfrac{10}{3}a^2\right)^2-4(a^2+1)\left(\dfrac{25}{9}a^2-1\right)=0$

$\dfrac{16}{9}a^2-1=0 \quad \therefore\ a=\pm\dfrac{3}{4}$

$a=\pm\dfrac{3}{4}$ を①に代入すると

$\dfrac{25}{16}x^2-\dfrac{30}{16}x+\dfrac{9}{16}=0$

$(5x-3)^2=0 \quad \therefore\ x=\dfrac{3}{5}$

類題 25

| $\dfrac{\sqrt{ア}}{イ}$ | $\dfrac{\sqrt{3}}{2}$ | ウエ | -4 | $\dfrac{オ}{カ}$ | $\dfrac{7}{6}$ |

(1) (与式)$=\left(-\dfrac{\sqrt{3}}{2}\right)-2\cdot\left(-\dfrac{\sqrt{3}}{2}\right)=\dfrac{\sqrt{3}}{2}$

(2) (与式)$=\sqrt{2}\cdot\left(-\dfrac{1}{\sqrt{2}}\right)-\sqrt{3}\cdot\sqrt{3}=-4$

(3) (与式)$=\dfrac{2}{\sqrt{3}}\cdot\dfrac{1}{\sqrt{3}}-\dfrac{1}{\sqrt{2}}\cdot\left(-\dfrac{1}{\sqrt{2}}\right)=\dfrac{7}{6}$

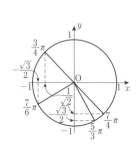 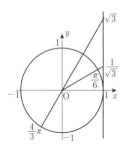

類題 26

$\dfrac{\boxed{ア}+\sqrt{\boxed{イ}}}{\boxed{ウ}}$　$\dfrac{1+\sqrt{7}}{4}$　　$\dfrac{\boxed{エオ}+\sqrt{\boxed{カ}}}{\boxed{キ}}$　$\dfrac{-1+\sqrt{7}}{4}$

$\dfrac{\boxed{ク}+\sqrt{\boxed{ケ}}}{\boxed{コ}}$　$\dfrac{4+\sqrt{7}}{3}$　　$\boxed{サ}-\sqrt{\boxed{シ}}$　$1-\sqrt{2}$

(1) $\cos\theta=\sin\theta-\dfrac{1}{2}$ より

　　$\sin^2\theta+\left(\sin\theta-\dfrac{1}{2}\right)^2=1$　　　　　　　　　　　← $\sin^2\theta+\cos^2\theta=1$

　∴　$8\sin^2\theta-4\sin\theta-3=0$

$0<\theta<\pi$ より $\sin\theta>0$ であるから　$\sin\theta=\dfrac{1+\sqrt{7}}{4}$　　← 2次方程式の解の公式。

このとき

　　$\cos\theta=\sin\theta-\dfrac{1}{2}=\dfrac{-1+\sqrt{7}}{4}$

　　$\tan\theta=\dfrac{\sin\theta}{\cos\theta}=\dfrac{1+\sqrt{7}}{-1+\sqrt{7}}=\dfrac{4+\sqrt{7}}{3}$　　　　　← 分母を有理化する。

(2) $(\sin\theta+\cos\theta)^2=1+2\sin\theta\cos\theta$ が成り立つので，

$\sin\theta+\cos\theta=\sin\theta\cos\theta=t$ とおくと

　　$t^2=1+2t$　　∴　$t^2-2t-1=0$

　　$-1\leqq\sin\theta\leqq 1$，$-1\leqq\cos\theta\leqq 1$ より　$-1\leqq t\leqq 1$ であるから　　← $t=\dfrac{1}{2}\sin 2\theta$ より

　　$t=1-\sqrt{2}$　　　　　　　　　　　　　　　　　　　　　　　　　　　　　$-\dfrac{1}{2}\leqq t\leqq\dfrac{1}{2}$

類題の答 19

類題 27

$\dfrac{ア}{イ}\pi$　$\dfrac{2}{3}\pi$　　ウ 4　　エ 6

正で最小の周期は $\dfrac{2\pi}{3}=\dfrac{2}{3}\pi$ である。$0\leqq\theta\leqq 2\pi$ の範囲で，$y=2\cos 3\theta$ のグラフと $y=2$ の共有点は 4 個あり，$y=2\cos 3\theta$ と $y=\sin\theta$ のグラフの共有点は 6 個あるので，解の個数も，それぞれ 4 個と 6 個である。

← $y=\cos m\theta$ の周期は $\dfrac{2\pi}{|m|}$ である。

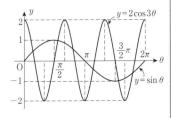

類題 28

$\dfrac{ア}{イ}a$　$\dfrac{1}{2}a$　　$\dfrac{ウ-a^2}{エ}$　$\dfrac{6-a^2}{2}$　　オ $a+$ カ　$2a+5$

$\cos\theta=t$ とおくと，$0\leqq\theta\leqq\pi$ のとき $-1\leqq t\leqq 1$ である。
$$y=5-2at-2(1-t^2)=2t^2-2at+3$$
$$=2\left(t-\dfrac{a}{2}\right)^2-\dfrac{a^2}{2}+3$$

$0<a<2$ より $0<\dfrac{a}{2}<1$ であるから

$t=\dfrac{1}{2}a$ のとき最小値 $\dfrac{6-a^2}{2}$

$t=-1$ のとき最大値 $2a+5$

をとる。

← 変数を $\cos\theta$ に統一する。

← 軸 $t=\dfrac{a}{2}$

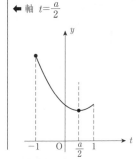

類題 29

$\dfrac{\sqrt{ア}-\sqrt{イ}}{ウ}$　$\dfrac{\sqrt{6}-\sqrt{2}}{4}$　　$\dfrac{エ-オ\sqrt{カ}}{キ}$　$\dfrac{3-2\sqrt{3}}{6}$

(1) $\sin\dfrac{11}{12}\pi=\sin\left(\dfrac{2}{3}\pi+\dfrac{\pi}{4}\right)=\sin\dfrac{2}{3}\pi\cos\dfrac{\pi}{4}+\cos\dfrac{2}{3}\pi\sin\dfrac{\pi}{4}$
$$=\dfrac{\sqrt{3}}{2}\cdot\dfrac{\sqrt{2}}{2}+\left(-\dfrac{1}{2}\right)\cdot\dfrac{\sqrt{2}}{2}=\dfrac{\sqrt{6}-\sqrt{2}}{4}$$

← $\dfrac{11}{12}\pi=165°$
　　$=120°+45°$
　　$=\dfrac{2}{3}\pi+\dfrac{\pi}{4}$

(2) $\sin\alpha=\sqrt{\dfrac{2}{3}}$ のとき $\cos\alpha=-\dfrac{1}{\sqrt{3}}$ であるから

$$\cos\left(\alpha-\dfrac{5}{6}\pi\right)=\cos\alpha\cos\dfrac{5}{6}\pi+\sin\alpha\sin\dfrac{5}{6}\pi$$
$$=-\dfrac{1}{\sqrt{3}}\cdot\left(-\dfrac{\sqrt{3}}{2}\right)+\sqrt{\dfrac{2}{3}}\cdot\dfrac{1}{2}$$
$$=\dfrac{\sqrt{3}+\sqrt{2}}{2\sqrt{3}}$$

$$\sin\left(\dfrac{7}{4}\pi+\alpha\right)=\sin\dfrac{7}{4}\pi\cos\alpha+\cos\dfrac{7}{4}\pi\sin\alpha$$
$$=-\dfrac{\sqrt{2}}{2}\cdot\left(-\dfrac{1}{\sqrt{3}}\right)+\dfrac{\sqrt{2}}{2}\cdot\sqrt{\dfrac{2}{3}}$$
$$=\dfrac{\sqrt{2}+2}{2\sqrt{3}}$$

よって （与式）$=\dfrac{\sqrt{3}-2}{2\sqrt{3}}=\dfrac{3-2\sqrt{3}}{6}$

← $\cos^2\alpha=1-\sin^2\alpha=\dfrac{1}{3}$
α が第2象限の角のとき
$\cos\alpha<0$

類題 30

| ア , イ | 2, 1 | $\dfrac{ウエ-\sqrt{オ}}{カ}$ | $\dfrac{-2-\sqrt{2}}{2}$ |
| キク , ケ , コ | $-3, 2, 2$ | $\dfrac{サ}{シ}$ | $\dfrac{7}{3}$ | ス | 1 |

(1) $f(\theta)=\dfrac{1-\cos 2\theta}{2}+\sin 2\theta-3\cdot\dfrac{1+\cos 2\theta}{2}$
$=\sin 2\theta-2\cos 2\theta-1$

と変形できるので
$$f\left(\dfrac{\pi}{8}\right)=\sin\dfrac{\pi}{4}-2\cos\dfrac{\pi}{4}-1=\dfrac{-2-\sqrt{2}}{2}$$

(2) $g(\theta)=2\sin\theta+(1-2\sin^2\theta)+(1-\sin^2\theta)$
$=-3\sin^2\theta+2\sin\theta+2$

$\sin\theta=t$ とおくと $0\leqq\theta\leqq\pi$ のとき $0\leqq t\leqq 1$ であり

$$g(\theta)=-3t^2+2t+2=-3\left(t-\dfrac{1}{3}\right)^2+\dfrac{7}{3}$$

よって　最大値 $\dfrac{7}{3}\left(t=\dfrac{1}{3}\right)$, 最小値 1 $(t=1)$

← $\cos 2\theta=2\cos^2\theta-1$
　　　　　$=1-2\sin^2\theta$

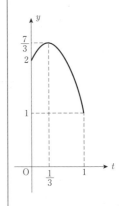

類題 31

$\boxed{ア}, \boxed{イ}$ 2, 1　$\dfrac{\pi}{\boxed{ウ}}$　$\dfrac{\pi}{2}$　$\dfrac{\boxed{エ}}{\boxed{オ}}\pi$　$\dfrac{7}{6}\pi$　$\dfrac{\boxed{カキ}}{\boxed{ク}}\pi$　$\dfrac{11}{6}\pi$　$\dfrac{\boxed{ケ}}{\boxed{コ}}\pi$　$\dfrac{5}{4}\pi$　$\dfrac{\boxed{サ}}{\boxed{シ}}\pi$　$\dfrac{7}{4}\pi$

$$y = \cos(2\theta + \pi) + \cos\left(\theta + \dfrac{\pi}{2}\right) = -\cos 2\theta - \sin\theta$$
$$= -(1 - 2\sin^2\theta) - \sin\theta = 2\sin^2\theta - \sin\theta - 1$$

と表されるので，$y=0$ のとき

$2\sin^2\theta - \sin\theta - 1 = 0$

$(\sin\theta - 1)(2\sin\theta + 1) = 0$

$\sin\theta = 1,\ -\dfrac{1}{2}$ 　∴ $\theta = \dfrac{\pi}{2},\ \dfrac{7}{6}\pi,\ \dfrac{11}{6}\pi$

$y = \dfrac{\sqrt{2}}{2}$ のとき

$2\sin^2\theta - \sin\theta - \left(1 + \dfrac{\sqrt{2}}{2}\right) = 0$

$4\sin^2\theta - 2\sin\theta - (2+\sqrt{2}) = 0$

$(2\sin\theta + \sqrt{2})\{2\sin\theta - (\sqrt{2}+1)\} = 0$

$-1 \leqq \sin\theta \leqq 1$ より　$\sin\theta = -\dfrac{\sqrt{2}}{2}$ 　∴ $\theta = \dfrac{5}{4}\pi,\ \dfrac{7}{4}\pi$

← $\cos(\theta + \pi) = -\cos\theta$
　$\cos\left(\theta + \dfrac{\pi}{2}\right) = -\sin\theta$

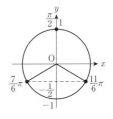

$\begin{matrix} 2+\sqrt{2} = \sqrt{2}(\sqrt{2}+1) \\ 2 \quad\quad \sqrt{2} \\ 2 \quad\quad -(\sqrt{2}+1) \end{matrix}$

2次方程式の解の公式を用いてもよい。

類題 32

$\boxed{ア},\boxed{イ},\boxed{ウ}$　4, 2, 2　$\dfrac{\pi}{\boxed{エ}},\dfrac{\boxed{オ}}{\boxed{カ}}\pi$　$\dfrac{\pi}{6},\dfrac{2}{3}\pi$　$\dfrac{\boxed{キ}}{\boxed{ク}}\pi,\dfrac{\boxed{ケ}}{\boxed{コ}}\pi$　$\dfrac{5}{6}\pi,\dfrac{4}{3}\pi$

与式より

$2\sin\theta\cos\theta > \sqrt{2}\left(\cos\theta\cos\dfrac{\pi}{4} - \sin\theta\sin\dfrac{\pi}{4}\right) + \dfrac{1}{2}$

$2ab > \sqrt{2}\left(\dfrac{1}{\sqrt{2}}b - \dfrac{1}{\sqrt{2}}a\right) + \dfrac{1}{2}$

$4ab + 2a - 2b - 1 > 0$

$(2a-1)(2b+1) > 0$

∴ $\begin{cases} a > \dfrac{1}{2} \\ b > -\dfrac{1}{2} \end{cases}$

←「$AB > 0$」 ⇔
「$\begin{cases} A>0 \\ B>0 \end{cases}$
または $\begin{cases} A<0 \\ B<0 \end{cases}$」

または $\begin{cases} a < \dfrac{1}{2} \\ b < -\dfrac{1}{2} \end{cases}$

よって

$\dfrac{\pi}{6} < \theta < \dfrac{2}{3}\pi, \ \dfrac{5}{6}\pi < \theta < \dfrac{4}{3}\pi$

類題 33

$\sqrt{\boxed{ア}},\ \dfrac{\pi}{\boxed{イ}}\ \sqrt{2},\ \dfrac{\pi}{3}\ \dfrac{\boxed{ウ}}{\boxed{エオ}}\pi\ \dfrac{7}{12}\pi\ \dfrac{\boxed{カキ}}{\boxed{クケ}}\pi\ \dfrac{13}{12}\pi$

$\dfrac{\pi}{\boxed{コ}}\ \dfrac{\pi}{2}\ \dfrac{\boxed{サ}}{\boxed{シ}}\pi\ \dfrac{7}{6}\pi$

$y = \sqrt{2} \sin\left(\theta - \dfrac{5}{3}\pi\right) - \sqrt{6} \cos\theta$

$ = \sqrt{2}\left(\sin\theta\cos\dfrac{5}{3}\pi - \cos\theta\sin\dfrac{5}{3}\pi\right) - \sqrt{6}\cos\theta$

$ = \sqrt{2}\left(\dfrac{1}{2}\sin\theta + \dfrac{\sqrt{3}}{2}\cos\theta\right) - \sqrt{6}\cos\theta$

$ = \dfrac{1}{2}(\sqrt{2}\sin\theta - \sqrt{6}\cos\theta) = \sqrt{2}\sin\left(\theta - \dfrac{\pi}{3}\right)$

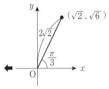

$-\dfrac{\pi}{3} \leqq \theta - \dfrac{\pi}{3} < \dfrac{5}{3}\pi$ であるから,$y = 1$ のとき

$\sin\left(\theta - \dfrac{\pi}{3}\right) = \dfrac{1}{\sqrt{2}}$

$\theta - \dfrac{\pi}{3} = \dfrac{\pi}{4},\ \dfrac{3}{4}\pi \quad \therefore\ \theta = \dfrac{7}{12}\pi,\ \dfrac{13}{12}\pi$

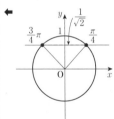

$y > \dfrac{1}{\sqrt{2}}$ のとき

$\sin\left(\theta - \dfrac{\pi}{3}\right) > \dfrac{1}{2}$

$\dfrac{\pi}{6} < \theta - \dfrac{\pi}{3} < \dfrac{5}{6}\pi \quad \therefore\ \dfrac{\pi}{2} < \theta < \dfrac{7}{6}\pi$

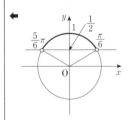

類題の答　23

類題 34

ア√イ, (ウ/エ)π $2\sqrt{3}$, $\frac{2}{3}\pi$　オ 3　カキ√ク $-2\sqrt{3}$

(ケ/コ)π $\frac{5}{6}\pi$

$$y = 2\sqrt{3}\cos\left(\theta + \frac{5}{6}\pi\right) + 6\cos\theta$$
$$= 2\sqrt{3}\left\{\cos\theta\cdot\left(-\frac{\sqrt{3}}{2}\right) - \sin\theta\cdot\frac{1}{2}\right\} + 6\cos\theta$$
$$= -\sqrt{3}\sin\theta + 3\cos\theta$$
$$= 2\sqrt{3}\sin\left(\theta + \frac{2}{3}\pi\right)$$

$0 \leq \theta \leq \pi$ より $\frac{2}{3}\pi \leq \theta + \frac{2}{3}\pi \leq \frac{5}{3}\pi$ であるから

$\theta + \frac{2}{3}\pi = \frac{2}{3}\pi$ つまり $\theta = 0$ のとき

　最大値　$2\sqrt{3}\cdot\frac{\sqrt{3}}{2} = 3$

$\theta + \frac{2}{3}\pi = \frac{3}{2}\pi$ つまり $\theta = \frac{5}{6}\pi$ のとき

　最小値　$2\sqrt{3}\cdot(-1) = -2\sqrt{3}$

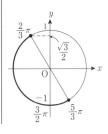

類題 35

ア ①　イ ⑥　ウ ⑦

(i) $y = \frac{1}{2}\sin x$ のグラフは $y = \sin x$ のグラフを y 軸方向に $\frac{1}{2}$ 倍したグラフであるから　①

(ii) $y = \sin\left(x + \frac{3}{2}\pi\right) = \sin\left(x - \frac{\pi}{2}\right)$ のグラフは $y = \sin x$ のグラフを x 軸方向に $\frac{\pi}{2}$ 平行移動したグラフであるから

$y = -\cos x$ のグラフに等しく　⑥

←　$\sin(\theta - 2\pi)$
　　$= \sin\theta$

(iii) $y = \cos\frac{x - \pi}{2} = \sin\frac{x}{2}$ のグラフは $y = \sin x$ のグラフを x 軸方向に 2 倍したグラフであるから　⑦

←　$\cos\left(\theta - \frac{\pi}{2}\right)$
　　$= \cos\left(\frac{\pi}{2} - \theta\right)$
　　$= \sin\theta$

類題 36

| ア | ④ | イ | ③ | ウ | ⑦ | エ | ① |

(i) $\sin\left(\dfrac{3}{2}\pi+\theta\right)=\sin\left(\pi+\dfrac{\pi}{2}+\theta\right)=-\sin\left(\dfrac{\pi}{2}+\theta\right)$
$=-\cos\theta$ （④）

← $\sin(\pi+\theta)=-\sin\theta$
← $\sin\left(\dfrac{\pi}{2}+\theta\right)=\cos\theta$

(ii) $\cos\left(\dfrac{3}{2}\pi-\theta\right)=\cos\left(\pi+\dfrac{\pi}{2}-\theta\right)=-\cos\left(\dfrac{\pi}{2}-\theta\right)$
$=-\sin\theta$ （③）

← $\cos(\pi+\theta)=-\cos\theta$
← $\cos\left(\dfrac{\pi}{2}-\theta\right)=\sin\theta$

(iii) $\tan\left(\dfrac{\pi}{2}+\theta\right)=-\dfrac{1}{\tan\theta}$ （⑦）

(iv) $\sin\left(\dfrac{5}{2}\pi+\theta\right)=\sin\left(2\pi+\dfrac{\pi}{2}+\theta\right)=\sin\left(\dfrac{\pi}{2}+\theta\right)$
$=\cos\theta$ （①）

← $\sin(2\pi+\theta)=\sin\theta$

(注) P を右図のようにとると

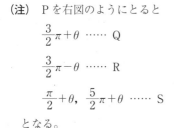

$\dfrac{3}{2}\pi+\theta$ …… Q

$\dfrac{3}{2}\pi-\theta$ …… R

$\dfrac{\pi}{2}+\theta,\ \dfrac{5}{2}\pi+\theta$ …… S

となる。

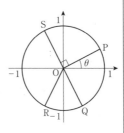

← $P(\cos\theta,\ \sin\theta)$

θ を $0<\theta<\dfrac{\pi}{4}$ として単位円周上にとってみる。

(i) （Q の y 座標）$=-$（P の x 座標）

∴ $\sin\left(\dfrac{3}{2}\pi+\theta\right)=-\cos\theta$

(ii) （R の x 座標）$=-$（P の y 座標）

∴ $\cos\left(\dfrac{3}{2}\pi-\theta\right)=-\sin\theta$

← $\cos\left(\dfrac{3}{2}\pi-\theta\right)$
$=\cos\dfrac{3}{2}\pi\cos\theta$
$\quad+\sin\dfrac{3}{2}\pi\sin\theta$
$=-\sin\theta$

(iii) （OS の傾き）$=-\dfrac{1}{\text{（OP の傾き）}}$

∴ $\tan\left(\dfrac{\pi}{2}+\theta\right)=-\dfrac{1}{\tan\theta}$

(iv) （S の y 座標）$=$（P の x 座標）

∴ $\sin\left(\dfrac{5}{2}\pi+\theta\right)=\cos\theta$

$\begin{cases}\sin\left(\dfrac{5}{2}\pi+\theta\right)\\=\sin\left(\dfrac{\pi}{2}+\theta\right)\end{cases}$

類題の答　25

類題 37

$\boxed{ア}$, $\boxed{イ}$ ⓪, ⓪　$\dfrac{\pi}{\boxed{ウ}} - \dfrac{\alpha}{\boxed{エ}}$　$\dfrac{\pi}{4} - \dfrac{\alpha}{2}$　$\dfrac{\boxed{オ}}{\boxed{カ}}\pi + \dfrac{\alpha}{\boxed{キ}}$　$\dfrac{3}{4}\pi + \dfrac{\alpha}{2}$

$-\dfrac{\pi}{\boxed{ク}} + \dfrac{\alpha}{\boxed{ケ}}$　$-\dfrac{\pi}{4} + \dfrac{\alpha}{2}$　$\dfrac{\boxed{コ}}{\boxed{サ}}\pi - \dfrac{\alpha}{\boxed{シ}}$　$\dfrac{5}{4}\pi - \dfrac{\alpha}{2}$

　一般に，すべての x について

$$\sin x = \cos\left(\frac{\pi}{2} - x\right) = \cos\left(x - \frac{\pi}{2}\right) \quad (⓪, ⓪)$$

が成り立つ。

　$0 \leqq \alpha < \dfrac{\pi}{2}$ のとき，①，②より

$$\cos 2\theta = \cos\left(\frac{\pi}{2} - \alpha\right)$$

であるから　　　　　　　　　　　　　　　　　$\Leftarrow$ $0 \leqq 2\theta \leqq 2\pi$

$$2\theta = \frac{\pi}{2} - \alpha, \ 2\pi - \left(\frac{\pi}{2} - \alpha\right) \qquad 0 < \frac{\pi}{2} - \alpha \leqq \frac{\pi}{2}$$

$$\therefore \ \theta_1 = \frac{\pi}{4} - \frac{\alpha}{2}, \ \theta_2 = \frac{3}{4}\pi + \frac{\alpha}{2} \qquad \Leftarrow \frac{\pi}{4} - \frac{\alpha}{2} < \frac{3}{4}\pi + \frac{\alpha}{2}$$

　$\dfrac{\pi}{2} \leqq \alpha \leqq \pi$ のとき，①，②より

$$\cos 2\theta = \cos\left(\alpha - \frac{\pi}{2}\right)$$
　　　　　　　　　　　　　　　　　　　　　　　$\Leftarrow$ $0 \leqq 2\theta \leqq 2\pi$

であるから　　　　　　　　　　　　　　　　　　　$0 \leqq \alpha - \frac{\pi}{2} \leqq \frac{\pi}{2}$

$$2\theta = \alpha - \frac{\pi}{2}, \ 2\pi - \left(\alpha - \frac{\pi}{2}\right)$$

$$\therefore \ \theta_1 = -\frac{\pi}{4} + \frac{\alpha}{2}, \ \theta_2 = \frac{5}{4}\pi - \frac{\alpha}{2} \qquad \Leftarrow -\frac{\pi}{4} + \frac{\alpha}{2} < \frac{5}{4}\pi - \frac{\alpha}{2}$$

類題 38

$\boxed{ア}$, $\boxed{イ}\sqrt{\boxed{ウ}}$, $\boxed{エ}$　2, $2\sqrt{3}$, 1　$\boxed{オ}$, $\boxed{カ}$　2, 2

$\boxed{キ}$, $\dfrac{\pi}{\boxed{ク}}$　2, $\dfrac{\pi}{3}$　$\boxed{ケコ}$, $\sqrt{\boxed{サ}}$　-1, $\sqrt{3}$　$-\dfrac{\pi}{\boxed{シ}}$　$-\dfrac{\pi}{6}$

$\boxed{スセ}$　-3　$\dfrac{\sqrt{\boxed{ソ}}}{\boxed{タ}}$, $\dfrac{\boxed{チ}}{\boxed{ツ}}\pi$, $\dfrac{\boxed{テ}}{\boxed{ト}}$　$\dfrac{\sqrt{2}}{2}$, $\dfrac{3}{4}\pi$, $\dfrac{1}{2}$　$\boxed{ナ}$　1

$\dfrac{\boxed{ニ}-\sqrt{\boxed{ヌ}}}{\boxed{ネ}}$　$\dfrac{1-\sqrt{2}}{2}$　$\dfrac{\boxed{ノ}}{\boxed{ハ}}\pi$　$\dfrac{3}{8}\pi$

(1)　$t = \sin\theta + \sqrt{3}\cos\theta$ とおくと

$$t^2 = \sin^2\theta + 2\sqrt{3}\sin\theta\cos\theta + 3\cos^2\theta$$
$$= 2\cos^2\theta + 2\sqrt{3}\sin\theta\cos\theta + 1$$
$$= 2 \cdot \frac{1+\cos 2\theta}{2} + 2\sqrt{3} \cdot \frac{1}{2}\sin 2\theta + 1$$
$$= \cos 2\theta + \sqrt{3}\sin 2\theta + 2$$

であるから
$$y = \cos 2\theta + \sqrt{3}\sin 2\theta + 2$$
$$\quad -2(\sqrt{3}\cos\theta + \sin\theta) - 2$$
$$= t^2 - 2t - 2$$
$$= (t-1)^2 - 3$$

また，$t = 2\sin\left(\theta + \frac{\pi}{3}\right)$ であり，$-\frac{\pi}{2} \leqq t \leqq 0$ のとき

$$-\frac{\pi}{6} \leqq \theta + \frac{\pi}{3} \leqq \frac{\pi}{3}$$ であるから

$$-\frac{1}{2} \leqq \sin\left(\theta + \frac{\pi}{3}\right) \leqq \frac{\sqrt{3}}{2} \quad \therefore \quad -1 \leqq t \leqq \sqrt{3}$$

したがって，y は

$t=1$ のとき，最小値 -3

をとる。$t=1$ のとき

$$\sin\left(\theta + \frac{\pi}{3}\right) = \frac{1}{2} \quad \theta + \frac{\pi}{3} = \frac{\pi}{6} \quad \therefore \quad \theta = -\frac{\pi}{6}$$

(2) $y = \cos^2\theta - \sin\theta\cos\theta$
$$= \frac{1+\cos 2\theta}{2} - \frac{1}{2}\sin 2\theta$$
$$= \frac{1}{2}(-\sin 2\theta + \cos 2\theta) + \frac{1}{2}$$
$$= \frac{\sqrt{2}}{2}\sin\left(2\theta + \frac{3}{4}\pi\right) + \frac{1}{2}$$

$0 \leqq \theta \leqq \frac{\pi}{2}$ より $\frac{3}{4}\pi \leqq 2\theta + \frac{3}{4}\pi \leqq \frac{7}{4}\pi$ であるから

$2\theta + \frac{3}{4}\pi = \frac{3}{4}\pi$ つまり $\theta = 0$ のとき

最大値 1

$2\theta + \frac{3}{4}\pi = \frac{3}{2}\pi$ つまり $\theta = \frac{3}{8}\pi$ のとき

最小値 $\frac{1-\sqrt{2}}{2}$

⇐ $\sin^2\theta = 1 - \cos^2\theta$

⇐ $\cos^2\theta = \frac{1+\cos 2\theta}{2}$

$\sin\theta\cos\theta = \frac{1}{2}\sin 2\theta$

⇐ $\cos 2\theta + \sqrt{3}\sin 2\theta + 2$ の形にする。

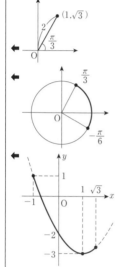

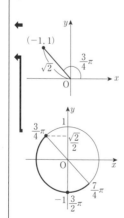

類題 39

| ア | ① | イ | ⓪ | ウ | ③ | エ | ④ | オ | ② |

(1)　$P(\cos\theta, \sin\theta)$ 　(①, ⓪)

　　$Q\left(\cos\left(\dfrac{3}{2}\pi-\theta\right),\ \sin\left(\dfrac{3}{2}\pi-\theta\right)\right)=(-\sin\theta,\ -\cos\theta)$

　　　　　　　　　　　　　　　　　　　　(③, ④)

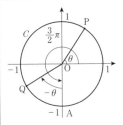

(2)　$l=\sqrt{(-\sin\theta)^2+(-\cos\theta+1)^2}$
　　　$=\sqrt{\sin^2\theta+\cos^2\theta-2\cos\theta+1}$
　　　$=\sqrt{2-2\cos\theta}$
　　　$=\sqrt{4\sin^2\dfrac{\theta}{2}}$

← $\sin^2\dfrac{\theta}{2}=\dfrac{1-\cos\theta}{2}$

$0<\dfrac{\theta}{2}<\dfrac{\pi}{2}$ より $\sin\dfrac{\theta}{2}>0$ であるから

$l=2\sin\dfrac{\theta}{2}$　(②)

類題 40

| ア | ⑨ | イ | ⑥ | ウ | ⑤ | エ | ③ | オ, カ | 4, 2 |
| キ, ク | 7, 4 |

(1)　$a=2^{-2}$　(⑨)

　　$b=(2^2)^{\frac{1}{3}}=2^{\frac{2}{3}}$　(⑥)

　　$c=(2^{-3})^{\frac{1}{2}}=2^{-\frac{3}{2}}$　(⑤)

　　$d=\dfrac{2}{(2^4)^{\frac{1}{3}}}=2^{1-\frac{4}{3}}=2^{-\frac{1}{3}}$　(③)

← $\dfrac{1}{a^n}=a^{-n}$
　$\sqrt[n]{a}=a^{\frac{1}{n}}$
　$(a^r)^s=a^{rs}$
　$\dfrac{a^r}{a^s}=a^{r-s}$

(2)　$x^{\frac{1}{2}}+x^{-\frac{1}{2}}=1+\sqrt{2}$ のとき

　　$x+x^{-1}=(x^{\frac{1}{2}}+x^{-\frac{1}{2}})^2-2\cdot x^{\frac{1}{2}}\cdot x^{-\frac{1}{2}}$
　　　　　　$=(1+\sqrt{2})^2-2=1+2\sqrt{2}$

　　$x^{\frac{3}{2}}+x^{-\frac{3}{2}}=(x^{\frac{1}{2}}+x^{-\frac{1}{2}})(x-x^{\frac{1}{2}}\cdot x^{-\frac{1}{2}}+x^{-1})$
　　　　　　　$=(1+\sqrt{2})\cdot 2\sqrt{2}=4+2\sqrt{2}$

　　$x^2+x^{-2}=(x+x^{-1})^2-2\cdot x\cdot x^{-1}$
　　　　　　$=(1+2\sqrt{2})^2-2=7+4\sqrt{2}$

← a^2+b^2
　$=(a+b)^2-2ab$

← a^3+b^3
　$=(a+b)(a^2-ab+b^2)$

28　類題の答

類題 41

$$\boxed{\frac{\text{ア}}{\text{イ}}}\ \frac{5}{4}\qquad \boxed{\text{ウ}}\ 0\qquad \boxed{\text{エ}}\ 5$$

(1)　$\log_{16}32=\dfrac{\log_2 32}{\log_2 16}=\dfrac{5}{4}$

　　　　　　　　　　　　　← $\log_a b=\dfrac{\log_c b}{\log_c a}$

(2)　(与式)$=\dfrac{1}{3}\log_2 2^2\cdot 3-\dfrac{\log_2 6}{\log_2 4}+\dfrac{\log_2\sqrt{\dfrac{3}{2}}}{\log_2 8}$

　　　　　　　　　　　　　← $\log_a a^r=r$
　　　　　　　　　　　　　$\log_a MN=\log_a M+\log_a N$

　　　　$=\dfrac{1}{3}(2+\log_2 3)-\dfrac{1}{2}(1+\log_2 3)+\dfrac{1}{3}\cdot\dfrac{1}{2}(\log_2 3-1)$

　　　　　　　　　　　　　$\log_a\dfrac{M}{N}=\log_a M-\log_a N$

　　　　$=\left(\dfrac{2}{3}-\dfrac{1}{2}-\dfrac{1}{6}\right)+\left(\dfrac{1}{3}-\dfrac{1}{2}+\dfrac{1}{6}\right)\log_2 3$

　　　　$=\boldsymbol{0}$

(3)　(与式)$=(2^2)^{\log_2\sqrt{5}}=2^{2\log_2\sqrt{5}}=2^{\log_2 5}=\boldsymbol{5}$

　　　　　　　　　　　　　← $a^{\log_a M}=M$

類題 42

$$\boxed{\text{ア}}\ ④\qquad \boxed{\text{イ}}\ ③\qquad \boxed{\text{ウ}}\ ④\qquad \boxed{\text{エ}}\ ①$$

(1)　$y=\left(\dfrac{1}{2}\right)^x=2^{-x}$ より，$y=-2^x$ のグラフは $y=\left(\dfrac{1}{2}\right)^x$ のグ

ラフと原点に関して対称である（④）。

　　　　　　　　　　　　　← x と y の符号が異なるので原点対称。

　　　また，$y=\log_2(-x)$ より $-x=2^y$ であり，$x=-2^y$ であるから，直線 $y=x$ に関して対称である（③）。

　　　　　　　　　　　　　← x と y を入れかえているので直線 $y=x$ に関して対称。

(2)　$y=\log_{\frac{1}{2}}\dfrac{1}{x}=\dfrac{\log_2\dfrac{1}{x}}{\log_2\dfrac{1}{2}}=\dfrac{-\log_2 x}{-1}=\log_2 x$ であるから，

$y=-\log_2(-x)$ のグラフと原点に関して対称である（④）。

　　　　　　　　　　　　　← x と y の符号が異なるので原点対称。

　　　また，$y=2\log_{\frac{1}{4}}x=2\cdot\dfrac{\log_2 x}{\log_2\frac{1}{4}}=-\log_2 x$ より，x 軸に関して対称である（⓪）。

　　　　　　　　　　　　　← y の符号が異なるので x 軸対称。

類題 43

$$\boxed{\text{ア}}\ 4\qquad \boxed{\text{イ}}\ 1\qquad \boxed{\text{ウ}}\ 4$$

　　　$y=\log_{\frac{1}{2}}(2x+8)=\log_{\frac{1}{2}}2(x+4)=\log_{\frac{1}{2}}(x+4)-1$

より，このグラフを x 軸方向に **4**，y 軸方向に **1** 平行移動すると①のグラフになる。

　　　　　　　　　　　　　← x を $x-4$，y を $y-1$ とおきかえる。

類題の答　29

また，①において，$x = 16k$ とおくと
$$y = \log_{\frac{1}{2}} 16k = \log_{\frac{1}{2}} 16 + \log_{\frac{1}{2}} k = \log_{\frac{1}{2}} k - 4$$
より，y の値は **4** 減少する。

類題 44

$$\boxed{ア}, \frac{\boxed{イ}}{X}, \boxed{ウエ}\ 9, \frac{4}{X}, 37 \quad \boxed{オ}, \frac{\boxed{カ}}{\boxed{キ}}\ 4, \frac{1}{9}$$

$$\frac{\boxed{ク}}{\log_2 3 - \boxed{ケ}}\ \frac{2}{\log_2 3 - 1} \quad \boxed{コサ}\ -2$$

①より
$$9 + \frac{4 \cdot 2^x}{3^x} + \frac{9 \cdot 3^x}{2^x} + 4 = 50$$

$$9 \cdot \left(\frac{3}{2}\right)^x + 4 \cdot \left(\frac{2}{3}\right)^x - 37 = 0$$

← まず展開する。

$X = \left(\dfrac{3}{2}\right)^x$ とおくと，$\dfrac{1}{X} = \left(\dfrac{2}{3}\right)^x$ であるから

$$9X + \frac{4}{X} - 37 = 0$$

← 両辺に X をかける。

$$9X^2 - 37X + 4 = 0$$

$$(X - 4)(9X - 1) = 0$$

$$\therefore\quad X = 4,\ \frac{1}{9}$$

$X = \left(\dfrac{3}{2}\right)^x$ より

$$\log_2 X = x \log_2 \frac{3}{2}$$
$$= x(\log_2 3 - 1)$$

から

$$x = \frac{\log_2 X}{\log_2 3 - 1}$$

$X = 4$ のとき　$x = \dfrac{\log_2 4}{\log_2 3 - 1} = \dfrac{2}{\log_2 3 - 1}$

$X = \dfrac{1}{9}$ のとき　$x = \dfrac{\log_2 \dfrac{1}{9}}{\log_2 3 - 1} = \dfrac{-2 \log_2 3}{\log_2 3 - 1}$

$$\left(\frac{3}{2}\right)^x = 4$$
$$x = \log_{\frac{3}{2}} 4$$
$$= \frac{\log_2 4}{\log_2 \frac{3}{2}}$$
$$= \frac{2}{\log_2 3 - 1}$$

類題の答

30　類題の答

類題 45

$$\frac{\boxed{ア}}{\boxed{イ}}\quad \frac{5}{4}\qquad \frac{\boxed{ウエ}}{\boxed{オカ}}\quad \frac{17}{16}$$

$f(1)=g(1),\ f\!\left(\dfrac{1}{2}\right)=g\!\left(\dfrac{1}{2}\right)$ より

$$\begin{cases} \log_2(1+a)=\log_4(4+b) & \cdots\cdots① \\ \log_2\!\left(\dfrac{1}{2}+a\right)=\log_4(2+b) & \cdots\cdots② \end{cases}$$

①と $\log_4(4+b)=\dfrac{\log_2(4+b)}{\log_2 4}=\dfrac{1}{2}\log_2(4+b)$ から

    ← 底の変換公式。

$$2\log_2(1+a)=\log_2(4+b)$$
$$\log_2(1+a)^2=\log_2(4+b)$$
$$\therefore\quad (1+a)^2=4+b \qquad \cdots\cdots③$$

同様にして，②より

$$\left(\dfrac{1}{2}+a\right)^2=2+b \qquad \cdots\cdots④$$

③−④より　$a+\dfrac{3}{4}=2$　$\therefore\quad a=\dfrac{5}{4}$

    ← $a>0$ を満たす。

このとき③より　$b=\dfrac{17}{16}$

    ← $b>0$ を満たす。

類題 46

$$\boxed{ア},\quad \frac{\boxed{イ}}{\boxed{ウ}}\quad 3,\ \frac{1}{3}\qquad \frac{\boxed{エオ}}{\boxed{カ}}<x<\boxed{キ}\quad \frac{-1}{2}<x<0$$

$f(x)=3^x+3^{-x}$ のとき

$$f(x+1)=3^{x+1}+3^{-(x+1)}=3\cdot 3^x+\frac{1}{3}\cdot 3^{-x}$$

    ← $3^{-(x+1)}=3^{-x-1}=\dfrac{1}{3}\cdot 3^{-x}$

である。

$f(x+1)>f(x)$ より

$$3\cdot 3^x+\frac{1}{3}\cdot 3^{-x}>3^x+3^{-x}$$
$$2\cdot 3^x>\frac{2}{3}\cdot 3^{-x}$$
$$\therefore\quad 3^x>3^{-x-1}$$

    ← 両辺を 2 で割る。

    $\dfrac{1}{3}\cdot 3^{-x}=3^{-x-1}$

底 $3>1$ より　$x>-x-1$　$\therefore\quad x>-\dfrac{1}{2}$

また，$f(x-1)=3^{x-1}+3^{-(x-1)}=\dfrac{1}{3}\cdot 3^x+3\cdot 3^{-x}$ であるから，

$f(x-1)>f(x+1)$ より

$$\dfrac{1}{3}\cdot 3^x+3\cdot 3^{-x}>3\cdot 3^x+\dfrac{1}{3}\cdot 3^{-x}$$

$$\dfrac{8}{3}\cdot 3^{-x}>\dfrac{8}{3}\cdot 3^x$$ ← 両辺に $\dfrac{3}{8}$ をかける。

$$\therefore \quad 3^{-x}>3^x$$

底 $3>1$ より $-x>x$ $\therefore$ $x<0$

よって，$f(x)<f(x+1)<f(x-1)$ を満たす x の範囲は

$$-\dfrac{1}{2}<x<0$$

類題 47

$\boxed{ア}<x<\boxed{イ}$	$2<x<8$	$\boxed{ウ}<x<\boxed{エ}$	$6<x<8$
$\boxed{オ}<x<\boxed{カ}$	$2<x<6$		

(真数)>0 より

$$8-x>0, \quad x-2>0$$

$$\therefore \quad 2<x<8 \qquad\qquad \cdots\cdots②$$

・$0<a<1$ のとき，①より

$$\log_a(8-x)^2>\log_a(x-2)$$ ← 底 a が $0<a<1$ の場合，不等号の向きが反対になる。

$$(8-x)^2<x-2$$

$$(x-6)(x-11)<0$$

$$\therefore \quad 6<x<11$$

②を考えて $6<x<8$

・$a>1$ のとき，①より

$$(8-x)^2>x-2$$

$$(x-6)(x-11)>0$$

$$x<6, \quad 11<x$$

②を考えて $2<x<6$

32　類題の答

類題 48

| ア ⓪ | イ ② | ウ ② | エ ⓪ | オ 5 |

| カ + キク $a+ab$ | a+ ケ $a+1$ | コ - サ $b-a$ |

| シ - ス $a-b$ | セ < ソ < タ $b<c<a$ |

$3^5=243$，$4^4=256$ より　$3^5<4^4$（⓪）

両辺の対数(底 3)をとると

$$5<4\log_3 4 \quad \therefore \quad \frac{5}{4}<\log_3 4$$

よって　$a>\dfrac{5}{4}$（②）

$4^5=1024$，$5^4=625$ より　$4^5>5^4$（②）

両辺の対数(底 4)をとると

$$5>4\log_4 5 \quad \therefore \quad \frac{5}{4}>\log_4 5$$

よって　$b<\dfrac{5}{4}$（⓪）

$$ab=\log_3 4\cdot\frac{\log_3 5}{\log_3 4}=\log_3 5$$

← 底を 3 に変換する。

$$c=\frac{\log_3 20}{\log_3 12}=\frac{\log_3 4+\log_3 5}{\log_3 4+\log_3 3}=\frac{\boldsymbol{a+ab}}{\boldsymbol{a+1}}$$

← $20=4\cdot5$
　$12=4\cdot3$

であり

$$c-a=\frac{a+ab}{a+1}-a=\frac{ab-a^2}{a+1}$$

$$=\frac{a}{a+1}(\boldsymbol{b-a})$$

$$c-b=\frac{a+ab}{a+1}-b=\frac{1}{a+1}(\boldsymbol{a-b})$$

$b<\dfrac{5}{4}<a$ より

$$c-a<0, \quad c-b>0$$

$$\therefore \quad \boldsymbol{b<c<a}$$

類題の答　33

類題 49

| アイ , ウ －3, 1 | エ , オ , カ 2, 8, 6 | キ 2 |
| クケ 16 | コ/サ 1/4 | シス －2 |

$t=\log_2 x$ とおくと，$\dfrac{1}{8} \leqq x \leqq 2$ のとき

$$-3 \leqq t \leqq 1$$

であり

$$\log_2 2x = \log_2 2 + \log_2 x = 1 + t$$

であるから

$$y = 2(\log_2 2x)^2 + 2\log_2(2x) + 2\log_2 x + 2$$
$$= 2(1+t)^2 + 2(1+t) + 2t + 2$$
$$= 2t^2 + 8t + 6 = 2(t+2)^2 - 2$$

したがって

$t=1$ のとき最大値 **16**

$t=-2$ のとき最小値 **－2**

をとる。また

$t=1$ のとき　$\log_2 x = 1$　∴　$x = 2$

$t=-2$ のとき　$\log_2 x = -2$　∴　$x = \dfrac{1}{4}$

である。

← $\log_2 \dfrac{1}{8} = -3$
　$\log_2 2 = 1$

← $\log_2 (2x)^2 = 2\log_2(2x)$

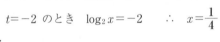

類題 50

| アイ 22 | ウエ 19 | オカ 26 | キ 4 | ク 1 |

(1)　$\log_{10} 12^{20} = 20\log_{10} 12 = 20(2\log_{10} 2 + \log_{10} 3)$
　　　　$= 20(2 \cdot 0.3010 + 0.4771) = 21.5820$

　より，$12^{20} = 10^{21.5820}$ であるから

　　　$10^{21} < 12^{20} < 10^{22}$

　よって，12^{20} は **22** 桁の数である。

(2)　$\log_{10}\left(\dfrac{1}{18}\right)^{15} = 15\log_{10}\dfrac{1}{18} = -15(\log_{10}2 + 2\log_{10}3)$
　　　　　　$= -15(0.3010 + 2 \cdot 0.4771) = -18.8280$

　より，$\left(\dfrac{1}{18}\right)^{15} = 10^{-18.8280}$ であるから

　　　$10^{-19} < \left(\dfrac{1}{18}\right)^{15} < 10^{-18}$

← $12 = 2^2 \cdot 3$

← $18 = 2 \cdot 3^2$

34   類題の答

よって，$\left(\dfrac{1}{18}\right)^{15}$ は小数第 **19** 位に初めて 0 でない数が現れる。

(3) 条件より

$$\begin{cases} 10^7 \leq 2^n < 10^8 \\ 10^8 \leq 2^{n+1} < 10^9 \end{cases} \quad \therefore \quad \begin{cases} 7 \leq n\log_{10}2 < 8 \\ 8 \leq (n+1)\log_{10}2 < 9 \end{cases}$$

ここで

$$\frac{7}{\log_{10}2} = 23.2\cdots, \quad \frac{8}{\log_{10}2} = 26.5\cdots, \quad \frac{9}{\log_{10}2} = 29.9\cdots$$

であるから

$$\begin{cases} 23.2 < n < 26.6 \\ 25.5 < n < 29.0 \end{cases}$$

n は整数であるから　$n = \mathbf{26}$

(4) 条件より

$$10^{23} \leq a^5 b^5 < 10^{24} \qquad\qquad \cdots\cdots①$$

$$10^{15} \leq \frac{a^5}{b^5} < 10^{16} \qquad\qquad \cdots\cdots②$$

①，②式を辺々かけると

$$10^{38} \leq a^{10} < 10^{40}$$

$$\therefore \quad 10^{3.8} \leq a < 10^4 \qquad\qquad \cdots\cdots③$$

よって　a は **4** 桁の数

③より

$$10^{-20} < a^{-5} \leq 10^{-19} \qquad\qquad \cdots\cdots④ \qquad \Leftarrow 10^{19} \leq a^5 < 10^{20} \text{ より}$$
$$\qquad\qquad\qquad\qquad\qquad\qquad\qquad\qquad\qquad\qquad 10^{-19} \geq a^{-5} > 10^{-20}$$

①，④式を辺々かけると

$$10^3 < b^5 < 10^5$$

$$\therefore \quad 10^{0.6} < b < 10$$

よって　b は **1** 桁の数

類題　51

| ア | a | イ | 2 | ウ | 0 | エ | a |

a から $a+h$ まで変化するときの平均変化率は

$$\frac{f(a+h) - f(a)}{h} = \frac{1}{h}\left\{ \frac{1}{2}(a+h)^2 - \frac{1}{2}a^2 \right\}$$

$$= \frac{1}{2h}(2ah + h^2)$$

$$= a + \frac{h}{2}$$

よって求める微分係数は

$$f'(a) = \lim_{h \to 0}\left(a + \frac{h}{2}\right) = \boldsymbol{a}$$

$\displaystyle\int$ $y = \dfrac{1}{2}x^2$ 上の
点 $\left(a, \ \dfrac{1}{2}a^2\right)$ に
おける接線の傾き。

類題 52

$\boxed{ア}\, a^2 - \dfrac{\boxed{イ}}{\boxed{ウ}}$ $3a^2 - \dfrac{4}{3}$ $\boxed{エ}\, a^{\boxed{オ}}$ $2a^3$ $\boxed{カキ}\, a$ $-2a$

$\dfrac{\boxed{ク}}{\boxed{ケコ}}$ $\dfrac{5}{18}$

$$f(x) = x^3 - \frac{4}{3}x \ \ \text{より} \ \ \ f'(x) = 3x^2 - \frac{4}{3}$$

点 $(a, \ f(a))$ における接線の方程式は

$$y = \left(3a^2 - \frac{4}{3}\right)(x - a) + a^3 - \frac{4}{3}a$$

$$\therefore \ \ y = \left(3a^2 - \frac{4}{3}\right)x - 2a^3$$

← $y = f'(a)(x - a) + f(a)$

この接線と曲線 $y = f(x)$ との交点の x 座標は

$$x^3 - \frac{4}{3}x = \left(3a^2 - \frac{4}{3}\right)x - 2a^3$$

$$x^3 - 3a^2 x + 2a^3 = 0$$

$$(x - a)^2(x + 2a) = 0$$

$b \neq a$ より $b = -2a$

点 B での接線と直交するとき

$$f'(a)f'(-2a) = -1$$

$$\left(3a^2 - \frac{4}{3}\right)\left(12a^2 - \frac{4}{3}\right) = -1$$

$$36a^4 - 20a^2 + \frac{25}{9} = 0$$

$$\left(6a^2 - \frac{5}{3}\right)^2 = 0 \ \ \ \therefore \ \ a^2 = \frac{5}{18}$$

← $x = a$ を重解にもつこと
に注意。

← 傾き m_1, m_2 の 2 直線
が直交する条件は
$m_1 m_2 = -1$

類題 53

$\boxed{ア}$, $\boxed{イ}$ $0, \ 4$ $\boxed{ウ}$, $\dfrac{\boxed{エオ}}{\boxed{カ}}$, $\boxed{キ}$ $2, \ \dfrac{-4}{3}, \ 4$ $\dfrac{\sqrt{\boxed{ク}}}{\boxed{ケ}}$ $\dfrac{\sqrt{6}}{2}$

$$f(x) = \frac{1}{3}x^3 - px^2 + 4$$

$$f'(x) = x^2 - 2px = x(x - 2p)$$

$p>0$ より $f(x)$ の増減表は次のようになる。

x	$\cdots$	0	$\cdots$	$2p$	$\cdots$
$f'(x)$	$+$	0	$-$	0	$+$
$f(x)$	↗	極大	↘	極小	↗

よって，$f(x)$ は

$\quad x=0$ で極大値 4

$\quad x=2p$ で極小値 $-\dfrac{4}{3}p^3+4$

をとる。このとき

$\quad$ A$(0, 4)$, B$\left(0, -\dfrac{4}{3}p^3+4\right)$, C$\left(2p, -\dfrac{4}{3}p^3+4\right)$, D$(2p, 4)$

であり，四角形 ABCD が正方形となる条件は

$\quad 4-\left(-\dfrac{4}{3}p^3+4\right)=2p$ から $2p\left(\dfrac{2}{3}p^2-1\right)=0$

$p>0$ より $\quad p=\sqrt{\dfrac{3}{2}}=\dfrac{\sqrt{6}}{2}$

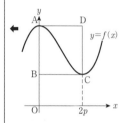

類題 54

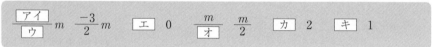

$\quad f(x)=x^3+px^2+qx+r$
$\quad f'(x)=3x^2+2px+q$

条件より

$\quad \begin{cases} f'(0)=q=0 \\ f'(m)=3m^2+2pm+q=0 \\ f(m)=m^3+pm^2+qm+r=0 \end{cases}$

であり，$m\neq 0$ より

$\quad p=-\dfrac{3}{2}m, \quad q=0, \quad r=\dfrac{m^3}{2}$

であるから

$\quad f(x)=x^3-\dfrac{3}{2}mx^2+\dfrac{m^3}{2}=(x-m)^2\left(x+\dfrac{m}{2}\right)$

と因数分解できる。さらに，極大値が 4 であるならば

$\quad f(0)=\dfrac{m^3}{2}=4 \quad \therefore \quad m=2$

であり，$f(x)=(x-2)^2(x+1)$ となる。

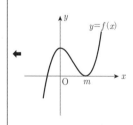

← m は実数。

類題 55

$\dfrac{アイ}{ウ} \leqq x \leqq エ$　$-\dfrac{1}{2} \leqq x \leqq 1$　$\dfrac{\sqrt{オ}}{カ}, \sqrt{キ}$　$\dfrac{\sqrt{2}}{2}, \sqrt{2}$

$\dfrac{クケ}{コ}, \dfrac{サシ}{ス}$　$-\dfrac{1}{2}, -\dfrac{5}{4}$

$x = \sin\theta$ とおくと
　$y = 3x - 2x^3$
　$y' = 3 - 6x^2 = -3(2x^2 - 1)$

$0 \leqq \theta \leqq \dfrac{7}{6}\pi$ より $-\dfrac{1}{2} \leqq x \leqq 1$ であるから，増減表は次のようになる。

← $y' = 0$ とおくと
$x = \pm\dfrac{1}{\sqrt{2}}$

x	$-\dfrac{1}{2}$	$\cdots$	$\dfrac{1}{\sqrt{2}}$	$\cdots$	1
y'		$+$	0	$-$	
y	$-\dfrac{5}{4}$	↗	$\sqrt{2}$	↘	1

よって，y は
　$x = \dfrac{1}{\sqrt{2}} = \dfrac{\sqrt{2}}{2}$ のとき最大値 $\sqrt{2}$
　$x = -\dfrac{1}{2}$ のとき最小値 $-\dfrac{5}{4}$
をとる。

(注) 最大値，最小値をとるときの θ の値は
　$x = \dfrac{1}{\sqrt{2}}$ のとき　$\theta = \dfrac{\pi}{4}, \dfrac{3}{4}\pi$
　$x = -\dfrac{1}{2}$ のとき　$\theta = \dfrac{7}{6}\pi$

類題 56

$アイ a^3 + ウ a^2 - エ$　$-4a^3 + 6a^2 - 3$　$オカ < b < キク$　$-3 < b < -1$

$y = 2x^3 - 3x$ より　$y' = 6x^2 - 3$
C 上の点 $(a, 2a^3 - 3a)$ における接線
　$y = (6a^2 - 3)(x - a) + 2a^3 - 3a$
が点 $(1, b)$ を通るとき
　$b = (6a^2 - 3)(1 - a) + 2a^3 - 3a$
　$\therefore\ b = -4a^3 + 6a^2 - 3$　……①

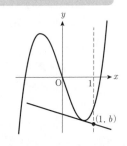

が成り立つ。点$(1, b)$からCへ相異なる3本の接線が引けるための条件は，aの方程式①が，異なる3個の実数解をもつことである。

$f(a) = -4a^3 + 6a^2 - 3$ とおくと
$f'(a) = -12a^2 + 12a = -12a(a-1)$

より，増減表は次のようになる。

$f'(a)=0$ とおくと
$a=0, 1$

a	$\cdots$	0	$\cdots$	1	$\cdots$
$f'(a)$	$-$	0	$+$	0	$-$
$f(a)$	$\searrow$	-3	$\nearrow$	-1	$\searrow$

①より，$y=f(a)$ のグラフと直線 $y=b$ が異なる3点で交わるようなbの範囲を求めて

$$-3 < b < -1$$

(注) 点$(1, b)$から曲線Cへ引ける接線の本数は
　$-3 < b < -1$ のとき　3本
　$b = -1, -3$ のとき　2本
　$b < -3, -1 < b$ のとき　1本

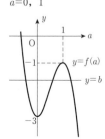

類題 57

$\dfrac{アイ}{ウ}$　$\dfrac{27}{2}$　$\dfrac{エオ}{カ}$　$\dfrac{22}{3}$　$キa+ク$　$4a+6$　$ケ$　3

(1) $\displaystyle\int_0^3 \left(2x^2 - \dfrac{x}{3} - 1\right) dx = \left[\dfrac{2}{3}x^3 - \dfrac{x^2}{6} - x\right]_0^3$

$\qquad = 18 - \dfrac{3}{2} - 3 = \dfrac{\mathbf{27}}{\mathbf{2}}$

$\displaystyle\int_{-1}^3 \left(\dfrac{x^2}{2} - \dfrac{4}{3}x + 2\right) dx = \left[\dfrac{x^3}{6} - \dfrac{2}{3}x^2 + 2x\right]_{-1}^3$

$\qquad = \dfrac{9}{2} - 6 + 6 - \left(-\dfrac{1}{6} - \dfrac{2}{3} - 2\right) = \dfrac{\mathbf{22}}{\mathbf{3}}$

(2) 条件より

$f(-1) = 3a - b + c = -9$

$\therefore\quad b - c = 3a + 9 \qquad\qquad \cdots\cdots$①

また

$\displaystyle\int_{-1}^0 f(x)\, dx = \left[ax^3 + \dfrac{b}{2}x^2 + cx\right]_{-1}^0$

$\qquad = 0 - \left(-a + \dfrac{b}{2} - c\right) = -6$

← $f(x) = 3ax^2 + bx + c$

$\therefore\quad b - 2c = 2a + 12 \qquad\qquad \cdots\cdots$②

①，②より　$b=4a+6$，$c=a-3$

類題 58

$\dfrac{アイ}{ウ}$　$\dfrac{-9}{8}$　　$\dfrac{エ}{オ}$　$\dfrac{1}{6}$　　カ　6　　$\dfrac{キ}{ク}$　$\dfrac{3}{2}$

(1) （与式）$= \int_{-1}^{\frac{1}{2}} (x+1)(2x-1)\,dx = \int_{-1}^{\frac{1}{2}} 2(x+1)\left(x-\dfrac{1}{2}\right)dx$

$= -\dfrac{2}{6}\left\{\dfrac{1}{2}-(-1)\right\}^3 = -\dfrac{9}{8}$

← x^2 の係数に注意。

(2) （与式）$= \int_{\frac{1}{2}}^{1} (2x-1)^2\,dx = 4\int_{\frac{1}{2}}^{1}\left(x-\dfrac{1}{2}\right)^2 dx$

$= 4\left[\dfrac{1}{3}\left(x-\dfrac{1}{2}\right)^3\right]_{\frac{1}{2}}^{1} = \dfrac{1}{6}$

(3) （与式）$= 2\int_0^3 (x^2-2)\,dx = 2\left[\dfrac{x^3}{3}-2x\right]_0^3 = 2(9-6) = 6$

(4) （与式）$= \left[\dfrac{x^3}{3}-\dfrac{x^2}{2}+x\right]_{-\frac{1}{2}}^{1}$

$= \dfrac{1}{3}\left\{1-\left(-\dfrac{1}{8}\right)\right\} - \dfrac{1}{2}\left(1-\dfrac{1}{4}\right) + \left\{1-\left(-\dfrac{1}{2}\right)\right\}$

$= \dfrac{3}{8} - \dfrac{3}{8} + \dfrac{3}{2} = \dfrac{3}{2}$

類題 59

$\dfrac{アイ}{ウ}$　$\dfrac{34}{3}$　　エ　6　　オ　⑥

(1) 右図より

$\int_{-1}^{1}(-x^2+x+6)\,dx = 2\int_0^1 (-x^2+6)\,dx$

$= 2\left[-\dfrac{x^3}{3}+6x\right]_0^1 = \dfrac{34}{3}$

(2) 2つの放物線の交点の x 座標は

$x^2-4 = -x^2+2x$

$2(x+1)(x-2) = 0$

$x = -1,\ 2$

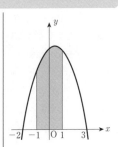

であるから，求める面積は，右図より

$$\int_1^2 \{(-x^2+2x)-(x^2-4)\}\,dx + \int_2^3 \{x^2-4-(-x^2+2x)\}\,dx$$
$$= \int_1^2 (-2x^2+2x+4)\,dx + \int_2^3 (2x^2-2x-4)\,dx$$
$$= \left[-\frac{2}{3}x^3+x^2+4x\right]_1^2 + \left[\frac{2}{3}x^3-x^2-4x\right]_2^3$$
$$= -\frac{2}{3}(2^3-1^3)+(2^2-1^2)+4(2-1)$$
$$\qquad +\frac{2}{3}(3^3-2^3)-(3^2-2^2)-4(3-2)$$
$$=6$$

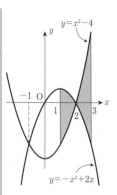

(3) $a \leqq x \leqq b$ において $f(x) \geqq 0$
$b \leqq x \leqq c$ において $f(x) \leqq 0$
であるから
$$\int_a^c f(x)\,dx = \int_a^b f(x)\,dx + \int_b^c f(x)\,dx$$
$$= S - T \quad (⑥)$$

類題 60

| ア x − イ + ウ | $ax-a+1$ | エ 1 | オ − カ | $a-1$ |
| (キ − ク)² (ケ − コ) / サ | $(a-1)^2(4-a)/6$ | シ : スセ | 7 : 20 |

l の方程式は
$$y=a(x-1)+1$$
$$\therefore\ y=ax-a+1$$
であり，l と C の交点の x 座標は
$$x^2=ax-a+1$$
$$x^2-ax+a-1=0$$
$$(x-1)\{x-(a-1)\}=0$$
$$\therefore\ x=1,\ a-1$$
図形 D の $x \leqq 0$ の部分の面積 S は
$$S=\int_{a-1}^0 (ax-a+1-x^2)\,dx$$
$$=\left[\frac{a}{2}x^2-(a-1)x-\frac{x^3}{3}\right]_{a-1}^0$$
$$=-\left\{\frac{a}{2}(a-1)^2-(a-1)^2-\frac{(a-1)^3}{3}\right\}$$

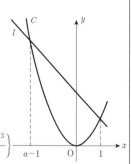

$$= -\frac{(a-1)^2}{6}\{3a-6-2(a-1)\} = \frac{(a-1)^2(4-a)}{6}$$

また，図形 D の面積 T は

$$T = \int_{a-1}^{1} (ax-a+1-x^2)\,dx$$

$$= -\int_{a-1}^{1} (x-1)\{x-(a-1)\}\,dx$$

$$= \frac{1}{6}\{1-(a-1)\}^3 = \frac{(2-a)^3}{6}$$

⇦ $-\int_{\alpha}^{\beta}(x-\alpha)(x-\beta)\,dx$
$= \frac{1}{6}(\beta-\alpha)^3$

$a=-1$ のとき $S=\dfrac{20}{6}$, $T=\dfrac{27}{6}$ であるから，図形 D の面積は y 軸によって **7：20** の比に分けられる。

類題 61

$\dfrac{\boxed{ア}}{\boxed{イ}}$ $\dfrac{2}{3}$　$\dfrac{\boxed{ウ}}{\boxed{エ}}$ $\dfrac{8}{3}$　$\boxed{オ}\,a-\boxed{カ}$ $2a-2$
$a^2-\boxed{キ}\,a-\boxed{ク}$ a^2-2a+2

(1) $x^2-2x = x(x-2)$ より

$$|x^2-2x| = \begin{cases} x^2-2x & (x\leqq 0,\ 2\leqq x) \\ -(x^2-2x) & (0\leqq x\leqq 2) \end{cases}$$

$$f(1) = \int_0^1 |x^2-2x|\,dx = -\int_0^1 (x^2-2x)\,dx$$

$$= -\left[\frac{1}{3}x^3-x^2\right]_0^1 = -\left(\frac{1}{3}-1\right) = \frac{2}{3}$$

$$f(3) = \int_0^3 |x^2-2x|\,dx = -\int_0^2(x^2-2x)\,dx + \int_2^3(x^2-2x)\,dx$$

$$= \frac{1}{6}(2-0)^3 + \left[\frac{1}{3}x^3-x^2\right]_2^3$$

$$= \frac{4}{3} + (9-9) - \left(\frac{8}{3}-4\right) = \frac{8}{3}$$

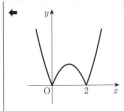

⇦ $\int_0^2 x(x-2)\,dx$
$= -\dfrac{1}{6}(2-0)^3$

(2) $|x-a| = \begin{cases} x-a & (x\geqq a) \\ a-x & (x\leqq a) \end{cases}$

⇦ $a\geqq 2$ のとき

$a\geqq 2$ のとき

$$\int_0^2 |x-a|\,dx = \int_0^2 (a-x)\,dx = \left[ax-\frac{1}{2}x^2\right]_0^2$$
$$= 2a-2$$

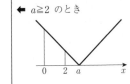

$0 < a < 2$ のとき
$$\int_0^2 |x-a|\,dx = \int_0^a (a-x)\,dx + \int_a^2 (x-a)\,dx$$
$$= \left[ax - \frac{1}{2}x^2\right]_0^a + \left[\frac{1}{2}x^2 - ax\right]_a^2$$
$$= \left(a^2 - \frac{1}{2}a^2\right) + (2-2a) - \left(\frac{1}{2}a^2 - a^2\right)$$
$$= a^2 - 2a + 2$$

← $0 < a < 2$ のとき

類題 62

| ア | 2 | イ x^2 − ウ x + エ | $3x^2 - 8x + 6$ | オカ x + キ | $-2x + 3$ |

$$\int_1^x f(t)\,dt = x^3 - (a+2)x^2 + 3ax - 3 \quad \cdots\cdots ①$$

① で $x=1$ とおくと
$$0 = 1 - (a+2) + 3a - 3 \quad \therefore\ a = 2$$
これを ① へ代入して
$$\int_1^x f(t)\,dt = x^3 - 4x^2 + 6x - 3 \quad \cdots\cdots ②$$
② の両辺を x で微分すると
$$f(x) = 3x^2 - 8x + 6$$
$$f'(x) = 6x - 8$$

← $\dfrac{d}{dx}\int_1^x f(t)\,dt = f(x)$

よって, $f(1) = 1$, $f'(1) = -2$ であり, 点 $(1, f(1))$ における接線の方程式は
$$y = -2(x-1) + 1 \quad \therefore\ y = -2x + 3$$

類題 63

| $\dfrac{ア}{イ}a$ | $\dfrac{1}{8}a$ | $\dfrac{ウ}{エオ}a^2$ | $\dfrac{3}{64}a^2$ | $\dfrac{カキ}{クケ}a^2$ | $\dfrac{-1}{16}a^2$ |
| コ, $\dfrac{サシス}{セ}$ | 0, $\dfrac{-16}{3}$ | (ソ, タチ) | $(1, -1)$ |

$y = 3x^2$ より $y' = 6x$
$y = -x^2 + ax + b$ より $y' = -2x + a$

条件より
$$\begin{cases} v = 3u^2 = -u^2 + au + b & \cdots\cdots ① \\ 6u = -2u + a & \cdots\cdots ② \end{cases}$$

← $\begin{cases} f(u) = g(u) \\ f'(u) = g'(u) \end{cases}$

類題の答　43

②より　$u=\dfrac{1}{8}a$, これと①より　$v=\dfrac{3}{64}a^2$, $b=-\dfrac{1}{16}a^2$

このとき

$$D：y=-x^2+ax-\dfrac{1}{16}a^2$$

であり，D が点 $Q(p, q)$ において直線 $y=-2x+1$ と接するとき

$$\begin{cases} q=-p^2+ap-\dfrac{1}{16}a^2=-2p+1 & \cdots\cdots③ \\ -2p+a=-2 & \cdots\cdots④ \end{cases}$$

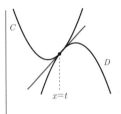

$\begin{cases} f(p)=g(p) \\ f'(p)=g'(p) \end{cases}$

④より　$p=\dfrac{a}{2}+1$, これを③へ代入して

$$-\left(\dfrac{a}{2}+1\right)^2+a\left(\dfrac{a}{2}+1\right)-\dfrac{a^2}{16}=-2\left(\dfrac{a}{2}+1\right)+1$$

$a(3a+16)=0$

$\therefore\ \ a=0,\ -\dfrac{16}{3}$

$a=0$ のとき $p=1$, $q=-1$ より　$Q(1,\ -1)$

類題 64

(1)　$f'(x)=x^2-4x+a$

$f(x)$ が極値をもたないための必要十分条件は，2次方程式 $f'(x)=0$ が異なる2実数解をもたないことであるから

$$\dfrac{(判別式)}{4}=4-a\leqq 0$$

$\therefore\ \ a\geqq 4$ （②）

(2)　$f'(x)=-3x^2+4x+2$

$f'(x)=0$ とすると

$3x^2-4x-2=0$

$x=\dfrac{2\pm\sqrt{10}}{3}$

$\alpha=\dfrac{2-\sqrt{10}}{3}$, $\beta=\dfrac{2+\sqrt{10}}{3}$ とおくと

$3<\sqrt{10}<4$ より

　$-1<\alpha<0,\ 1<\beta<2$

よって

x	$\cdots$	α	$\cdots$	β	$\cdots$
$f'(x)$	$-$	0	$+$	0	$-$
$f(x)$	↘	極小	↗	極大	↘

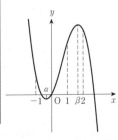

　$-1\leqq x\leqq 1$ において

　　$f(x)$ は極小値をとるが極大値はとらない（①）

$2 \leq x \leq 4$ において
$f(x)$ は減少する（⓪）

類題 65

$\dfrac{アイ}{ウ}$　$\dfrac{-1}{a}$　$\dfrac{エオ}{カ}x - \dfrac{キ}{ク}a^2$　$\dfrac{-1}{a}x - \dfrac{1}{2a^2}$

$\dfrac{ケ}{コ}\left(\dfrac{サ}{} - \dfrac{1}{シ}\right)$　$\dfrac{1}{2}\left(a - \dfrac{1}{a}\right)$　$\dfrac{1}{スセ}\left(\dfrac{ソ}{} + \dfrac{タ}{チ}\right)^3$　$\dfrac{1}{24}\left(a + \dfrac{1}{a}\right)^3$

$y = \dfrac{1}{2}x^2$ より $y' = x$

l の方程式は
$$y = a(x-a) + \dfrac{1}{2}a^2 \quad \therefore \quad y = ax - \dfrac{a^2}{2} \quad \cdots\cdots ①$$

m と C の接点の x 座標を b とすると，$l \perp m$ より
$$a \cdot b = -1 \quad \therefore \quad b = -\dfrac{1}{a}$$

よって，m の方程式は
$$y = -\dfrac{1}{a}x - \dfrac{1}{2a^2} \quad \cdots\cdots ②$$

l と m の交点の x 座標を c とすると，①－② より
$$\left(a + \dfrac{1}{a}\right)x - \dfrac{1}{2}\left(a^2 - \dfrac{1}{a^2}\right) = 0$$
$$\left(a + \dfrac{1}{a}\right)x = \dfrac{1}{2}\left(a + \dfrac{1}{a}\right)\left(a - \dfrac{1}{a}\right)$$
$$\therefore \quad x = c = \dfrac{1}{2}\left(a - \dfrac{1}{a}\right)$$

求める面積は
$$\int_b^c \left\{\dfrac{1}{2}x^2 - \left(-\dfrac{1}{a}x - \dfrac{1}{2a^2}\right)\right\} dx + \int_c^a \left\{\dfrac{1}{2}x^2 - \left(ax - \dfrac{a^2}{2}\right)\right\} dx$$
$$= \int_b^c \dfrac{1}{2}\left(x + \dfrac{1}{a}\right)^2 dx + \int_c^a \dfrac{1}{2}(x-a)^2 dx$$
$$= \left[\dfrac{1}{6}\left(x + \dfrac{1}{a}\right)^3\right]_b^c + \left[\dfrac{1}{6}(x-a)^3\right]_c^a$$
$$= \dfrac{1}{6}\left\{\left(c + \dfrac{1}{a}\right)^3 - \left(b + \dfrac{1}{a}\right)^3\right\} + \dfrac{1}{6}\left\{-(c-a)^3\right\}$$
$$= \dfrac{1}{6}\left\{\dfrac{1}{2}\left(a + \dfrac{1}{a}\right)\right\}^3 + \dfrac{1}{6}\left\{\dfrac{1}{2}\left(a + \dfrac{1}{a}\right)\right\}^3$$
$$= \dfrac{1}{24}\left(a + \dfrac{1}{a}\right)^3$$

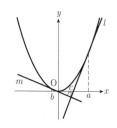

◀ l の式で a を $-\dfrac{1}{a}$ とおく。

◀ ( )² で表す。

◀ $b = -\dfrac{1}{a}$
　$c = \dfrac{1}{2}\left(a - \dfrac{1}{a}\right)$

類題の答　45

類題 66

$\sqrt{\boxed{ア}}\,x - \dfrac{\boxed{イ}}{\boxed{ウ}}$　　$\sqrt{3}\,x - \dfrac{3}{2}$　　$\dfrac{\boxed{エ}\sqrt{\boxed{オ}}}{\boxed{カ}}\,x + \dfrac{\boxed{キ}}{\boxed{ク}}$　　$-\dfrac{\sqrt{3}}{3}\,x + \dfrac{5}{2}$

$\dfrac{\boxed{ケ}\sqrt{\boxed{コ}}}{\boxed{サ}}$　$\dfrac{3\sqrt{3}}{2}$　　$\boxed{シ}$　1　　$\boxed{ス\,セ}°$　$30°$

$\dfrac{\boxed{ソ}\sqrt{\boxed{タ}}}{\boxed{チ}} - \dfrac{\pi}{\boxed{ツ}}$　$\dfrac{9\sqrt{3}}{8} - \dfrac{\pi}{3}$

$y = \dfrac{1}{2}x^2$ より　$y' = x$

l の方程式は
$$y = \sqrt{3}(x - \sqrt{3}) + \dfrac{3}{2}$$
$$\therefore\ y = \sqrt{3}\,x - \dfrac{3}{2}$$

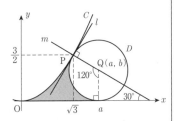

m の方程式は
$$y = -\dfrac{1}{\sqrt{3}}(x - \sqrt{3}) + \dfrac{3}{2}\quad \therefore\ y = -\dfrac{\sqrt{3}}{3}x + \dfrac{5}{2}$$

← $l \perp m$ より m の傾きは $-\dfrac{1}{\sqrt{3}}$ になる。

D が l と x 軸の両方に接するとき
　　$PQ = |b| = (半径)$
が成り立つので
　　$PQ^2 = b^2$
　　$(a - \sqrt{3})^2 + \left(b - \dfrac{3}{2}\right)^2 = b^2$
　　$a^2 - 2\sqrt{3}\,a - 3b + \dfrac{21}{4} = 0$ 　　……①

← (中心 Q と l の距離) $=$ (半径) より
$\dfrac{\left|\sqrt{3}\,a - b - \dfrac{3}{2}\right|}{\sqrt{(\sqrt{3})^2 + (-1)^2}} = |b|$
でもよい。

また，Q は m 上にあるので
　　$b = -\dfrac{\sqrt{3}}{3}a + \dfrac{5}{2}$ 　　……②

②を①に代入して　$a^2 - \sqrt{3}\,a - \dfrac{9}{4} = 0$
　　$a = \dfrac{\sqrt{3} \pm \sqrt{3 + 9}}{2} = \dfrac{3\sqrt{3}}{2},\ -\dfrac{\sqrt{3}}{2}$

$a > 0$ より　$a = \dfrac{3\sqrt{3}}{2}$，②より　$b = 1$

m の傾きは $-\dfrac{\sqrt{3}}{3} = \tan 150°$ であるから，m と x 軸のなす角は $30°$ である。求める部分の面積は
$$\int_0^{\sqrt{3}} \dfrac{1}{2}x^2\,dx + \dfrac{1}{2}\left(1 + \dfrac{3}{2}\right)\left(\dfrac{3\sqrt{3}}{2} - \sqrt{3}\right) - \pi \cdot 1^2 \cdot \dfrac{120}{360}$$

←

$$=\left[\frac{x^3}{6}\right]_0^{\sqrt{3}}+\frac{5\sqrt{3}}{8}-\frac{\pi}{3}=\frac{9\sqrt{3}}{8}-\frac{\pi}{3}$$

類題 67

ア x^3+ イ x^2 $-x^3+ax^2$　ウ 3　$\dfrac{エ}{オカ}$, キ, ク $\dfrac{8}{27}$, 4, 8

ケ $a-$ コ $4a-8$

$$F(x)=\int_0^x \{f(t)-g(t)\}\,dt$$
$$=\int_0^x (-3t^2+2at)\,dt$$
$$=\left[-t^3+at^2\right]_0^x$$
$$=-x^3+ax^2$$
$$f(x)-g(x)=-3x^2+2ax$$
$$=-3x\left(x-\frac{2}{3}a\right)$$

から，$y=f(x)$ と $y=g(x)$ の交点の x 座標は

$$x=0,\ \frac{2}{3}a$$

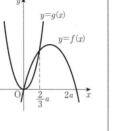

・$0<\dfrac{2}{3}a<2$ つまり $0<a<3$ のとき

$$\begin{cases} 0\leqq x\leqq \dfrac{2}{3}a \text{ において } f(x)\geqq g(x) \\ \dfrac{2}{3}a\leqq x\leqq 2 \text{ において } f(x)\leqq g(x) \end{cases}$$

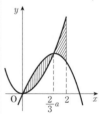

であるから

$$T(a)=\int_0^{\frac{2}{3}a}\{f(x)-g(x)\}\,dx-\int_{\frac{2}{3}a}^2\{f(x)-g(x)\}\,dx$$
$$=\int_0^{\frac{2}{3}a}\{f(x)-g(x)\}\,dx$$
$$\qquad -\left\{\int_0^2\{f(x)-g(x)\}\,dx-\int_0^{\frac{2}{3}a}\{f(x)-g(x)\}\,dx\right\}$$
$$=F\left(\frac{2}{3}a\right)-\left\{F(2)-F\left(\frac{2}{3}a\right)\right\}$$
$$=2F\left(\frac{2}{3}a\right)-F(2)$$
$$=2\left\{-\left(\frac{2}{3}a\right)^3+a\left(\frac{2}{3}a\right)^2\right\}-(-8+4a)$$

← $F(x)$ を利用する。

類題の答　47

$$= \frac{8}{27}a^3 - 4a + 8$$

・$2 \leqq \dfrac{2}{3}a$ つまり $a \geqq 3$ のとき

$0 \leqq x \leqq 2$ において　$f(x) \geqq g(x)$

であるから

$$T(a) = \int_0^2 \{f(x) - g(x)\}\, dx$$
$$= F(2)$$
$$= 4a - 8$$

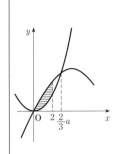

類題 68

| アイ | 34 | ウエ | 33 | オ | 3 | カ | 5 |

(1)　$a_n = 2 + 3(n-1) = 3n - 1$　　　←$a_n = a + (n-1)d$

$a_n > 100$ とすると

$3n - 1 > 100$　∴　$n > \dfrac{101}{3} = 33.6\cdots\cdots$

よって　$n = 34$

$a_n < 200$ とすると　$3n - 1 < 200$　∴　$n < 67$

よって，$100 < a_n < 200$ を満たす n は

$n = 34,\ 35,\ \cdots\cdots,\ 66$

その個数は　$66 - 33 = 33$（個）

(2)　$\begin{cases} a_6 = a + 5d = 28 \\ a_{20} = a + 19d = 98 \end{cases}$　∴　$a = 3,\ d = 5$

類題 69

| アイウ | 340 | エオ | -4 | カ | 1 |

(1)　$a_2 + a_4 + a_6 + \cdots\cdots + a_{20} = 7 + 13 + 19 + \cdots\cdots + 61$

これは初項 7，末項 61，項数 10 の等差数列の和であるから　　　←初項，末項，項数を確認する。

$$\dfrac{10(7 + 61)}{2} = 340$$

←$\dfrac{項数(初項+末項)}{2}$

(2)　公差を d とすると　$a_7 = a_1 + 6d = 2$

$S_{12} = \dfrac{12(a_1 + a_{12})}{2} = 18$　∴　$2a_1 + 11d = 3$　　　←$a_{12} = a_1 + 11d$

∴　$a_1 = -4,\ d = 1$

48   類題の答

類題 70

| ア | 4 | イ | 3 | ウ | 7 | エオカキ | 2916 |

公比を r とすると

$$a_1 + a_2 = a_1 + a_1 r = a_1(1+r) = 16 \qquad \cdots\cdots①$$

$$a_4 + a_5 = a_1 r^3 + a_1 r^4 = a_1 r^3(1+r) = 432 \qquad \cdots\cdots②$$

②÷① より

$$r^3 = 27 \qquad \therefore \quad r = 3$$

①に代入して $a_1 = 4$

よって，$a_n = 4 \cdot 3^{n-1}$ であり，$a_n > 1000$ とすると

$$3^{n-1} > 250$$

$$\therefore \quad n-1 = 6 \qquad \therefore \quad n = 7$$

1000 より大きい最小の項は $a_7 = 2916$

← $3^5 = 243$
$3^6 = 729$

類題 71

| ア | 7 | イウエオ / カキク | $\dfrac{1023}{128}$ |

(1) $S_n = \dfrac{2(3^n - 1)}{3-1} = 3^n - 1$

← $\dfrac{a(r^n - 1)}{r-1}$

$S_n > 1000$ とすると

$$3^n > 1001 \qquad \therefore \quad n = 7$$

← $3^6 = 729$
$3^7 = 2187$

(2) $a_n = 4\left(-\dfrac{1}{\sqrt{2}}\right)^{n-1}$

$$a_1 + a_3 + a_5 + \cdots\cdots + a_{19}$$

は初項 4，公比 $\left(-\dfrac{1}{\sqrt{2}}\right)^2 = \dfrac{1}{2}$，項数 10 の等比数列の和であるから

← 初項，公比，項数を確認する。

$$\dfrac{4\left\{1 - \left(\dfrac{1}{2}\right)^{10}\right\}}{1 - \dfrac{1}{2}} = 8\left(1 - \dfrac{1}{2^{10}}\right) = \dfrac{1023}{128}$$

類題の答　　49

類題 72

| アイウエ | 5190 | | オ | 1 | $\dfrac{カ}{キ}$ | $\dfrac{1}{2}$ |

(1) $\displaystyle\sum_{k=1}^{20}(2k^2-3k+4)=2\sum_{k=1}^{20}k^2-3\sum_{k=1}^{20}k+\sum_{k=1}^{20}4$

$\qquad =2\cdot\dfrac{1}{6}\cdot20\cdot21\cdot41-3\cdot\dfrac{1}{2}\cdot20\cdot21+4\cdot20$

$\qquad =5740-630+80=\mathbf{5190}$

← $\displaystyle\sum_{k=1}^{n}k^2=\dfrac{1}{6}n(n+1)(2n+1)$

$\displaystyle\sum_{k=1}^{n}k=\dfrac{1}{2}n(n+1)$

$\displaystyle\sum_{k=1}^{n}c=nc$

(2) $\displaystyle\sum_{k=1}^{n}k(3k-2)=\sum_{k=1}^{n}(3k^2-2k)$

$\qquad =3\displaystyle\sum_{k=1}^{n}k^2-2\sum_{k=1}^{n}k$

$\qquad =3\cdot\dfrac{1}{6}n(n+1)(2n+1)-2\cdot\dfrac{1}{2}n(n+1)$

$\qquad =n(n+1)\left(n-\dfrac{1}{2}\right)$

類題 73

| アイウエ | 2245 | | $\dfrac{n}{オ}$($\boxed{カ}\,n^2-\boxed{キ}$) | $\dfrac{n}{3}(4n^2-1)$ |

(1) $1\cdot4+3\cdot7+5\cdot10+\cdots\cdots+19\cdot31$

$\qquad =\displaystyle\sum_{k=1}^{10}(2k-1)(3k+1)$

$\qquad =\displaystyle\sum_{k=1}^{10}(6k^2-k-1)$

$\qquad =6\displaystyle\sum_{k=1}^{10}k^2-\sum_{k=1}^{10}k-\sum_{k=1}^{10}1$

$\qquad =6\cdot\dfrac{1}{6}\cdot10\cdot11\cdot21-\dfrac{1}{2}\cdot10\cdot11-10$

$\qquad =\mathbf{2245}$

← $\sum$ で表す。

1，3，5，……，19 は
初項1，公差2の等差数
列。

4，7，10，……，31 は
初項4，公差3の等差数
列。

(2) $1^2+3^2+5^2+\cdots\cdots+(2n-1)^2$

$\qquad =\displaystyle\sum_{k=1}^{n}(2k-1)^2=\sum_{k=1}^{n}(4k^2-4k+1)$

$\qquad =4\displaystyle\sum_{k=1}^{n}k^2-4\sum_{k=1}^{n}k+\sum_{k=1}^{n}1$

$\qquad =4\cdot\dfrac{1}{6}n(n+1)(2n+1)-4\cdot\dfrac{1}{2}n(n+1)+n$

$\qquad =\dfrac{n}{3}(4n^2-1)$

50   類題の答

類題 74

$$\frac{\boxed{\text{ア}}}{\boxed{\text{イ}}}\cdot 3^n-\frac{\boxed{\text{ウ}}}{\boxed{\text{エ}}}\left(-\frac{2}{3}\right)^n-\frac{\boxed{\text{オ}}}{\boxed{\text{カキ}}} \qquad \frac{1}{2}\cdot 3^n-\frac{2}{5}\left(-\frac{2}{3}\right)^n-\frac{1}{10}$$

$$n^3-\boxed{\text{ク}}\,n^2+\boxed{\text{ケ}}\,n-\boxed{\text{コ}} \qquad n^3-2n^2+3n-6$$

(1) $\displaystyle\sum_{k=1}^{n}\left\{3^{k-1}-\left(-\frac{2}{3}\right)^k\right\}=\sum_{k=1}^{n}3^{k-1}-\sum_{k=1}^{n}\left(-\frac{2}{3}\right)^k$

← $\displaystyle\sum_{k=1}^{n}3^{k-1}$ は初項1, 公比3,

項数 n の等比数列の和,

$\displaystyle\sum_{k=1}^{n}\left(-\frac{2}{3}\right)^k$ は初項 $-\frac{2}{3}$,

公比 $-\frac{2}{3}$, 項数 n の等

比数列の和。

$$=\frac{3^n-1}{3-1}-\frac{-\dfrac{2}{3}\left\{1-\left(-\dfrac{2}{3}\right)^n\right\}}{1-\left(-\dfrac{2}{3}\right)}$$

$$=\frac{3^n-1}{2}+\frac{2}{5}\left\{1-\left(-\frac{2}{3}\right)^n\right\}$$

$$=\frac{1}{2}\cdot 3^n-\frac{2}{5}\left(-\frac{2}{3}\right)^n-\frac{1}{10}$$

(2) $\displaystyle\sum_{k=2}^{n-1}(3k^2-k+2)=\sum_{k=1}^{n-1}(3k^2-k+2)-4$

← $k=1$ のとき
$3k^2-k+2=3-1+2=4$

$$=3\sum_{k=1}^{n-1}k^2-\sum_{k=1}^{n-1}k+\sum_{k=1}^{n-1}2-4$$

$$=3\cdot\frac{1}{6}(n-1)n(2n-1)-\frac{1}{2}(n-1)n+2(n-1)-4$$

$$=n^3-2n^2+3n-6$$

類題 75

$$\frac{\boxed{\text{アイ}}}{\boxed{\text{ウエ}}} \qquad \frac{11}{12} \qquad \frac{n}{\boxed{\text{オ}}\,n+\boxed{\text{カ}}} \qquad \frac{n}{3n+1}$$

(1) $\displaystyle\sum_{k=2}^{12}\frac{1}{k^2-k}=\sum_{k=2}^{12}\frac{1}{k(k-1)}=\sum_{k=2}^{12}\left(\frac{1}{k-1}-\frac{1}{k}\right)$

← $\dfrac{1}{k-1}-\dfrac{1}{k}$

$=\dfrac{k-(k-1)}{k(k-1)}$

$=\dfrac{1}{k(k-1)}$

$$=\left(\frac{1}{1}-\frac{1}{2}\right)+\left(\frac{1}{2}-\frac{1}{3}\right)+\cdots\cdots+\left(\frac{1}{11}-\frac{1}{12}\right)$$

$$=1-\frac{1}{12}=\frac{11}{12}$$

(2) $\displaystyle\sum_{k=1}^{n}\frac{1}{(3k-2)(3k+1)}=\sum_{k=1}^{n}\frac{1}{3}\left(\frac{1}{3k-2}-\frac{1}{3k+1}\right)$

← $\dfrac{1}{3k-2}-\dfrac{1}{3k+1}$

$=\dfrac{(3k+1)-(3k-2)}{(3k-2)(3k+1)}$

$=\dfrac{3}{(3k-2)(3k+1)}$

$$=\frac{1}{3}\left\{\left(\frac{1}{1}-\frac{1}{4}\right)+\left(\frac{1}{4}-\frac{1}{7}\right)+\cdots\cdots+\left(\frac{1}{3n-2}-\frac{1}{3n+1}\right)\right\}$$

$$=\frac{1}{3}\left(1-\frac{1}{3n+1}\right)=\frac{n}{3n+1}$$

類題の答　　**51**

類題 76

| ア | 3 | イウ | -3 | $\dfrac{\boxed{エ}-(-3)^{n-1}}{\boxed{オ}}$ | $\dfrac{3-(-3)^{n-1}}{2}$ |

$a_2=a_1+b_1=3, \quad a_3=a_2+b_2=3-6=-3$

であり，$n\geqq 2$ のとき

$$a_n=1+\sum_{k=1}^{n-1}2(-3)^{k-1}=1+\frac{2\{1-(-3)^{n-1}\}}{1-(-3)}$$

$$=\frac{3-(-3)^{n-1}}{2}$$

これは $n=1$ でも成り立つ。

◀ 初項 2，公比 -3
項数 $n-1$ の等比数列の
和。

類題 77

| ア | 1 | イ | $n-$ | ウ | $4n-6$ | エ | n^2- | オ | n | $4n^2-2n$ |
| カ | 6 | キ | 4 | $\dfrac{\boxed{ク}}{\boxed{ケコ}}-\dfrac{1}{\boxed{サ}}\left(\dfrac{1}{3}\right)^{n-1}$ | | | $\dfrac{7}{24}-\dfrac{1}{8}\left(\dfrac{1}{3}\right)^{n-1}$ |

(1)　$a_1=S_1=2\cdot1^2-4\cdot1+3=1$

　　　$n\geqq 2$ のとき

　　　$a_n=S_n-S_{n-1}$

　　　　$=(2n^2-4n+3)-\{2(n-1)^2-4(n-1)+3\}$

　　　　$=4n-6$

　　　$\displaystyle\sum_{k=1}^{n}a_{2k}=\sum_{k=1}^{n}\{4(2k)-6\}=\sum_{k=1}^{n}(8k-6)$

　　　　　　$=8\sum_{k=1}^{n}k-\sum_{k=1}^{n}6=8\cdot\frac{1}{2}n(n+1)-6n$

　　　　　　$=4n^2-2n$

(2)　$a_1=S_1=2\cdot3=6$

　　　$n\geqq 2$ のとき

　　　$a_n=S_n-S_{n-1}=2\cdot3^n-2\cdot3^{n-1}$

　　　　$=2\cdot3^{n-1}(3-1)=4\cdot3^{n-1}$

　　　$\displaystyle\sum_{k=1}^{n}\frac{1}{a_k}=\frac{1}{6}+\sum_{k=2}^{n}\frac{1}{4\cdot3^{k-1}}$

　　　　　　$=\frac{1}{6}+\dfrac{\dfrac{1}{12}\left\{1-\left(\dfrac{1}{3}\right)^{n-1}\right\}}{1-\dfrac{1}{3}}$

　　　　　　$=\frac{1}{6}+\frac{1}{8}\left\{1-\left(\frac{1}{3}\right)^{n-1}\right\}$

　　　　　　$=\frac{7}{24}-\frac{1}{8}\left(\frac{1}{3}\right)^{n-1}$

◀ $a_1=S_1$

◀ $n\geqq 2$ のとき
$a_n=S_n-S_{n-1}$

◀ $n=1$ のときは成り立た
ない。

◀ 偶数番目の項の和。

◀ $n=1$ のときは成り立た
ない。

◀ $n=1$ と $n\geqq 2$ に分ける。

◀ $\displaystyle\sum_{k=2}^{n}\frac{1}{4\cdot3^{k-1}}$ は初項 $\dfrac{1}{12}$,

公比 $\dfrac{1}{3}$，項数 $n-1$ の
等比数列の和。

類題の答

52　類題の答

類題 78

$$\frac{\boxed{\text{ア}}}{\boxed{\text{イ}}}n^2-\frac{\boxed{\text{ウエ}}}{\boxed{\text{オ}}}n+\boxed{\text{カ}}\quad \frac{3}{2}n^2-\frac{13}{2}n+7$$

$$\frac{\boxed{\text{キ}}}{\boxed{\text{ク}}}-\frac{\boxed{\text{ケ}}}{\boxed{\text{コ}}}(-3)^{n-1}\quad \frac{3}{2}-\frac{1}{2}(-3)^{n-1}$$

(1)　$n\geqq 2$ のとき

$$a_n=2+\sum_{k=1}^{n-1}(3k-5)$$

$$=2+3\sum_{k=1}^{n-1}k-\sum_{k=1}^{n-1}5$$

$$=2+3\cdot\frac{1}{2}(n-1)n-5(n-1)$$

$$=\frac{3}{2}n^2-\frac{13}{2}n+7$$

　　　$n=1$ のとき 2 となり，成り立つ。

← 階差数列の一般項
$3n-5$

(2)　$n\geqq 2$ のとき

$$a_n=1+\sum_{k=1}^{n-1}2\cdot(-3)^{k-1}$$

$$=1+\frac{2\{1-(-3)^{n-1}\}}{1-(-3)}$$

$$=\frac{3}{2}-\frac{1}{2}(-3)^{n-1}$$

　　　$n=1$ のとき 1 となり，成り立つ。

← 階差数列の一般項
$2\cdot(-3)^{n-1}$

類題 79

$$\boxed{\text{ア}}\quad 2\qquad \boxed{\text{イ}}\cdot 5^{n-1}+\boxed{\text{ウ}}\quad 2\cdot 5^{n-1}+2\qquad \boxed{\text{エ}}\quad 2\qquad \frac{\boxed{\text{オカ}}}{\boxed{\text{キ}}}\quad \frac{-1}{2}$$

$$\boxed{\text{ク}}\left(\frac{\boxed{\text{ケコ}}}{\boxed{\text{サ}}}\right)^{n-1}-\boxed{\text{シ}}\quad 8\left(\frac{-1}{2}\right)^{n-1}-2\qquad \frac{\boxed{\text{スセソ}}}{\boxed{\text{タチ}}}\quad \frac{-63}{32}$$

(1)　$a_{n+1}=5a_n-8$ より　$a_{n+1}-2=5(a_n-2)$

　　数列 $\{a_n-2\}$ は公比 5 の等比数列であるから

$$a_n-2=(a_1-2)\cdot 5^{n-1}$$

　$a_1=4$ より

$$a_n=2\cdot 5^{n-1}+2$$

(2)　$a_{n+1}=-\frac{1}{2}a_n-3$ より

$$a_{n+1}+2=-\frac{1}{2}(a_n+2)$$

←　　$a_{n+1}=5a_n-8$
　$\underline{-)\quad \alpha=5\alpha-8}$
　$a_{n+1}-\alpha=5(a_n-\alpha)$
　$\alpha=5\alpha-8$ より
　$\alpha=2$

　　　$a_{n+1}=-\frac{1}{2}a_n-3$
←　$\underline{-)\quad \alpha=-\frac{1}{2}\alpha-3}$
　$a_{n+1}-\alpha=-\frac{1}{2}(a_n-\alpha)$

　$\alpha=-\frac{1}{2}\alpha-3$ より
　$\alpha=-2$

数列 $\{a_n+2\}$ は公比 $-\dfrac{1}{2}$ の等比数列であるから

$$a_n+2=(a_1+2)\left(-\dfrac{1}{2}\right)^{n-1}$$

$a_1=6$ より

$$a_n+2=8\cdot\left(-\dfrac{1}{2}\right)^{n-1}$$

$$a_n=8\left(-\dfrac{1}{2}\right)^{n-1}-2$$

よって

$$a_9=8\left(-\dfrac{1}{2}\right)^8-2=-\dfrac{63}{32}$$

類題 80

アイ	20	ウエ	-3	オカ	22	キクケ	737

初項から第 m 項までの和は

$$\dfrac{m}{2}\{2\cdot65+(m-1)d\}=730$$

$$\therefore\quad m\{130+(m-1)d\}=1460 \qquad \cdots\cdots①$$

初項から第 $2m-1$ 項までの奇数番目の項の和は，公差が $2d$ であるから

$$\dfrac{m}{2}\{2\cdot65+(m-1)\cdot2d\}=160$$

← 項数は m。

$$\therefore\quad m\{65+(m-1)d\}=160 \qquad \cdots\cdots②$$

①$-$② より　$65m=1300$

$$\therefore\quad m=20$$

②に代入して　$d=-3$

よって　$a_n=65-3(n-1)=68-3n$

$a_n>0$ とすると　$68-3n>0$　$\therefore$　$n<\dfrac{68}{3}=22.6\cdots\cdots$

第 22 項までが正の数，第 23 項から負の数であるから，$\displaystyle\sum_{k=1}^{n}a_k$ が最大になるのは $n=22$ のときで，最大値は

← 最後の正の項までの和が最大。

$$\dfrac{22}{2}(2\cdot65-3\cdot21)=737$$

54   類題の答

類題 81

$\boxed{ア}$ 1 $\dfrac{\boxed{イ}}{\boxed{ウ}}$ $\dfrac{1}{2}$ $\boxed{エ}$, $\boxed{オ}$, $\dfrac{\boxed{カ}}{\boxed{キ}}$, $\boxed{ク}$ 2, 2, $\dfrac{1}{2}$, ②

$\boxed{ケ}$, $\boxed{コ}$, $\dfrac{\boxed{サ}}{\boxed{シ}}$, $\boxed{ス}$ 4, 2, $\dfrac{1}{2}$, ①

$$a_1 + a_2 = a_1(1+r) = \frac{3}{2}$$

$$a_4 + a_5 = a_1 r^3 (1+r) = \frac{3}{16}$$

$$\therefore \quad r^3 = \frac{1}{8}$$

r は実数であるから $r = \dfrac{1}{2}$

$$\therefore \quad a_1 = 1$$

$a_n = \left(\dfrac{1}{2}\right)^{n-1}$ から $S_n = \displaystyle\sum_{k=1}^{n} k\left(\dfrac{1}{2}\right)^{k-1}$ ← 等差×等比

$$S_n = 1 + 2\left(\frac{1}{2}\right) + 3\left(\frac{1}{2}\right)^2 + \cdots\cdots + n\left(\frac{1}{2}\right)^{n-1}$$

$$\frac{1}{2} S_n = \left(\frac{1}{2}\right) + 2\left(\frac{1}{2}\right)^2 + \cdots\cdots + (n-1)\left(\frac{1}{2}\right)^{n-1} + n\left(\frac{1}{2}\right)^n$$

$$\therefore \quad S_n - \frac{1}{2}S_n = 1 + \left(\frac{1}{2}\right) + \left(\frac{1}{2}\right)^2 + \cdots\cdots + \left(\frac{1}{2}\right)^{n-1} - n\left(\frac{1}{2}\right)^n$$

$$= \frac{1 - \left(\dfrac{1}{2}\right)^n}{1 - \dfrac{1}{2}} - n\left(\frac{1}{2}\right)^n$$

$$= 2 - (n+2)\left(\frac{1}{2}\right)^n \quad (②)$$ ← $\dfrac{1}{2}S_n$

$$\therefore \quad S_n = 4 - 2(n+2)\left(\frac{1}{2}\right)^n$$

$$= 4 - (n+2)\left(\frac{1}{2}\right)^{n-1} \quad (①)$$

類題 82

$\boxed{アイウ}$ 382 $\boxed{エオカ}$ 749 $\boxed{キクケコ}$ 4496

(1) $a_n = 1 + 3(n-1) = 3n - 2$

m 番目の区画の最初の数は

$$(1 + 2 + 2^2 + \cdots\cdots + 2^{m-2}) + 1 = \frac{2^{m-1} - 1}{2 - 1} + 1 = 2^{m-1} \text{(項目)}$$ ← $m-1$ 番目の区画には 2^{m-2} 個の数が含まれる。

の数である（これは $m=1$ でも成り立つ）。

類題の答　55

$$\therefore \quad b_m = a_{2^{m-1}} = 3 \cdot 2^{m-1} - 2$$

← a_n において n を 2^{m-1} とする。

よって　$b_8 = 3 \cdot 2^7 - 2 = \mathbf{382}$

また　$b_1 + b_2 + \cdots\cdots + b_8 = \sum_{k=1}^{8}(3 \cdot 2^{k-1} - 2)$

$$= 3 \cdot \frac{2^8 - 1}{2 - 1} - 2 \cdot 8$$

$$= \mathbf{749}$$

(2)　6番目の区画に入る項は，$2^5 = 32$，$2^6 = 64$　より

$$a_{32}, \quad a_{33}, \quad \cdots\cdots, \quad a_{63}$$

であるから，その和は

$$\frac{32(a_{32} + a_{63})}{2} = 16(94 + 187) = \mathbf{4496}$$

← 等差数列の和。
項数は 32 個。

類題 83

ア	②	イ	⑤	$\dfrac{1}{ウ}(n^3 + \boxed{エ}\,n^2 + \boxed{オ}\,n)$	$\dfrac{1}{6}(n^3 + 3n^2 + 2n)$

カ	②	キ	①	ク	④	ケ	⓪	コ	⑥	サ	③

$\dfrac{1}{シ}$	$\dfrac{1}{4}$	ス，セ，ソ	4, 3, 1	$\dfrac{m}{\boxed{タ}\,m + \boxed{チ}}$	$\dfrac{m}{4m+1}$

$\dfrac{1}{ツ}$	$\dfrac{1}{4}$	テ，ト	1, 3	$\dfrac{\boxed{ナ}\,m + \boxed{ニ}}{\boxed{ヌ}(\boxed{ネ}\,m + \boxed{ノ})}$	$\dfrac{5m+3}{3(4m+3)}$

(1)　$1 \cdot n + 2 \cdot (n-1) + 3 \cdot (n-2) + \cdots\cdots + n \cdot 1$

$$= \sum_{k=1}^{n} k(n+1-k) = \sum_{k=1}^{n}\{(n+1)k - k^2\} \quad (②, ⑤)$$

← 展開して k について整理する。

$$= (n+1)\sum_{k=1}^{n} k - \sum_{k=1}^{n} k^2$$

← $n+1$ は $\sum$ の前に出す。

$$= (n+1) \cdot \frac{1}{2}n(n+1) - \frac{1}{6}n(n+1)(2n+1)$$

$$= \frac{1}{6}n(n+1)(n+2) = \frac{1}{6}(n^3 + 3n^2 + 2n)$$

(2)　(i)　$\displaystyle\sum_{k=1}^{n-1}(k+1)^2 = 2^2 + 3^2 + \cdots\cdots + n^2$

← $k = 1, 2, \cdots\cdots, n-1$ とおいて書き並べる。

$$= 1^2 + 2^2 + \cdots\cdots + n^2 - 1$$

$$= \sum_{k=1}^{n} k^2 - 1 \quad (②)$$

(ii)　$\displaystyle\sum_{k=1}^{n}(n-k)^2 = (n-1)^2 + (n-2)^2 + \cdots\cdots + 1^2 + 0^2$

$$= 1^2 + 2^2 + \cdots\cdots + (n-1)^2$$

← 後から書く。

$$= \sum_{k=1}^{n-1} k^2 \quad (①)$$

56　類題の答

(iii)　$\displaystyle\sum_{k=1}^{n}\{(2k-1)^2+(2k)^2\}=(1^2+2^2)+(3^2+4^2)+\cdots$

$$\cdots+\{(2n-1)^2+(2n)^2\}$$
$$=1^2+2^2+\cdots\cdots+(2n)^2$$
$$=\sum_{k=1}^{2n}k^2\quad(\textcircled{4})$$

(iv)　$\displaystyle\sum_{k=1}^{2n}k^2-\sum_{k=1}^{n}(n+k)^2=\{1^2+2^2+\cdots\cdots+(2n)^2\}$

$$-\{(n+1)^2+(n+2)^2+\cdots\cdots+(2n)^2\}$$
$$=1^2+2^2+\cdots\cdots+n^2$$
$$=\sum_{k=1}^{n}k^2\quad(\textcircled{0})$$

(v)　$\displaystyle\sum_{k=1}^{n}(2k-1)^2-\sum_{k=1}^{n}(2k)^2=\{1^2+3^2+\cdots\cdots+(2n-1)^2\}$

$$-\{2^2+4^2+\cdots\cdots+(2n)^2\}$$
$$=1^2-2^2+3^2-4^2+\cdots$$
$$\cdots+(2n-1)^2-(2n)^2$$
$$=\sum_{k=1}^{2n}(-1)^{k-1}k^2\quad(\textcircled{6})$$

$\blacktriangleleft\ (-1)^{k-1}=\begin{cases}1(k:\text{奇数})\\-1(k:\text{偶数})\end{cases}$

(vi)　$\displaystyle\sum_{k=1}^{2n}k^2-\sum_{k=1}^{n}(2k-1)^2=\{1^2+2^2+\cdots\cdots+(2n)^2\}$

$$-\{1^2+3^2+\cdots\cdots+(2n-1)^2\}$$
$$=2^2+4^2+\cdots\cdots+(2n)^2$$
$$=\sum_{k=1}^{n}(2k)^2\quad(\textcircled{3})$$

(3)　$\displaystyle S_{2m}=\sum_{k=1}^{m}(a_{2k-1}+a_{2k})$

$\blacktriangleleft\ a_n+a_{n+1}$ において
n を $2k-1$ とする。

$$=\sum_{k=1}^{m}\frac{1}{(4k-3)(4k+1)}$$

$$=\frac{1}{4}\sum_{k=1}^{m}\left(\frac{1}{4k-3}-\frac{1}{4k+1}\right)$$

$\blacktriangleleft$ 部分分数に分ける。

$$=\frac{1}{4}\left\{\left(\frac{1}{1}-\frac{1}{5}\right)+\left(\frac{1}{5}-\frac{1}{9}\right)+\cdots\cdots\right.$$

$$\left.\cdots\cdots+\left(\frac{1}{4m-3}-\frac{1}{4m+1}\right)\right\}$$

$$=\frac{1}{4}\left(1-\frac{1}{4m+1}\right)$$

$$=\frac{4m}{4(4m+1)}=\frac{m}{4m+1}$$

$$S_{2m+1}=a_1+\sum_{k=1}^{m}(a_{2k}+a_{2k+1})$$

$\blacktriangleleft\ a_n+a_{n+1}$ において
n を $2k$ とする。

$$=\frac{1}{3}+\sum_{k=1}^{m}\frac{1}{(4k-1)(4k+3)}$$

類題の答　57

$$=\frac{1}{3}+\frac{1}{4}\sum_{k=1}^{m}\left(\frac{1}{4k-1}-\frac{1}{4k+3}\right)$$

◀ 部分分数に分ける。

$$=\frac{1}{3}+\frac{1}{4}\left\{\left(\frac{1}{3}-\frac{1}{7}\right)+\left(\frac{1}{7}-\frac{1}{11}\right)+\cdots\cdots\right.$$

$$\left.\cdots\cdots+\left(\frac{1}{4m-1}-\frac{1}{4m+3}\right)\right\}$$

$$=\frac{1}{3}+\frac{1}{4}\left(\frac{1}{3}-\frac{1}{4m+3}\right)$$

$$=\frac{1}{3}+\frac{m}{3(4m+3)}=\frac{5m+3}{3(4m+3)}$$

類題 84

| ア | 4 | | イ | 6 | | ウ | $n-$ | エ | $6n-2$ | | $\dfrac{オ}{カ}$ | $\dfrac{4}{3}$ |

$\dfrac{キ}{ク}x_n+\dfrac{ケ}{コ}$　$\dfrac{1}{3}x_n+\dfrac{1}{6}$　$\dfrac{1}{サ}(\boxed{シス}\cdot\boxed{セ}^n+\boxed{ソ}^n)$　$\dfrac{1}{4}(13\cdot2^n+6^n)$

| タ | 2 | | チ | 1 | | ツ | 2 | | テ | 5 |

$\boxed{ト}\cdot\boxed{ナ}^{n-1}-\boxed{ニ}n+\boxed{ヌ}$　$2\cdot5^{n-1}-2n+1$　　$\boxed{ネ}$　3　　$\boxed{ノ}$　1　　$\boxed{ハ}$　3

$\dfrac{\boxed{ヒ}^{n-1}+\boxed{フ}}{\boxed{ヘ}}$　$\dfrac{3^{n-1}+3}{2}$

類題の答

(1)　$a_1=12$ より　$x_1=\dfrac{a_1}{3}=4$

$$a_{n+1}=3a_n+2\cdot3^{n+2}=3a_n+6\cdot3^{n+1}$$

両辺を 3^{n+1} で割ると

$$\frac{a_{n+1}}{3^{n+1}}=\frac{a_n}{3^n}+6$$

$$\therefore\quad x_{n+1}=x_n+6$$

◀ $\dfrac{a_n}{3^n}=x_n,\ \dfrac{a_{n+1}}{3^{n+1}}=x_{n+1}$

数列 $\{x_n\}$ は初項 4，公差 6 の等差数列であるから

$$x_n=4+6(n-1)=6n-2$$

よって

$$a_n=3^n x_n=3^n(6n-2)$$

(2)　$x_1=\dfrac{a_1}{6}=\dfrac{8}{6}=\dfrac{4}{3}$

$$a_{n+1}=2a_n+6^n$$

両辺を 6^{n+1} で割ると

$$\frac{a_{n+1}}{6^{n+1}}=\frac{1}{3}\cdot\frac{a_n}{6^n}+\frac{1}{6}$$

$$\therefore\quad x_{n+1}=\frac{1}{3}x_n+\frac{1}{6}$$

◀ $\dfrac{a_n}{6^n}=x_n,\ \dfrac{a_{n+1}}{6^{n+1}}=x_{n+1}$

58   類題の答

これは
$$x_{n+1}-\frac{1}{4}=\frac{1}{3}\left(x_n-\frac{1}{4}\right)$$

と変形できて，数列 $\left\{x_n-\dfrac{1}{4}\right\}$ は初項 $x_1-\dfrac{1}{4}=\dfrac{13}{12}$，公比

$\dfrac{1}{3}$ の等比数列であるから

$$x_n-\frac{1}{4}=\frac{13}{12}\left(\frac{1}{3}\right)^{n-1}$$

$$x_n=\frac{13}{12}\left(\frac{1}{3}\right)^{n-1}+\frac{1}{4}=\frac{13}{4}\left(\frac{1}{3}\right)^n+\frac{1}{4}$$

よって
$$a_n=6^n x_n=\frac{13}{4}\cdot 2^n+\frac{6^n}{4}=\frac{1}{4}(13\cdot 2^n+6^n)$$

← $\alpha=\dfrac{1}{3}\alpha+\dfrac{1}{6}$ の解は

$\alpha=\dfrac{1}{4}$

(3) $a_{n+1}+p(n+1)-q=5(a_n+pn-q)$ とおくと
$$a_{n+1}=5a_n+4pn-p-4q$$

これが，$a_{n+1}=5a_n+8n-6$ と一致するとき

$$\begin{cases} 4p=8 \\ -p-4q=-6 \end{cases} \qquad \therefore\quad p=2,\ q=1$$

← 係数を比べる。

よって
$$a_{n+1}+2(n+1)-1=5(a_n+2n-1)$$
$b_n=a_n+2n-1$ とおくと
$$b_{n+1}=5b_n$$
$b_1=a_1+2\cdot 1-1=2$ より，数列 $\{b_n\}$ は初項 2，公比 5 の等比
数列であるから
$$b_n=2\cdot 5^{n-1}$$
よって
$$a_n=b_n-2n+1=2\cdot 5^{n-1}-2n+1$$

(4) $a_{n+2}=4a_{n+1}-3a_n$ より
$$a_{n+2}-a_{n+1}=3(a_{n+1}-a_n)$$
$b_n=a_{n+1}-a_n$ とおくと
$$b_{n+1}=3b_n$$
数列 $\{b_n\}$ は初項 $b_1=a_2-a_1=1$，公比 3 の等比数列であるから
$$b_n=3^{n-1}$$
数列 $\{b_n\}$ は数列 $\{a_n\}$ の階差数列であるから
$n\geqq 2$ のとき
$$a_n=a_1+\sum_{k=1}^{n-1}3^{k-1}$$

類題の答　59

$$= 2 + \frac{3^{n-1}-1}{3-1}$$

$$= \frac{1}{2} \cdot 3^{n-1} + \frac{3}{2}$$

これは $n=1$ のときも成り立つ。

よって

$$a_n = \frac{3^{n-1}+3}{2}$$

（別解） $a_{n+2}-3a_{n+1}=a_{n+1}-3a_n$ と変形して，

$c_n = a_{n+1}-3a_n$ とおくと

$$c_{n+1}=c_n$$

であるから数列 $\{c_n\}$ は定数数列となる。

$c_1 = a_2 - 3a_1 = 3 - 6 = -3$ より

$$c_n = -3$$

$$\begin{cases} b_n = a_{n+1} - a_n = 3^{n-1} & \cdots\cdots① \\ c_n = a_{n+1} - 3a_n = -3 & \cdots\cdots② \end{cases}$$

← b_n と c_n から a_{n+1} を消去する。

①$-$②より

$$2a_n = 3^{n-1}+3$$

$$\therefore \quad a_n = \frac{3^{n-1}+3}{2}$$

類題 85

ア	2	$\dfrac{イ}{ウ}$	$\dfrac{5}{3}$	エ	b	オ	c	カ	b	キ	b
ク	c	ケ	b	コ	b	$\dfrac{サ}{シ}$	$\dfrac{1}{3}$	ス	1	$\dfrac{セ}{ソ}$	$\dfrac{3}{2}$
$\dfrac{タ}{チ}$	$\dfrac{3}{2}$										

$a_1 = 3$, $a_2 = 3$, $a_3 = 3$ と

$$a_{n+3} = \frac{a_n + a_{n+1}}{a_{n+2}} \qquad \cdots\cdots①$$

から

← $n=1, 2, 3, 4$ とおく。

$$a_4 = \frac{a_1 + a_2}{a_3} = \frac{3+3}{3} = 2$$

$$a_5 = \frac{a_2 + a_3}{a_4} = \frac{3+3}{2} = 3$$

$$a_6 = \frac{a_3 + a_4}{a_5} = \frac{3+2}{3} = \frac{5}{3}$$

60　類題の答

$$a_7 = \frac{a_4 + a_5}{a_6} = \frac{2+3}{\dfrac{5}{3}} = 3$$

ここで

$$b_n = a_{2n-1}, \quad c_n = a_{2n} \qquad \cdots\cdots(*)$$

とおく。

$$b_1 = a_1 = 3, \quad b_2 = a_3 = 3, \quad b_3 = a_5 = 3, \quad b_4 = a_7 = 3$$

から

$$b_n = 3 \quad (n=1, \ 2, \ 3, \ \cdots\cdots) \qquad \cdots\cdots②$$

と推定できるので，②を示すため，すべての自然数 n に対して

$$b_{n+1} = b_n \qquad \cdots\cdots③$$

が成り立つことを，数学的帰納法で証明する。

［Ⅰ］ $n=1$ のとき，$b_1 = 3$，$b_2 = 3$ から③が成り立つ。

［Ⅱ］ $n=k$ のとき，③すなわち

$$b_{k+1} = b_k \qquad \cdots\cdots④$$

が成り立つと仮定する。

このとき，①で n を $2k$ とおくと

$$a_{2k+3} = \frac{a_{2k} + a_{2k+1}}{a_{2k+2}}$$

となるので，（*）より

$$b_{k+2} = \frac{c_k + \boldsymbol{b}_{k+1}}{\boldsymbol{c}_{k+1}} \qquad \cdots\cdots⑤$$

◀ $a_{2k} = c_k$
$\quad a_{2k+1} = b_{k+1}$
$\quad a_{2k+2} = c_{k+1}$
$\quad a_{2k+3} = b_{k+2}$

また，①で n を $2k-1$ とおくと

$$a_{2k+2} = \frac{a_{2k-1} + a_{2k}}{a_{2k+1}}$$

となるので，（*）より

$$c_{k+1} = \frac{\boldsymbol{b}_k + c_k}{\boldsymbol{b}_{k+1}} \qquad \cdots\cdots⑥$$

⑥を⑤に代入すると

$$b_{k+2} = \frac{c_k + b_{k+1}}{\dfrac{b_k + c_k}{b_{k+1}}} = \frac{(\boldsymbol{c}_k + \boldsymbol{b}_{k+1})\,\boldsymbol{b}_{k+1}}{b_k + c_k}$$

であり，仮定④を用いると

◀ $b_{k+1} = b_k$

$$b_{k+2} = b_{k+1}$$

が成り立つので，$n=k+1$ のときも③が成り立つ。

［Ⅰ］［Ⅱ］から，すべての自然数 n に対して③が成り立つことが示された。

したがって，$b_1 = 3$ と③から②が成り立ち，数列 $\{b_n\}$ の一

般項は
$$b_n = 3 \quad (n=1, 2, 3, \cdots\cdots) \quad \cdots\cdots ②'$$
次に，①で n を $2n-1$ とおくと
$$a_{2n+2} = \frac{a_{2n-1} + a_{2n}}{a_{2n+1}}$$
となるので，(*)から
$$c_{n+1} = \frac{b_n + c_n}{b_{n+1}}$$
②' を代入して
$$c_{n+1} = \frac{3 + c_n}{3}$$
$$\therefore \quad c_{n+1} = \frac{1}{3} c_n + 1 \quad (n=1, 2, 3, \cdots\cdots) \quad \cdots\cdots ⑦$$
$c_1 = a_2 = 3$ であり，⑦を変形すると
$$c_{n+1} - \frac{3}{2} = \frac{1}{3}\left(c_n - \frac{3}{2}\right)$$

← $\alpha = \frac{1}{3}\alpha + 1$ より
$\alpha = \frac{3}{2}$

となるので，数列 $\left\{c_n - \frac{3}{2}\right\}$ は初項 $c_1 - \frac{3}{2} = \frac{3}{2}$，公比 $\frac{1}{3}$ の等比数列であり
$$c_n - \frac{3}{2} = \frac{3}{2}\left(\frac{1}{3}\right)^{n-1}$$
$$\therefore \quad c_n = \frac{3}{2}\left(\frac{1}{3}\right)^{n-1} + \frac{3}{2}$$

類題 86

| ア－イ | ， | ウ | $1-a, a$ | | エオ | ， | カ－キ | $-a, 1-a$ |

$$\vec{PQ} = \vec{PB} + \vec{BC} + \vec{CQ}$$
$$= (1-a)\vec{x} + \vec{y} + a\vec{z}$$
$$\vec{PR} = \vec{PA} + \vec{AE} + \vec{ER}$$
$$= -a\vec{x} + \vec{z} + (1-a)\vec{y}$$
$$= -a\vec{x} + (1-a)\vec{y} + \vec{z}$$

← ベクトルの和を考える。

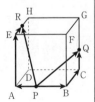

類題の答

類題 87

$$\frac{\boxed{アイ}}{\boxed{ウエ}}, \frac{\boxed{オカ}}{\boxed{キク}}\quad \frac{13}{17}, \frac{11}{17}$$

$$\frac{\boxed{ケコ}}{\boxed{サシ}}, \frac{\boxed{スセ}}{\boxed{ソタ}}, \frac{\boxed{チツ}}{\boxed{テト}}\quad \frac{-7}{17}, \frac{13}{17}, \frac{11}{17}$$

$$-7\vec{PA}+13\vec{PB}+11\vec{PC}=\vec{0}$$

始点を A に直すと

$$-7(-\vec{AP})+13(\vec{AB}-\vec{AP})+11(\vec{AC}-\vec{AP})=\vec{0}$$

$$-17\vec{AP}+13\vec{AB}+11\vec{AC}=\vec{0}$$

$$\therefore\ \vec{AP}=\frac{13}{17}\vec{AB}+\frac{11}{17}\vec{AC}$$

⇐ $\vec{PA}=-\vec{AP}$
$\vec{PB}=\vec{AB}-\vec{AP}$

さらに始点を O に直すと

$$\vec{OP}-\vec{OA}=\frac{13}{17}(\vec{OB}-\vec{OA})+\frac{11}{17}(\vec{OC}-\vec{OA})$$

$$\therefore\ \vec{OP}=-\frac{7}{17}\vec{OA}+\frac{13}{17}\vec{OB}+\frac{11}{17}\vec{OC}$$

類題 88

$$\frac{\boxed{ア}}{\boxed{イ}}, \frac{\boxed{ウ}}{\boxed{エ}}\quad \frac{2}{7}, \frac{3}{7}\qquad \frac{\boxed{オカ}}{\boxed{キク}}, \frac{\boxed{ケ}}{\boxed{コサ}}\quad \frac{-1}{14}, \frac{9}{14}$$

$$\vec{OD}=\frac{4\vec{OC}+3\vec{OB}}{4+3}=\frac{4}{7}\vec{OC}+\frac{3}{7}\vec{OB}$$

$$=\frac{4}{7}\left(\frac{1}{2}\vec{OA}\right)+\frac{3}{7}\vec{OB}$$

$$=\frac{2}{7}\vec{OA}+\frac{3}{7}\vec{OB}$$

$$\vec{OE}=\frac{-1\cdot\vec{OA}+3\vec{OD}}{3-1}=-\frac{1}{2}\vec{OA}+\frac{3}{2}\vec{OD}$$

$$=-\frac{1}{2}\vec{OA}+\frac{3}{2}\left(\frac{2}{7}\vec{OA}+\frac{3}{7}\vec{OB}\right)$$

$$=-\frac{1}{14}\vec{OA}+\frac{9}{14}\vec{OB}$$

⇐ 内分点の公式。

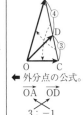

⇐ 外分点の公式。

類題の答

類題 89

$\dfrac{ア}{イ}, \dfrac{ウ}{エ}$ $\dfrac{5}{8}, \dfrac{3}{8}$　　$\dfrac{オ}{カ}, \dfrac{キ}{ク}$ $\dfrac{1}{3}, \dfrac{1}{5}$

$\dfrac{ケ}{コサ}, \dfrac{シス}{セソ}$ $\dfrac{5}{24}, \dfrac{11}{24}$

BD：DC＝AB：AC＝3：5 であるから

$$\vec{AD} = \dfrac{5\vec{AB}+3\vec{AC}}{3+5}$$
$$= \dfrac{5}{8}\vec{AB} + \dfrac{3}{8}\vec{AC}$$

BD＝$\dfrac{3}{8}\cdot 7 = \dfrac{21}{8}$ より

AI：ID＝AB：BD＝3：$\dfrac{21}{8}$＝8：7

∴ $\vec{AI} = \dfrac{8}{15}\vec{AD} = \dfrac{8}{15}\left(\dfrac{5}{8}\vec{AB} + \dfrac{3}{8}\vec{AC}\right) = \dfrac{1}{3}\vec{AB} + \dfrac{1}{5}\vec{AC}$

また

$$\vec{AG} = \dfrac{1}{3}(\vec{AD} + \vec{AC}) = \dfrac{1}{3}\left(\dfrac{5}{8}\vec{AB} + \dfrac{3}{8}\vec{AC} + \vec{AC}\right)$$
$$= \dfrac{5}{24}\vec{AB} + \dfrac{11}{24}\vec{AC}$$

← 角の二等分線の性質。

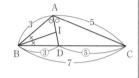

← 重心の位置ベクトル。

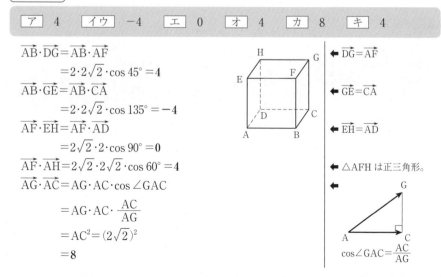

類題 90

| ア | 4 | イウ | −4 | エ | 0 | オ | 4 | カ | 8 | キ | 4 |

$\vec{AB}\cdot\vec{DG} = \vec{AB}\cdot\vec{AF}$
　　$= 2\cdot 2\sqrt{2}\cdot\cos 45° = 4$

$\vec{AB}\cdot\vec{GE} = \vec{AB}\cdot\vec{CA}$
　　$= 2\cdot 2\sqrt{2}\cdot\cos 135° = -4$

$\vec{AF}\cdot\vec{EH} = \vec{AF}\cdot\vec{AD}$
　　$= 2\sqrt{2}\cdot 2\cdot\cos 90° = 0$

$\vec{AF}\cdot\vec{AH} = 2\sqrt{2}\cdot 2\sqrt{2}\cdot\cos 60° = 4$

$\vec{AG}\cdot\vec{AC} = AG\cdot AC\cdot\cos\angle GAC$
　　$= AG\cdot AC\cdot\dfrac{AC}{AG}$
　　$= AC^2 = (2\sqrt{2})^2$
　　$= 8$

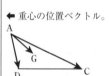

← $\vec{DG}=\vec{AF}$

← $\vec{GE}=\vec{CA}$

← $\vec{EH}=\vec{AD}$

← △AFH は正三角形。

←

$\cos\angle GAC = \dfrac{AC}{AG}$

$\vec{AG} \cdot \vec{BC} = \vec{AG} \cdot \vec{AD}$
　　　　$= AG \cdot AD \cdot \cos\angle GAD$
　　　　$= AG \cdot AD \cdot \dfrac{AD}{AG}$
　　　　$= AD^2 = 4$

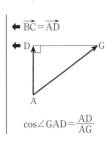

$\cos\angle GAD = \dfrac{AD}{AG}$

類題 91

$\dfrac{ア}{イ}$　$\dfrac{9}{4}$　　$ウ$　7　　$\dfrac{エ}{オ}$　$\dfrac{5}{4}$　　$\dfrac{カキ}{ク}$　$\dfrac{13}{2}$

(1) $|2\vec{a}-\vec{b}|^2=16$ より　$4|\vec{a}|^2-4\vec{a}\cdot\vec{b}+|\vec{b}|^2=16$

← 内積の展開。

　　∴　$16-4\vec{a}\cdot\vec{b}+9=16$　∴　$\vec{a}\cdot\vec{b}=\dfrac{9}{4}$

　また　$|\vec{a}+2\vec{b}|^2=|\vec{a}|^2+4\vec{a}\cdot\vec{b}+4|\vec{b}|^2=4+9+36=49$

　　∴　$|\vec{a}+2\vec{b}|=7$

(2) $|\vec{a}+\vec{b}|^2=9$ より　$|\vec{a}|^2+2\vec{a}\cdot\vec{b}+|\vec{b}|^2=9$　……①

　　$|\vec{a}-\vec{b}|^2=4$ より　$|\vec{a}|^2-2\vec{a}\cdot\vec{b}+|\vec{b}|^2=4$　……②

　①－②より　$4\vec{a}\cdot\vec{b}=5$　∴　$\vec{a}\cdot\vec{b}=\dfrac{5}{4}$

　①＋②より　$2(|\vec{a}|^2+|\vec{b}|^2)=13$

　　∴　$|\vec{a}|^2+|\vec{b}|^2=\dfrac{13}{2}$

類題 92

$\dfrac{ア}{イ}$, $\dfrac{ウ}{エ}$　$\dfrac{3}{4}$, $\dfrac{1}{2}$　　$オ$－$カ$　$1-a$　　$キ$－$\dfrac{ク}{ケ}$　$a-\dfrac{1}{2}$

$コ$　2　　$サ:シ$　$1:2$　　$\dfrac{ス}{セソ}$　$\dfrac{9}{10}$

$\vec{ML}=\vec{OL}-\vec{OM}=\dfrac{3}{4}\vec{OA}-\dfrac{1}{2}\vec{OB}$

$\vec{AN}=a\vec{AB}$ より

　　$\vec{ON}-\vec{OA}=a(\vec{OB}-\vec{OA})$

← 始点をOに変更する。

　　$\vec{ON}=(1-a)\vec{OA}+a\vec{OB}$

よって

　　$\vec{MN}=\vec{ON}-\vec{OM}$

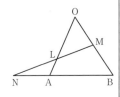

$$= (1-a)\overrightarrow{OA} + a\overrightarrow{OB} - \frac{1}{2}\overrightarrow{OB}$$
$$= (1-a)\overrightarrow{OA} + \left(a - \frac{1}{2}\right)\overrightarrow{OB}$$

$a = -\dfrac{1}{2}$ のとき

$$\overrightarrow{MN} = \left(1 + \frac{1}{2}\right)\overrightarrow{OA} + \left(-\frac{1}{2} - \frac{1}{2}\right)\overrightarrow{OB}$$
$$= \frac{3}{2}\overrightarrow{OA} - \overrightarrow{OB}$$
$$= 2\left(\frac{3}{4}\overrightarrow{OA} - \frac{1}{2}\overrightarrow{OB}\right) = 2\overrightarrow{ML}$$

よって，L，M，N は一直線上にあり，LN：MN＝1：2 より，N は線分 LM を 1：2 に外分している。

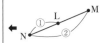

また，△OAB が正三角形のとき
$\overrightarrow{OA} = \vec{a}$，$\overrightarrow{OB} = \vec{b}$ とおくと
　$|\vec{a}| = |\vec{b}| = 2$，$\vec{a} \cdot \vec{b} = 2 \cdot 2 \cos 60° = 2$
∠LMN＝90° のとき
　$\overrightarrow{ML} \cdot \overrightarrow{MN}$

$$= \left(\frac{3}{4}\vec{a} - \frac{1}{2}\vec{b}\right) \cdot \left\{(1-a)\vec{a} + \left(a - \frac{1}{2}\right)\vec{b}\right\} = 0$$

$$\frac{3}{4}(1-a)|\vec{a}|^2 + \left\{\frac{3}{4}\left(a - \frac{1}{2}\right) - \frac{1}{2}(1-a)\right\}\vec{a} \cdot \vec{b}$$
$$- \frac{1}{2}\left(a - \frac{1}{2}\right)|\vec{b}|^2 = 0$$

$$3(1-a) + 2\left(\frac{5}{4}a - \frac{7}{8}\right) - 2\left(a - \frac{1}{2}\right) = 0$$

$$-\frac{5}{2}a + \frac{9}{4} = 0$$

∴ $a = \dfrac{9}{10}$

←$\overrightarrow{ML} \perp \overrightarrow{MN}$ となる条件。

類題 93

$\dfrac{\boxed{ア}}{a + \boxed{イ}}$, $\dfrac{\boxed{ウ}}{a + \boxed{エ}}$, $\dfrac{4}{a+9}$, $\dfrac{5}{a+9}$, $\dfrac{\boxed{オ}}{\boxed{カ}}$, $\dfrac{\boxed{キ}}{\boxed{ク}}$, $\dfrac{4}{9}$, $\dfrac{5}{9}$

$\dfrac{\boxed{ケ}}{\boxed{コ}}$, $\dfrac{5}{4}$, $\dfrac{\boxed{サ}}{\boxed{シ}}$, $\dfrac{9}{a}$

　　　$a\overrightarrow{PA} + 4\overrightarrow{PB} + 5\overrightarrow{PC} = \vec{0}$
始点を A にすると

$$a(-\overrightarrow{AP}) + 4(\overrightarrow{AB} - \overrightarrow{AP}) + 5(\overrightarrow{AC} - \overrightarrow{AP}) = \vec{0}$$
$$(a+9)\overrightarrow{AP} = 4\overrightarrow{AB} + 5\overrightarrow{AC}$$
$$\overrightarrow{AP} = \frac{4}{a+9}\overrightarrow{AB} + \frac{5}{a+9}\overrightarrow{AC}$$
$$= \frac{9}{a+9}\left(\frac{4}{9}\overrightarrow{AB} + \frac{5}{9}\overrightarrow{AC}\right)$$

← $\dfrac{4}{a+9}\overrightarrow{AB} + \dfrac{5}{a+9}\overrightarrow{AC}$
$= \dfrac{4\overrightarrow{AB} + 5\overrightarrow{AC}}{a+9}$
$= \dfrac{9}{a+9} \cdot \dfrac{4\overrightarrow{AB} + 5\overrightarrow{AC}}{9}$

よって
$$\overrightarrow{AD} = \frac{4}{9}\overrightarrow{AB} + \frac{5}{9}\overrightarrow{AC}, \quad \overrightarrow{AP} = \frac{9}{a+9}\overrightarrow{AD}$$

であり，これは，D が辺 BC を $5:4$ に内分し，P が線分 AD を $9:a$ に内分する点であることを表す．

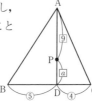

よって
$$\frac{BD}{DC} = \frac{5}{4}, \quad \frac{AP}{PD} = \frac{9}{a}$$

類題 94

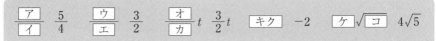

$\dfrac{ア}{イ}$　$\dfrac{5}{4}$　$\dfrac{ウ}{エ}$　$\dfrac{3}{2}$　$\dfrac{オ}{カ}t$　$\dfrac{3}{2}t$　キク　-2　ケ$\sqrt{コ}$　$4\sqrt{5}$

$\vec{p} = s\vec{a} + t\vec{b} = (2t,\ 2s+t)$

(1) $\vec{p} = (3,\ 4)$ のとき
$$\begin{cases} 2t = 3 \\ 2s + t = 4 \end{cases} \quad \therefore\ s = \frac{5}{4},\ t = \frac{3}{2}$$

(2) $\vec{b} - \vec{a} = (2,\ -1)$ より，$\vec{p} \perp (\vec{b} - \vec{a})$ のとき
$$\vec{p} \cdot (\vec{b} - \vec{a}) = 2 \cdot 2t - 1 \cdot (2s + t) = 0$$
$$\therefore\ s = \frac{3}{2}t$$

(3) $s = 5$ のとき　$\vec{p} = (2t,\ 10+t)$
$$|\vec{p}|^2 = (2t)^2 + (10+t)^2 = 5t^2 + 20t + 100$$
$$= 5(t+2)^2 + 80$$

$t = -2$ のとき，$|\vec{p}|$ は最小となり，最小値は
$$|\vec{p}| = \sqrt{80} = 4\sqrt{5}$$

← t の 2 次関数とみる。

類題の答 67

類題 95

| アイ | 30 | ウエ |° 45° | オ | 3 | カキ | −3 |
(クケ , コサ) (−5, 14)

$\vec{AB}=(3, 9)$, $\vec{AC}=(-2, 4)$ より
　　$\vec{AB}\cdot\vec{AC}=3\cdot(-2)+9\cdot 4=\mathbf{30}$
　　$|\vec{AB}|=3\sqrt{1^2+3^2}=3\sqrt{10}$
　　$|\vec{AC}|=2\sqrt{(-1)^2+2^2}=2\sqrt{5}$
　　$\cos\angle BAC=\dfrac{\vec{AB}\cdot\vec{AC}}{|\vec{AB}||\vec{AC}|}$
　　　　　　　　$=\dfrac{30}{3\sqrt{10}\cdot 2\sqrt{5}}=\dfrac{1}{\sqrt{2}}$
　　∴　$\angle BAC=\mathbf{45°}$

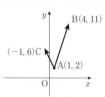

← $\vec{AB}=3(1, 3)$
　$\vec{AC}=2(-1, 2)$

$\vec{AD}=t\vec{AC}=(-2t, 4t)$ より △ABD の面積は
　　$\dfrac{1}{2}|3\cdot 4t-9\cdot(-2t)|=15|t|$
と表される。これが 45 であるとき
　　$15|t|=45$　　∴　$|t|=3$
よって, $t=\mathbf{3}$ または $t=\mathbf{-3}$
$t=3$ のとき
　　$\vec{OD}=\vec{OA}+\vec{AD}$
　　　　　$=\vec{OA}+3\vec{AC}$
　　　　　$=(1, 2)+3(-2, 4)$
　　　　　$=(-5, 14)$
よって, D の座標は $(\mathbf{-5}, \mathbf{14})$

← $\vec{AB}=(x_1, y_1)$
　$\vec{AC}=(x_2, y_2)$
とすると, △ABC の
面積は
$\dfrac{1}{2}|x_1y_2-x_2y_1|$

類題 96

| アイ | −7 | ウエオ |° 120° | $\dfrac{\text{カ}\sqrt{\text{キ}}}{\text{ク}}$ | $\dfrac{7\sqrt{3}}{2}$ |
($\dfrac{\text{ケ}}{\text{コ}}$, $\dfrac{\text{サシス}}{\text{セ}}$, $\dfrac{\text{ソ}}{\text{タ}}$) ($\dfrac{7}{9}$, $\dfrac{-14}{9}$, $\dfrac{7}{9}$)

$\vec{OA}=(1, -3, 2)$, $\vec{OB}=(2, 1, -3)$
$\vec{OA}\cdot\vec{OB}=1\cdot 2+(-3)\cdot 1+2\cdot(-3)=\mathbf{-7}$
$|\vec{OA}|=\sqrt{1^2+(-3)^2+2^2}=\sqrt{14}$
$|\vec{OB}|=\sqrt{2^2+1^2+(-3)^2}=\sqrt{14}$
より

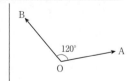

$$\cos\angle\text{AOB} = \frac{\overrightarrow{OA}\cdot\overrightarrow{OB}}{|\overrightarrow{OA}||\overrightarrow{OB}|} = \frac{-7}{\sqrt{14}\sqrt{14}} = -\frac{1}{2}$$

よって ∠AOB=**120°**

△OAB の面積は

$$\frac{1}{2}|\overrightarrow{OA}||\overrightarrow{OB}|\sin\angle\text{AOB} = \frac{1}{2}\cdot\sqrt{14}\cdot\sqrt{14}\cdot\sin 120°$$

$$= \frac{7\sqrt{3}}{2}$$

また，線分 AB を 2：1 に内分する点 D は

$$\overrightarrow{OD} = \frac{1}{3}(\overrightarrow{OA}+2\overrightarrow{OB}) = \left(\frac{5}{3},\ -\frac{1}{3},\ -\frac{4}{3}\right)$$

線分 AB を 1：4 に外分する点 E は

$$\overrightarrow{OE} = \frac{1}{3}(4\overrightarrow{OA}-\overrightarrow{OB}) = \left(\frac{2}{3},\ -\frac{13}{3},\ \frac{11}{3}\right)$$

よって，△ODE の重心は

$$\frac{1}{3}(\overrightarrow{OD}+\overrightarrow{OE}) = \left(\frac{7}{9},\ -\frac{14}{9},\ \frac{7}{9}\right)$$

類題 97

| アイ，ウエ | $-2, -2$ | オ/カ | $\frac{5}{6}$ | キク | -2 | ケ | 1 |
| コサ | -3 | シ | 2 | $\frac{\sqrt{ス}}{セ}$ | $\frac{\sqrt{2}}{2}$ |

(1) $\overrightarrow{AB} = (2,\ 1,\ 1)$

$\overrightarrow{OP} = \overrightarrow{OA}+t\overrightarrow{AB} = (2t,\ -1+t,\ 1+t)$

P が xy 平面上にあるとき，P の z 座標は 0 であるから　　← xy 平面：$z=0$

$1+t=0$　∴　$t=-1$

よって，そのときの P の座標は $(-2,\ -2,\ 0)$

また，$\overrightarrow{CP} = \overrightarrow{OP}-\overrightarrow{OC} = (2t-1,\ t-2,\ t-1)$ より，$\overrightarrow{CP}\perp\overrightarrow{AB}$ のとき

$\overrightarrow{CP}\cdot\overrightarrow{AB} = 2(2t-1)+1\cdot(t-2)+1\cdot(t-1) = 0$

∴　$t = \frac{5}{6}$

(2) AB の中点は

$\left(\frac{0+2}{2},\ \frac{-1+0}{2},\ \frac{1+2}{2}\right) = \left(1,\ -\frac{1}{2},\ \frac{3}{2}\right)$　　← 中心

また

$\frac{1}{2}AB = \frac{1}{2}\sqrt{(2-0)^2+(0+1)^2+(2-1)^2} = \frac{\sqrt{6}}{2}$ ← 半径

よって，球面 S の方程式は

$$(x-1)^2 + \left(y+\frac{1}{2}\right)^2 + \left(z-\frac{3}{2}\right)^2 = \left(\frac{\sqrt{6}}{2}\right)^2$$

∴ $x^2+y^2+z^2-2x+y-3z+2=0$

$a=-2,\ b=1,\ c=-3,\ d=2$

$x=2$ を代入すると

$$1^2 + \left(y+\frac{1}{2}\right)^2 + \left(z-\frac{3}{2}\right)^2 = \left(\frac{\sqrt{6}}{2}\right)^2$$

∴ $\left(y+\frac{1}{2}\right)^2 + \left(z-\frac{3}{2}\right)^2 = \left(\frac{\sqrt{2}}{2}\right)^2$

よって，S と平面 $x=2$ との交わりの円の半径は $\dfrac{\sqrt{2}}{2}$

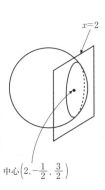

中心 $\left(2, -\dfrac{1}{2}, \dfrac{3}{2}\right)$

類題 98

$\dfrac{\text{アイ}}{\text{イウ}}$, $\dfrac{\text{エ}}{\text{オカ}}$ → $\dfrac{2}{11}$, $\dfrac{6}{11}$ 　 $\dfrac{\text{キ}}{\text{ク}}$, $\dfrac{\text{ケ}}{\text{コ}}$ → $\dfrac{1}{4}$, $\dfrac{3}{4}$ 　 $\dfrac{\text{サ}}{\text{シス}}$ → $\dfrac{8}{11}$

$\dfrac{\text{セ}}{\text{ソ}}$ → $\dfrac{1}{3}$ 　 タ → a 　 $\dfrac{\text{チ}}{\text{ツ}}$ → $\dfrac{1}{2}$ 　 $\dfrac{\text{テ}}{\text{ト}}$ → $\dfrac{-a}{-a}$, $\dfrac{\text{ナ}}{\text{ニ}}$ → $\dfrac{-a}{-a}$, $\dfrac{1-a}{2-a}$, $\dfrac{a}{2-a}$

$\dfrac{\text{ヌ}}{\text{ネ}}$ → $\dfrac{2}{3}$

(1) $\overrightarrow{AP} = s\overrightarrow{AD}$ とおくと

　$\overrightarrow{OP} - \overrightarrow{OA} = s(\overrightarrow{OD} - \overrightarrow{OA})$

　∴ $\overrightarrow{OP} = (1-s)\overrightarrow{OA} + \dfrac{2}{3}s\overrightarrow{OB}$

$\overrightarrow{BP} = t\overrightarrow{BC}$ とおくと

　$\overrightarrow{OP} - \overrightarrow{OB} = t(\overrightarrow{OC} - \overrightarrow{OB})$

　∴ $\overrightarrow{OP} = \dfrac{2}{5}t\overrightarrow{OA} + (1-t)\overrightarrow{OB}$

$\overrightarrow{OA}$ と $\overrightarrow{OB}$ は平行でないので

　$1-s = \dfrac{2}{5}t,\ \dfrac{2}{3}s = 1-t$

　∴ $s = \dfrac{9}{11},\ t = \dfrac{5}{11}$

よって

　$\overrightarrow{OP} = \dfrac{2}{11}\overrightarrow{OA} + \dfrac{6}{11}\overrightarrow{OB}$

さらに

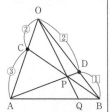

← AP:PD $=s:1-s$ とおいてもよい。

← $\overrightarrow{OD} = \dfrac{2}{3}\overrightarrow{OB}$

← BP:PC $=t:1-t$ とおいてもよい。

← $\overrightarrow{OC} = \dfrac{2}{5}\overrightarrow{OA}$

← 係数比較。

70　類題の答

$$\overrightarrow{OP}=\frac{8}{11}\cdot\frac{2\overrightarrow{OA}+6\overrightarrow{OB}}{8}=\frac{8}{11}\cdot\frac{\overrightarrow{OA}+3\overrightarrow{OB}}{4}$$

◆分点公式と実数倍で表す。

と変形できるので

$$\overrightarrow{OQ}=\frac{\overrightarrow{OA}+3\overrightarrow{OB}}{4}=\frac{1}{4}\overrightarrow{OA}+\frac{3}{4}\overrightarrow{OB}\qquad\cdots\cdots①$$

と表せ　$\overrightarrow{OP}=\dfrac{8}{11}\overrightarrow{OQ}$　$\therefore\ \dfrac{OP}{OQ}=\dfrac{8}{11}$

また，①より　$AQ:QB=3:1$

$\therefore\ \dfrac{QB}{AQ}=\dfrac{1}{3}$

(2)　$\overrightarrow{BF}=\overrightarrow{AF}-\overrightarrow{AB}=a\overrightarrow{AD}-\overrightarrow{AB}$

$\overrightarrow{DE}=\overrightarrow{AE}-\overrightarrow{AD}=\dfrac{1}{2}\overrightarrow{AB}-\overrightarrow{AD}$

$\overrightarrow{AP}=\overrightarrow{AB}+s\overrightarrow{BF}$　とおくと

$\overrightarrow{AP}=(1-s)\overrightarrow{AB}+sa\overrightarrow{AD}$

◆ $BP:PF=s:1-s$
とおいてもよい。

$\overrightarrow{AP}=\overrightarrow{AD}+t\overrightarrow{DE}$　とおくと

$\overrightarrow{AP}=\dfrac{1}{2}t\overrightarrow{AB}+(1-t)\overrightarrow{AD}$

◆ $DP:PE=t:1-t$
とおいてもよい。

$\overrightarrow{AB}$ と $\overrightarrow{AD}$ は平行でないので

$$1-s=\frac{1}{2}t,\ \ sa=1-t$$

◆係数比較。

$$\therefore\ \ s=\frac{1}{2-a},\ \ t=\frac{2-2a}{2-a}$$

よって

$$\overrightarrow{AP}=\frac{1-a}{2-a}\overrightarrow{AB}+\frac{a}{2-a}\overrightarrow{AD}$$

$AP:PQ=1:3$ のとき

$$\overrightarrow{AQ}=4\overrightarrow{AP}=\frac{4(1-a)}{2-a}\overrightarrow{AB}+\frac{4a}{2-a}\overrightarrow{AD}$$

Q が BC 上にあるとき

$$\frac{4(1-a)}{2-a}=1$$

◆ $\overrightarrow{AB}$ の係数が1

$$\therefore\ \ 4(1-a)=2-a$$

$$\therefore\ \ a=\frac{2}{3}$$

これより，$\overrightarrow{AQ}=\overrightarrow{AB}+2\overrightarrow{AD}$

類題の答　71

類題 99

正六角形 ABCDEF の中心を O とする。
P の存在する範囲は

$0 \leqq s \leqq 1$, $0 \leqq t \leqq 1$ のとき，□ABOF の周
および内部であるから，面積は

$$1 \cdot 1 \cdot \sin 120° = \frac{\sqrt{3}}{2}$$

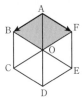

← ∠BAF = 120°

$s \geqq 0$, $t \geqq 0$, $s+t \leqq 1$ のとき，△ABF の周および内部であるから，面積は

$$\frac{1}{2} \cdot 1 \cdot 1 \cdot \sin 120° = \frac{\sqrt{3}}{4}$$

$\frac{1}{3}\overrightarrow{AC} = \overrightarrow{AG}$, $\frac{1}{3}\overrightarrow{FD} = \overrightarrow{FH}$ とすると，Q の
存在する範囲は $\frac{1}{3} \leqq s \leqq 1$, $0 \leqq t \leqq 1$ のとき，
□GCDH の周および内部である。$AC = \sqrt{3}$ より

$$GC = \frac{2}{3}\sqrt{3}$$

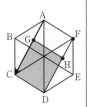

← □GCDH は長方形。

∠CGH = ∠CAF = 90° であるから，面積は

$$\frac{2}{3}\sqrt{3} \cdot 1 = \frac{2\sqrt{3}}{3}$$

$\frac{1}{2}\overrightarrow{AC} = \overrightarrow{AM}$ とし，$2s = s'$ とおくと

$$\overrightarrow{AQ} = s\overrightarrow{AC} + t\overrightarrow{AF} = 2s\left(\frac{1}{2}\overrightarrow{AC}\right) + t\overrightarrow{AF}$$
$$= s'\overrightarrow{AM} + t\overrightarrow{AF}$$

$s' \geqq 0, t \geqq 0$, $s'+t \leqq 1$ より Q の存在する範囲
は，△AMF の周および内部である。

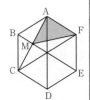

← △AMF は直角三角形。

$AM = \frac{\sqrt{3}}{2}$ より，面積は

$$\frac{1}{2} \cdot \frac{\sqrt{3}}{2} \cdot 1 = \frac{\sqrt{3}}{4}$$

類題 100

$\dfrac{\text{ア}}{\text{イ}}$, $\dfrac{\text{ウ}}{\text{エ}}$ $\dfrac{3}{4}$, $\dfrac{1}{4}$　$\dfrac{\text{オカ}}{\text{キ}}$ $\dfrac{-2}{3}$　$\dfrac{\text{ク}}{\text{ケコ}}$, $\dfrac{\text{サ}}{\text{シ}}$ $\dfrac{1}{12}$, $\dfrac{1}{4}$

$\dfrac{\sqrt{\text{ス}}}{\text{セ}}$ $\dfrac{\sqrt{3}}{4}$　$\dfrac{\text{ソタ}}{\text{チ}}$ $\dfrac{10}{3}$　$\dfrac{\text{ツ}}{\text{テ}}$ $\dfrac{4}{3}$　$\dfrac{\text{ト}}{\text{ナ}}$ $\dfrac{5}{3}$

(1) $\vec{CP}=t\vec{OA}$ より　　　　　　　　　　　◀ CP は OA に平行。

$\vec{OP}=\vec{OC}+t\vec{OA}$

$\phantom{\vec{OP}}=\dfrac{3\vec{OA}+\vec{OB}}{4}+t\vec{OA}$

$\phantom{\vec{OP}}=\left(\dfrac{3}{4}+t\right)\vec{OA}+\dfrac{1}{4}\vec{OB}$

$\vec{OP}\perp\vec{CP}$ のとき，$\vec{OP}\perp\vec{OA}$ であるから

$\vec{OP}\cdot\vec{OA}=0$

$\left(\dfrac{3}{4}+t\right)|\vec{OA}|^2+\dfrac{1}{4}\vec{OA}\cdot\vec{OB}=0$

$|\vec{OA}|=3$, $|\vec{OB}|=2$, $\vec{OA}\cdot\vec{OB}=3\cdot2\cdot\cos120°=-3$ より

$\left(\dfrac{3}{4}+t\right)\cdot9-\dfrac{3}{4}=0$　　∴　$t=-\dfrac{2}{3}$

よって

$\vec{OP}=\dfrac{1}{12}\vec{OA}+\dfrac{1}{4}\vec{OB}$

$|\vec{OP}|^2=\left|\dfrac{1}{12}(\vec{OA}+3\vec{OB})\right|^2$

$\phantom{|\vec{OP}|^2}=\dfrac{1}{144}(|\vec{OA}|^2+6\vec{OA}\cdot\vec{OB}+9|\vec{OB}|^2)=\dfrac{3}{16}$

∴　$|\vec{OP}|=\dfrac{\sqrt{3}}{4}$

(2) $\vec{ON}=-\vec{OM}$ であるから

$|\vec{OX}+\vec{OM}|=2|\vec{OX}-\vec{OM}|$

$|\vec{OX}+\vec{OM}|^2=4|\vec{OX}-\vec{OM}|^2$　　　　　◀ $\vec{OX}$ についての 2 次

$|\vec{OX}|^2+2\vec{OX}\cdot\vec{OM}+|\vec{OM}|^2$　　　　　　方程式と考える。

$\phantom{|\vec{OX}|^2}=4|\vec{OX}|^2-8\vec{OX}\cdot\vec{OM}+4|\vec{OM}|^2$

$|\vec{OX}|^2-\dfrac{10}{3}\vec{OX}\cdot\vec{OM}+|\vec{OM}|^2=0$

∴　$\left|\vec{OX}-\dfrac{5}{3}\vec{OM}\right|^2=\dfrac{16}{9}|\vec{OM}|^2$　　　　　◀ 平方完成する。

よって，X は半径 $\dfrac{4}{3}|\vec{OM}|$ の円を描き，その中心をAと

すると

$$\overrightarrow{OA} = \frac{5}{3}\overrightarrow{OM}$$

類題 101

$$\boxed{\dfrac{\boxed{アイ}}{\boxed{ウ}}}, \quad \dfrac{\boxed{エ}}{\boxed{オ}}, \quad \dfrac{\boxed{カ}}{\boxed{キ}} \qquad \dfrac{-3}{5}, \ \dfrac{3}{7}, \ \dfrac{4}{7} \qquad \boxed{ク} : \boxed{ケ} \quad 7:3$$

$\overrightarrow{OP} = \dfrac{3}{5}\vec{a}, \ \overrightarrow{OQ} = \dfrac{3\vec{b} + 4\vec{c}}{7}$ より

$\quad \overrightarrow{PQ} = \overrightarrow{OQ} - \overrightarrow{OP}$

$\qquad = -\dfrac{3}{5}\vec{a} + \dfrac{3}{7}\vec{b} + \dfrac{4}{7}\vec{c}$

$\therefore \quad \overrightarrow{OR} = \overrightarrow{OP} + \dfrac{1}{2}\overrightarrow{PQ}$

← $\overrightarrow{OR} = \dfrac{1}{2}(\overrightarrow{OP} + \overrightarrow{OQ})$

から求めてもよい。

$\qquad = \dfrac{3}{5}\vec{a} + \dfrac{1}{2}\left(-\dfrac{3}{5}\vec{a} + \dfrac{3}{7}\vec{b} + \dfrac{4}{7}\vec{c}\right)$

$\qquad = \dfrac{3}{10}\vec{a} + \dfrac{3}{14}\vec{b} + \dfrac{2}{7}\vec{c}$

S は直線 AR 上にあるので

$\quad \overrightarrow{OS} = \overrightarrow{OA} + t\overrightarrow{AR}$

← $\overrightarrow{AS} = t\overrightarrow{AR}$

$\qquad = \overrightarrow{OA} + t(\overrightarrow{OR} - \overrightarrow{OA})$

$\qquad = (1-t)\overrightarrow{OA} + t\overrightarrow{OR}$

$\qquad = (1-t)\vec{a} + t\left(\dfrac{3}{10}\vec{a} + \dfrac{3}{14}\vec{b} + \dfrac{2}{7}\vec{c}\right)$

$\qquad = \left(1 - \dfrac{7}{10}t\right)\vec{a} + \dfrac{3}{14}t\vec{b} + \dfrac{2}{7}t\vec{c}$

S が平面 OBC 上にあるとき

$\quad 1 - \dfrac{7}{10}t = 0 \qquad \therefore \quad t = \dfrac{10}{7}$

← $\vec{a}$ の係数が 0

$\quad \therefore \quad AR : RS = 1 : \left(\dfrac{10}{7} - 1\right)$

$\qquad\qquad\qquad = 7 : 3$

74   類題の答

類題 102

| ア | 0 |

$$\frac{1}{イ} \quad \frac{1}{2} \qquad \frac{ウエ}{オ}, \frac{カ}{キ}, \frac{ク}{ケ} \quad \frac{-1}{2}, \frac{1}{6}, \frac{1}{3}$$

$$\frac{コ}{サ} \quad \frac{2}{3}$$

$$\overrightarrow{OA} \cdot \overrightarrow{OC} = 1 \cdot 1 \cdot \cos 90° = \mathbf{0}$$

$$\overrightarrow{OC} \cdot \overrightarrow{OD} = 1 \cdot 1 \cdot \cos 60° = \frac{1}{2}$$

$\overrightarrow{OA} = \vec{a},\ \overrightarrow{OC} = \vec{c},\ \overrightarrow{OD} = \vec{d}$ とすると

$$\overrightarrow{OP} = \overrightarrow{OA} + \overrightarrow{AB} + \frac{2}{3}\overrightarrow{BE} \qquad\qquad \Leftarrow \overrightarrow{AB} = \overrightarrow{OC}$$

$$= \vec{a} + \vec{c} + \frac{2}{3}(\vec{d} - \vec{c}) \qquad\qquad \Leftarrow \overrightarrow{BE} = \overrightarrow{CD}$$

$$= \vec{a} + \frac{1}{3}\vec{c} + \frac{2}{3}\vec{d}$$

$$\overrightarrow{OQ} = \overrightarrow{OC} + \overrightarrow{CG} + \frac{1}{2}\overrightarrow{GE} \qquad\qquad \Leftarrow \overrightarrow{CG} = \overrightarrow{OD}$$

$$= \vec{c} + \vec{d} + \frac{1}{2}(\vec{a} - \vec{c}) \qquad\qquad \Leftarrow \overrightarrow{GE} = \overrightarrow{CA}$$

$$= \frac{1}{2}\vec{a} + \frac{1}{2}\vec{c} + \vec{d}$$

$$\therefore \quad \overrightarrow{PQ} = \overrightarrow{OQ} - \overrightarrow{OP}$$

$$= \left(\frac{1}{2}\vec{a} + \frac{1}{2}\vec{c} + \vec{d}\right) - \left(\vec{a} + \frac{1}{3}\vec{c} + \frac{2}{3}\vec{d}\right)$$

$$= -\frac{1}{2}\vec{a} + \frac{1}{6}\vec{c} + \frac{1}{3}\vec{d}$$

$$= \frac{1}{6}(-3\vec{a} + \vec{c} + 2\vec{d})$$

$|\vec{a}| = |\vec{c}| = |\vec{d}| = 1,\ \vec{a} \cdot \vec{c} = \vec{a} \cdot \vec{d} = 0,\ \vec{c} \cdot \vec{d} = \frac{1}{2}$ より

$$|\overrightarrow{PQ}|^2 = \frac{1}{36}(9|\vec{a}|^2 + |\vec{c}|^2 + 4|\vec{d}|^2 + 4\vec{c} \cdot \vec{d})$$

$$= \frac{16}{36} = \frac{4}{9} \qquad \therefore \quad |\overrightarrow{PQ}| = \frac{2}{3}$$

類題の答 75

類題 103

$\dfrac{ア\ a+イ}{ウ}$	$\dfrac{2a+5}{4}$	$\dfrac{エ\ a-オ}{カ}$	$\dfrac{2a-1}{4}$	$\dfrac{キ}{ク}$	$\dfrac{5}{4}$	$\dfrac{ケ}{コ}$	$\dfrac{1}{4}$
$\dfrac{サシ}{ス}$	$\dfrac{-1}{5}$	$\dfrac{セ}{ソ}$	$\dfrac{8}{5}$	$\dfrac{タチ}{ツ}$	$\dfrac{11}{5}$	$\dfrac{テト}{ナ}$	$\dfrac{-1}{5}$	ニ	2
ヌ	6

$\overrightarrow{OE} = \dfrac{3\overrightarrow{OA}+\overrightarrow{OB}}{4} = \dfrac{3}{4}(2, 0, 2) + \dfrac{1}{4}(-1, -1, -1)$

$\phantom{\overrightarrow{OE}} = \left(\dfrac{5}{4}, -\dfrac{1}{4}, \dfrac{5}{4}\right)$

$\overrightarrow{OF} = \dfrac{3\overrightarrow{OC}+\overrightarrow{OD}}{4} = \dfrac{3}{4}(2, 0, 1) + \dfrac{1}{4}(1, 1, 2)$

$\phantom{\overrightarrow{OF}} = \left(\dfrac{7}{4}, \dfrac{1}{4}, \dfrac{5}{4}\right)$

よって

$\overrightarrow{OG} = (1-a)\overrightarrow{OE} + a\overrightarrow{OF}$

$\phantom{\overrightarrow{OG}} = (1-a)\left(\dfrac{5}{4}, -\dfrac{1}{4}, \dfrac{5}{4}\right) + a\left(\dfrac{7}{4}, \dfrac{1}{4}, \dfrac{5}{4}\right)$

$\phantom{\overrightarrow{OG}} = \left(\dfrac{2a+5}{4}, \dfrac{2a-1}{4}, \dfrac{5}{4}\right)$

$\overrightarrow{AH} = s\overrightarrow{AD}$ より

$\overrightarrow{OH} = \overrightarrow{OA} + s\overrightarrow{AD}$

$\phantom{\overrightarrow{OH}} = (2, 0, 2) + s(-1, 1, 0)$

$\phantom{\overrightarrow{OH}} = (2-s, s, 2)$ ……①

$\overrightarrow{OH} = t\overrightarrow{OG}$ より

$\overrightarrow{OH} = \left(\dfrac{2a+5}{4}t, \dfrac{2a-1}{4}t, \dfrac{5}{4}t\right)$ ……②

①, ②より

$\begin{cases} 2-s = \dfrac{2a+5}{4}t & \cdots\cdots③ \\ s = \dfrac{2a-1}{4}t & \cdots\cdots④ \\ 2 = \dfrac{5}{4}t & \cdots\cdots⑤ \end{cases}$

⑤より $t = \dfrac{8}{5}$

③+④より

$2 = (a+1)t = \dfrac{8}{5}(a+1)$

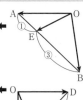

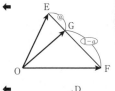

∴ $a=\dfrac{1}{4}$

④より $s=\dfrac{2\cdot\dfrac{1}{4}-1}{4}\cdot\dfrac{8}{5}=-\dfrac{1}{5}$

①より $\overrightarrow{OH}=\left(\dfrac{11}{5},\ -\dfrac{1}{5},\ 2\right)$ であるから，Hの座標は

$\left(\dfrac{11}{5},\ -\dfrac{1}{5},\ 2\right)$

また，$\overrightarrow{AH}=-\dfrac{1}{5}\overrightarrow{AD}$ より，Hは線分ADを1:6に外分している。

総合演習問題の答

■ 1 ◀◀

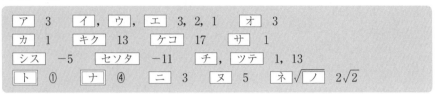

$P(x)$ を k について整理すると
$$P(x) = k(x^2+5x+6)+(x^3-10x-3)$$
$$= k(x+2)(x+3)+(x^3-10x-3)$$
$$P(-3) = -27+30-3 = 0$$

← $P(-2) = 9 \neq 0$

であるから，$P(x)$ は $x+3$ で割り切れる。
このとき商は $x^2+(k-3)x+2k-1$ であるから
$$P(x) = (x+3)\{x^2+(k-3)x+2k-1\}$$

←
```
1   k    5k-10   6k-3 | -3
        -3    -3k+9   -6k+3
   ─────────────────────────
1  k-3   2k-1   | 0
```

(1) $P(x)=0$ の異なる実数解の個数は最大 3 個。また，$P(x)=0$ がちょうど 2 個の実数解をもつのは，2 次方程式 $x^2+(k-3)x+2k-1=0$ が -3 以外の重解をもつときと，-3 と -3 以外の解をもつときである。

$Q(x) = x^2+(k-3)x+2k-1$ とすると，2 次方程式 $Q(x)=0$ が重解をもつとき，判別式を D として
$$D = (k-3)^2 - 4(2k-1) = 0$$
$$k^2 - 14k + 13 = 0$$
$$(k-1)(k-13) = 0$$
$$\therefore\ k = 1,\ 13$$

$Q(x)=0$ が $x=-3$ を解にもつとき
$$Q(-3) = -k+17 = 0$$
$$\therefore\ k = 17$$

$k=1$ のとき，$Q(x)=(x-1)^2$ より $P(x)=0$ の実数解は
$$x = -3,\ 1$$

← $Q(x) = x^2-2x+1$

$k=13$ のとき，$Q(x)=(x+5)^2$ より $P(x)=0$ の実数解は
$$x = -3,\ -5$$

← $Q(x) = x^2+10x+25$

$k=17$ のとき，$Q(x)=(x+3)(x+11)$ より $P(x)=0$ の実数解は
$$x = -3,\ -11$$

← $Q(x) = x^2+14x+33$

78   総合演習問題の答

$P(x)=0$ が虚数解をもつのは，$Q(x)=0$ が虚数解をもつ
ときであるから

$$D=(k-1)(k-13)<0$$

$$\therefore \quad 1<k<13$$

(2) p を実数，q を正の実数として

$$\alpha=p+qi, \quad \beta=p-qi$$

とすると，α の実部 p は

$$p=\frac{\alpha+\beta}{2} \quad (\textcircled{1})$$

α の虚部 q は

$$q=\frac{\alpha-\beta}{2i} \quad (\textcircled{4})$$

と表される。また

$$\alpha=\frac{-(k-3)+\sqrt{k^2-14k+13}}{2},$$

$$\beta=\frac{-(k-3)-\sqrt{k^2-14k+13}}{2}$$

であるから

$$\alpha-\beta=\sqrt{k^2-14k+13}$$

$k^2-14k+13<0$ より

$$\alpha-\beta=\sqrt{-k^2+14k-13}\,i$$

よって

$$q=\frac{\sqrt{-k^2+14k-13}\,i}{2i}=\frac{\sqrt{-(k-7)^2+36}}{2}$$

$k=7$ のとき，q は最大値 3 をとる。

(3) α の実部は $\dfrac{-(k-3)}{2}$ であるから

$$\frac{-(k-3)}{2}=-1$$

$$k=5$$

$q=2\sqrt{2}$ より，虚数解の虚部は $\pm 2\sqrt{2}$

$\longleftarrow \underset{\text{(負)}}{\underline{\sqrt{k^2-14k+13}}}$

$=\underset{\text{(正)}}{\underline{\sqrt{-k^2+14k-13}}}\,i$

総合演習問題の答　79

■ 2 ◂◂

アイ , ウエ 12, 36　　オ , カ , キク 8, 8, 30
(ケ , コサ) (4, −4)　　シ 2　　スセ 50
ソ √ タチ $3\sqrt{13}$　　(ツ , テト) (6, −7)

(1)　P(x, y)とすると
$$AP^2 = (x-6)^2 + y^2$$
$$= x^2 + y^2 - 12x + 36$$
同様にして
$$BP^2 = (x+1)^2 + y^2$$
$$= x^2 + y^2 + 2x + 1$$
$$CP^2 = x^2 + (y-2)^2$$
$$= x^2 + y^2 - 4y + 4$$
①に代入して
$$(x^2+y^2-12x+36) + 2(x^2+y^2+2x+1)$$
$$-2(x^2+y^2-4y+4) = a$$
$$x^2 + y^2 - 8x + 8y + 30 = a \quad \cdots\cdots ②$$
$$\therefore \quad (x-4)^2 + (y+4)^2 = a+2$$
よって，K は，点$(4, -4)$を中心とする半径 $\sqrt{a+2}$ の円。

←2点間の距離。

←平方完成。

(2)　点Cが円Kの内部にあるのはC(0, 2)が
$$(x-4)^2 + (y+4)^2 < a+2$$
を満たすことである。
よって　$16 + 36 < a + 2$　　$\therefore \quad a > 50$

(3)　$a=11$ のとき，K は半径 $\sqrt{13}$ の円である。
　　点CとK上の点Pの距離が最大になるのは，円Kの中心とCを通る直線と円Kとの交点のうちCから遠い方の点がPのときで，円Kの中心をDとすると
$$CD = \sqrt{4^2 + (-4-2)^2} = 2\sqrt{13}$$
よって，CPの最大値は　$CD + DP = 3\sqrt{13}$
このときPは線分CDを 3 : 1 に外分するから
$$\left(\frac{-1\cdot 0 + 3\cdot 4}{3-1}, \frac{-1\cdot 2 + 3\cdot (-4)}{3-1}\right) = (6, -7)$$

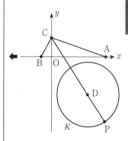

←CP : PD = 3 : 1

■ 3

| ア | 2 | イ | ③ | ウ | 4 | エ | 2 | オ/カ | 3/2 | キ | ⑧ |
| ク | 2 | ケ | ① | コ | ⑦ | サ | ⓪ | シ/ス | π | | 4/3 π | セ | 4 |

ソ/タ π 2/9 π

(1) $\sqrt{3}\cos\dfrac{3}{4}x - \sin\dfrac{3}{4}x$

$= 2\left(-\dfrac{1}{2}\sin\dfrac{3}{4}x + \dfrac{\sqrt{3}}{2}\cos\dfrac{3}{4}x\right)$

$= 2\left(\cos\dfrac{2}{3}\pi\sin\dfrac{3}{4}x + \sin\dfrac{2}{3}\pi\cos\dfrac{3}{4}x\right)$

$= 2\sin\left(\dfrac{3}{4}x + \dfrac{2}{3}\pi\right)$ （③）

$f(x) = 4\sin^2\left(\dfrac{3}{4}x + \dfrac{2}{3}\pi\right)$

$= 2\left\{1 - \cos\left(\dfrac{3}{2}x + \dfrac{4}{3}\pi\right)\right\}$

$= -2\cos\left(\dfrac{3}{2}x + \dfrac{4}{3}\pi\right) + 2$ （⑧）

⬅ $\sin\alpha\cos\beta + \cos\alpha\sin\beta = \sin(\alpha+\beta)$

⬅ $\cos 2\theta = 1 - 2\sin^2\theta$ より
$\sin^2\theta = \dfrac{1-\cos 2\theta}{2}$

(2) $-\cos\theta = \sin\left(\theta - \dfrac{\pi}{2}\right)$ （①）より

$f(x) = 2\sin\left(\dfrac{3}{2}x + \dfrac{4}{3}\pi - \dfrac{\pi}{2}\right) + 2$

$= 2\sin\left(\dfrac{3}{2}x + \dfrac{5}{6}\pi\right) + 2$

$= 2\sin\dfrac{3}{2}\left(x + \dfrac{5}{9}\pi\right) + 2$ （⑦）

⬅ $\sin(\theta-\pi) = -\sin\theta$
$\sin\left(\theta+\dfrac{\pi}{2}\right) = \cos\theta$

(3) $y=f(x)$ のグラフは，$y=2\sin\dfrac{3}{2}x$ のグラフを x 軸方向に $-\dfrac{5}{9}\pi$，y 軸方向に 2 だけ平行移動したものであるから，グラフは次のようになる。（⓪）

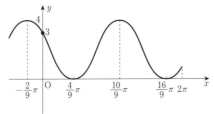

正の最小の周期は
$$\frac{2\pi}{\dfrac{3}{2}} = \frac{4}{3}\pi$$

← $y = \sin px$ （$p \neq 0$）の周期は $\dfrac{2\pi}{|p|}$

(4) $f(x) = 1$ となるのは
$$\sin\left(\frac{3}{2}x + \frac{5}{6}\pi\right) = -\frac{1}{2}$$
$$\frac{5}{6}\pi \leq \frac{3}{2}x + \frac{5}{6}\pi \leq 3\pi + \frac{5}{6}\pi \text{ より}$$

← $0 \leq x \leq 2\pi$

$$\frac{3}{2}x + \frac{5}{6}\pi = \frac{7}{6}\pi, \ \frac{11}{6}\pi, \ \frac{19}{6}\pi, \ \frac{23}{6}\pi$$

の 4 個。その中で最小のものは
$$\frac{3}{2}x + \frac{5}{6}\pi = \frac{7}{6}\pi$$
$$\therefore \ x = \frac{2}{9}\pi$$

■ 4 ◀◀

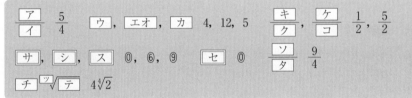

(1) $\log_2 \sqrt[4]{32} = \log_2 2^{\frac{5}{4}} = \dfrac{5}{4}$

← $\sqrt[q]{a^p} = a^{\frac{p}{q}}$

① の両辺の 2 を底とする対数をとると
$$\log_2 x^{\log_2 x} \geq \log_2 \frac{x^3}{\sqrt[4]{32}}$$
$$(\log_2 x)^2 \geq \log_2 x^3 - \log_2 \sqrt[4]{32}$$
$$t^2 \geq 3t - \frac{5}{4}$$
$$4t^2 - 12t + 5 \geq 0$$
$$(2t-1)(2t-5) \geq 0$$
$$t \leq \frac{1}{2}, \ \frac{5}{2} \leq t$$
$$\log_2 x \leq \frac{1}{2}, \ \frac{5}{2} \leq \log_2 x$$
$$0 < x \leq \sqrt{2}, \ 4\sqrt{2} \leq x \quad (⓪, ⑥, ⑨)$$

← $P > 0$, $Q > 0$ として
$a > 1$ のとき
$P \geq Q \iff \log_a P \geq \log_a Q$

← $\log_a P^r = r \log_a P$

$\log_a \dfrac{P}{Q} = \log_a P - \log_a Q$

(2) $x>1$ のとき
$t=\log_2 x>0$ （⓪）

(3) ②の両辺の 2 を底とする対数をとると
$\log_2 x^{\log_2 x} \geqq \log_2 \dfrac{x^3}{c}$
$(\log_2 x)^2 \geqq \log_2 x^3 - \log_2 c$
$\log_2 c \geqq -(\log_2 x)^2 + 3\log_2 x$
$\log_2 c \geqq -t^2 + 3t$

$f(t) = -t^2 + 3t$ とすると
$f(t) = -\left(t-\dfrac{3}{2}\right)^2 + \dfrac{9}{4}$

であり，$\dfrac{3}{2}>0$ であるから，$t>0$ のとき $f(t)$ の最大値は $\dfrac{9}{4}$
したがって，$t>0$ において $\log_2 c \geqq f(t)$ が成り立つ条件は
$\log_2 c \geqq \dfrac{9}{4}$
よって
$c \geqq 2^{\frac{9}{4}} = 4\sqrt[4]{2}$

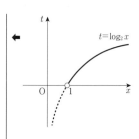

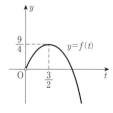

■ 5 ◀◀

$-\boxed{ア}x^2 + \boxed{イ}x + \boxed{ウ}$　$-3x^2+8x+3$　$-\dfrac{\boxed{エ}}{\boxed{オ}}$　$-\dfrac{1}{3}$　$\boxed{カ}$　①
$\boxed{キ}$　3　$\boxed{ク}$　⓪　$\boxed{ケ}$　9　$-\boxed{コ}$　-9
$-\boxed{サ}<k<\boxed{シ}$　$-9<k<9$　$\boxed{ス}x-\boxed{セ}$　$3x-9$　$\boxed{ソ}-\boxed{タ}a$　$3-2a$
$\boxed{チ}$　9　$\boxed{ツ}$　3　$\boxed{テ}+\sqrt{\boxed{ト}}$　$2+\sqrt{3}$　$\boxed{ナ}$　④
$\dfrac{\boxed{ニ}+\sqrt{\boxed{ヌネ}}}{\boxed{ノ}}$　$\dfrac{3+\sqrt{51}}{3}$

(1)　$f(x) = -x^3 + 4x^2 + 3x - 9$
$f'(x) = -3x^2 + 8x + 3$
　　　$= -(3x+1)(x-3)$

x	$\cdots$	$-\dfrac{1}{3}$	$\cdots$	3	$\cdots$
$f'(x)$	$-$	0	$+$	0	$-$
$f(x)$	↘	極小	↗	極大	↘

$f(x)$ は $x=-\dfrac{1}{3}$ で極小値(①)をとり，$x=3$ で極大値(⓪)をとる．

$f(0)=-9$, $f(3)=9$, $f(4)=3$ より $0\leqq x\leqq 4$ における最大値は
$$f(3)=9$$
最小値は
$$f(0)=-9$$
方程式 $f(x)=k$ が正の解を二つもつのは，曲線 $y=f(x)$ と直線 $y=k$ が $x>0$ の範囲において共有点を二つもつときであるから
$$-9<k<9$$

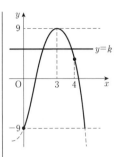

(2) $f(0)=-9$, $f'(0)=3$ より l の方程式は
$$y=3x-9$$
$g(x)=x^2+px+q$, $g'(x)=2x+p$ より
$$\begin{cases} g'(a)=2a+p=3 \\ g(a)=a^2+pa+q=3a-9 \end{cases}$$
よって
$$p=3-2a, \quad q=a^2-9$$

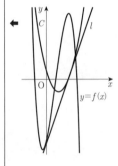

(3) $0<\alpha<2<\beta$ となる条件は
$$\begin{cases} g(0)=a^2-9>0 \\ g(2)=a^2-4a+1<0 \end{cases}$$
であるから
$$\begin{cases} a<-3,\ 3<a \\ 2-\sqrt{3}<a<2+\sqrt{3} \end{cases}$$
よって
$$3<a<2+\sqrt{3}$$
このとき
$$S=\int_0^a g(x)\,dx, \quad T=-\int_a^2 g(x)\,dx$$
であるから
$$\int_0^2 g(x)\,dx = \int_0^a g(x)\,dx + \int_a^2 g(x)\,dx$$
$$= S-T \quad (\text{④})$$
また
$$\int_0^2 g(x)\,dx = \left[\frac{1}{3}x^3+\frac{1}{2}(3-2a)x^2+(a^2-9)x\right]_0^2$$
$$= \frac{8}{3}+2(3-2a)+2(a^2-9)$$
$$= 2a^2-4a-\frac{28}{3}$$

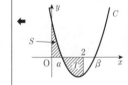

← $g(x)=x^2+(3-2a)x+a^2-9$

84 総合演習問題の答

であるから，$S=T$ のとき
$$2a^2-4a-\frac{28}{3}=0$$
$$3a^2-6a-14=0$$
$3<a<2+\sqrt{3}$ より
$$a=\frac{3+\sqrt{51}}{3}$$

■ 6 ◀◀

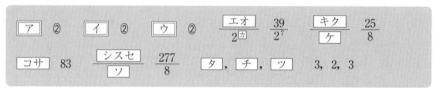

(1) 第 n 番目の区画の最初の数は $\frac{1}{2^n}$ (②)，最後の数の分子は
$$2\cdot 2^{n-1}-1=2^n-1$$
であるから，最後の数は
$$\frac{2^n-1}{2^n} \quad (②)$$

← 奇数の一般項は $2n-1$

(2) 第 n 番目の区画の分母は 2^n，分子は初項 1，公差 2，項数 2^{n-1}，末項 2^n-1 の等差数列であるから，その和は
$$\frac{2^{n-1}}{2}\{1+(2^n-1)\}=2^{2n-2}$$

← $\frac{項数}{2}$(初項+末項)

よって
$$S_n=\frac{2^{2n-2}}{2^n}=2^{n-2} \quad (②)$$

(3) (i) 第 7 番目の区画の 20 番目の数は，分子が 1 から始まる 20 番目の奇数であるから
$$\frac{2\cdot 20-1}{2^7}=\frac{39}{2^7}$$

← 奇数の一般項は $2n-1$

である。$\frac{1}{2^7}$ から $\frac{39}{2^7}$ までの和は，等差数列の和であるから
$$\frac{20}{2}\left(\frac{1}{2^7}+\frac{39}{2^7}\right)=\frac{25}{8}$$

← 初項 $\frac{1}{2^7}$，末項 $\frac{39}{2^7}$
項数 20

総合演習問題の答　　**85**

(ii) 第1番目の区画から6番目の区画までに

$$\sum_{k=1}^{6} 2^{k-1} = \frac{2^6-1}{2-1} = 63$$

個の数があるから，$\dfrac{39}{2^7}$ は初項 $\dfrac{1}{2}$ から数えて $63+20=83$

より　第 **83** 項

　　第1番目の区画から第6番目の区画までに含まれる数の
和は

$$\sum_{k=1}^{6} 2^{k-2} = \frac{\dfrac{1}{2}(2^6-1)}{2-1} = \frac{63}{2}$$

← $S_n = 2^{n-2}$

よって，$\dfrac{1}{2}$ から $\dfrac{39}{2^7}$ までの和は

$$\frac{63}{2} + \frac{25}{8} = \frac{277}{8}$$

(4) $a_n = \dfrac{2n-1}{2^n}$ であるから

$$T_n = \sum_{k=1}^{n} a_k = \sum_{k=1}^{n} \frac{2k-1}{2^k}$$

とおくと

$$T_n = \frac{1}{2} + \frac{3}{2^2} + \frac{5}{2^3} + \cdots\cdots + \frac{2n-1}{2^n}$$

← 一般項は(等差)×(等比)

$$\frac{1}{2}T_n = \qquad \frac{1}{2^2} + \frac{3}{2^3} + \cdots\cdots + \frac{2n-3}{2^n} + \frac{2n-1}{2^{n+1}}$$

辺々引くと

$$\frac{1}{2}T_n = \frac{1}{2} + \frac{2}{2^2} + \frac{2}{2^3} + \cdots\cdots + \frac{2}{2^n} - \frac{2n-1}{2^{n+1}}$$

$$= \frac{1}{2} + \frac{1}{2} + \frac{1}{2^2} + \cdots\cdots + \frac{1}{2^{n-1}} - \frac{2n-1}{2^{n+1}}$$

であるから

$$T_n = 1 + 1 + \frac{1}{2} + \cdots\cdots + \frac{1}{2^{n-2}} - \frac{2n-1}{2^n}$$

$$= 1 + 1 \cdot \frac{1-\left(\dfrac{1}{2}\right)^{n-1}}{1-\dfrac{1}{2}} - \frac{2n-1}{2^n}$$

← 初項1，公比 $\dfrac{1}{2}$，項数 $n-1$ の等比数列の和。

$$= 3 - \frac{2n+3}{2^n}$$

総合演習の答

■ 7 ◀◀

ア	②	イ，ウ	⓪，②	エ，オ	①，②
カキ/ク		ケコ	$\dfrac{1-a}{3}$, $2a$	サ/シ，ス，セ/ソ	$\dfrac{1}{3}$, 2, $\dfrac{1}{3}$
タ/チ	$\dfrac{2}{5}$	ツ/テ	$\dfrac{4}{5}$	トナ/ニ	$\dfrac{-1}{5}$	ヌ/ネ	$\dfrac{2}{5}$	ノハ	-3
ヒ/フ	$\dfrac{2}{9}$

(1)　$\vec{PA} = -\vec{AP}$　（②）
　　$\vec{PB} = \vec{AB} - \vec{AP}$　（⓪，②）
　　$\vec{PC} = \vec{AC} - \vec{AP}$　（①，②）

(2)　$(2-5a)\vec{PA} + (1-a)\vec{PB} + 6a\vec{PC} = \vec{0}$ ……①

　　Aを始点として表すと

　　$(2-5a)(-\vec{AP}) + (1-a)(\vec{AB} - \vec{AP})$
　　　　　　　$+ 6a(\vec{AC} - \vec{AP}) = \vec{0}$

　　∴　$-3\vec{AP} + (1-a)\vec{AB} + 6a\vec{AC} = \vec{0}$

　　∴　$\vec{AP} = \dfrac{1-a}{3}\vec{AB} + 2a\vec{AC}$ ……②

　　　　　　　　　　　　　　　　　← (1)を利用する。

(3)　②より

　　$\vec{AP} = \dfrac{1}{3}\vec{AB} - \dfrac{1}{3}a\vec{AB} + 2a\vec{AC}$

　　　　$= \dfrac{1}{3}\vec{AB} + a\left(2\vec{AC} - \dfrac{1}{3}\vec{AB}\right)$

　　であるから

　　$\vec{AD} = \dfrac{1}{3}\vec{AB}$,　$\vec{AE} = 2\vec{AC} - \dfrac{1}{3}\vec{AB}$

　　とおくと

　　$\vec{AP} = \vec{AD} + a\vec{AE}$

　　よって，aが実数値をとるとき，点Pの描く図形は
　　　点Dを通り$\vec{AE}$に平行な直線

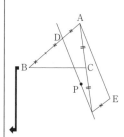

(4)　Pが直線BC上にあるとき，②より

　　$\dfrac{1-a}{3} + 2a = 1$　∴　$a = \dfrac{2}{5}$

　　このとき

　　$\vec{AP} = \dfrac{1}{5}\vec{AB} + \dfrac{4}{5}\vec{AC}$

　　より，Pは線分BCを$4:1$に内分しているから

　　　　　← $\vec{AB}, \vec{AC}$の係数の和が1

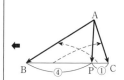

$\dfrac{CP}{BP}=\dfrac{1}{4}$　∴　$\dfrac{BP}{BC}=\dfrac{4}{5}$

また，$\overrightarrow{AP}/\!/\overrightarrow{BC}$ になるとき，$\overrightarrow{AP}=t\overrightarrow{BC}$ （t は実数）とおける。

∴　$\dfrac{1-a}{3}\overrightarrow{AB}+2a\overrightarrow{AC}=t(\overrightarrow{AC}-\overrightarrow{AB})$

よって

$\dfrac{1-a}{3}=-t,\ 2a=t$　∴　$a=-\dfrac{1}{5},\ t=-\dfrac{2}{5}$

であるから

$\dfrac{AP}{BC}=|t|=\dfrac{2}{5}$

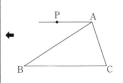

← $\overrightarrow{AB}\neq\vec{0},\ \overrightarrow{AC}\neq\vec{0},\ \overrightarrow{AB}と\overrightarrow{AC}$ は平行でない。
（$\overrightarrow{AB},\ \overrightarrow{AC}$ が1次独立）

(5)　$|\overrightarrow{AB}|=3,\ |\overrightarrow{AC}|=2,\ \overrightarrow{AB}\cdot\overrightarrow{AC}=3\cdot2\cdot\cos 120°=-3$

であり，$\overrightarrow{AP}\perp\overrightarrow{BC}$ となるとき

$\overrightarrow{AP}\cdot\overrightarrow{BC}=\left(\dfrac{1-a}{3}\overrightarrow{AB}+2a\overrightarrow{AC}\right)\cdot(\overrightarrow{AC}-\overrightarrow{AB})=0$

∴　$\dfrac{1-7a}{3}\overrightarrow{AB}\cdot\overrightarrow{AC}-\dfrac{1-a}{3}|\overrightarrow{AB}|^2+2a|\overrightarrow{AC}|^2=0$

であるから

$-(1-7a)-3(1-a)+8a=0$　∴　$a=\dfrac{2}{9}$

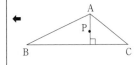

② 20210721